中国工伤预防管制改革研究

汤梅梅　朱　衡　蒋　玲　著

中国财经出版传媒集团
经济科学出版社
Economic Science Press
·北京·

图书在版编目（CIP）数据

中国工伤预防管制改革研究/汤梅梅，朱衡，蒋玲著. --北京：经济科学出版社，2023.8
ISBN 978 -7 -5218 -5018 -5

Ⅰ.①中… Ⅱ.①汤…②朱…③蒋… Ⅲ.①工伤事故-事故预防-研究-中国 Ⅳ.①X928.03

中国国家版本馆 CIP 数据核字（2023）第 150775 号

责任编辑：李晓杰
责任校对：徐 昕 郑淑艳
责任印制：张佳裕

中国工伤预防管制改革研究
汤梅梅 朱 衡 蒋 玲 著
经济科学出版社出版、发行 新华书店经销
社址：北京市海淀区阜成路甲 28 号 邮编：100142
教材分社电话：010 -88191645 发行部电话：010 -88191522
网址：www.esp.com.cn
电子邮箱：lxj8623160@163.com
天猫网店：经济科学出版社旗舰店
网址：http://jjkxcbs.tmall.com
北京密兴印刷有限公司印装
710×1000 16 开 16.5 印张 300000 字
2023 年 8 月第 1 版 2023 年 8 月第 1 次印刷
ISBN 978 -7 -5218 -5018 -5 定价：68.00 元
（图书出现印装问题，本社负责调换。电话：010 -88191545）

本书受安徽省哲学社会科学规划办项目“政府管制费率约束下安徽工伤预防的激励路径研究”（项目编号：AHSKQ2020D59）资助。

前 言

工伤预防体系经过一百多年的演变与发展，形成了企业完全承担责任的基本现实。政府通过实施工伤保险费率机制与职业安全健康项目，激励企业采取预防措施，促进企业安全生产与保护职工安全健康。各国实践经验也表明了工伤预防管制已取得巨大的社会安全效益。作为劳动人口最多的发展中国家，中国政府一直积极致力于工伤预防管制工作，保护劳动者安全权益。2003 年《工伤保险条例》的颁布标志着工伤预防、工伤待遇和工伤康复“三位一体”的工伤保险制度形成，并主要通过工伤保险待遇，修正依靠劳动市场无法完全补偿劳动者遭受风险损失的缺陷，保障受伤工人的医疗救治与基本生活。同时，政府设置激发企业内部动力的工伤保险费率机制，转变企业工伤预防理念。在政府干预和企业担责的协同作用下，截至 2017 年底，全国总工伤事故和死亡人数分别同比下降 16.2% 和 12.1%[①]；工伤保险基金累计结余 1607 亿元，覆盖人数达 22742 万人，待遇水平稳步提高[②]。

然而，经济全球化、技术革新加快，激烈的企业竞争引发高强度的工作压力，以及全球变暖与频发的极端天气恶化了工作条件等，使得工伤事故率与职业患病率居高不下，我国劳动者面临的工伤风险形势依然十分严峻。职业安全健康的格局正发生着改变，长期稳定的劳动关系被打破，大量灵活就业的劳动者被排除在保障覆盖范围之外，加之工会组织无法形成与企业、政府进行集体协商的社会力量，使得受伤工人享受工伤保险待遇变得更加困难。尤其是在当前经济增长速

① 2017 年国家安全监督总局发布《全国安全生产事故通报》，http://www.chinasafety.gov.cn/。

② 2017 年《人力资源和社会保障事业发展统计公报》，http://www.mohrss.gov.cn/。

度放缓、产业结构调整和发展方式转变的新常态下，落后和产能过剩的企业正面临兼并甚至破产危机，考验着企业支付能力。如对于正处在生产要素成本周期性上升阶段的企业，在无过失责任原则要求下，它们必须承担工伤事故后的伤亡劳工医疗、误工工资、一次性工亡补助金和一次性伤残补助金等一系列经济费用，这必然会加重实体企业的用工成本。

面对劳动安全保障不完全、企业经济负担重的双重难题，这就要求政府不能只强调工伤预防管制所带来职业工作环境改善的社会安全效益，而忽视企业经济发展。鉴于此，本书在系统梳理文献与实地调研的基础上，提出工伤预防管制目标应当为在改善职业安全与健康环境的同时，又提高企业经济绩效。那么工伤预防管制在理论上是否具有实现“共赢”局面的可能性？现阶段中国未实现“共赢”局面的工伤预防管制的安全效应如何？未实现“共赢”局面的工伤预防管制又如何影响企业经济绩效？中国工伤预防管制是否具有实现“共赢”局面的可能性？如何通过提高现有工伤预防管制效率，来实现“共赢”局面？这些问题的回答有助于未来推进政府政策调控，实现工伤预防管制与经济发展的良性互动，对促进工伤预防管制制度的可持续发展具有重要意义。

本书遵循社会管制经济学理论中探索“共赢”的工伤预防管制作用机理→在现实中寻求“共赢”管制理论存在的可能性→以中国工伤预防管制为样本进行实证检验→为了实现“共赢”的工伤预防管制而深化改革的逻辑思路，并紧紧围绕理论与实证两大核心层面展开研究。(1) 理论层面。基于风险工资理论、贝克尔理论、“波特假说”理论。首先，从社会管制经济学发展脉络的视角出发，追寻政府进行工伤预防管制改革的缘由。由于信息不对称，劳动者无法依靠市场机制达到最佳安全保障。为了纠正市场失灵，保护受伤工人安全权益，政府通过工伤预防管制强制要求企业承担所有责任，保障企业与劳动者之间对称的安全工作信息，以此实现社会福利最大化。然而，政府实施不适宜的管制强度使得企业对工伤预防管制措施不满，引致市场失灵与政府失灵叠错，加重了企业经济负担。为了消除政府与企业目标的异质性，政府应调整工伤预防管制力度，激发企业形成安全激励机制，并通过提升自身安全技术达到“共赢”局面。然后，本书将研究视角聚焦于中国当下的工伤预防管制体制，从社会安全效应与经济效应两方面剖析中国管制未实现“共赢”局面的作用机理。(2) 实证层面。本书通过理论机制分析发现“共赢”局面的关键是设置适宜的管制强度，引发高效率的工伤预防管制，从而激发企业安全技术创新。若管制强度设定过低，劳动者安全则无法得到充分保障；若管制强度设定过高，企业则无法从工伤预防安排中获得经济效益。因此，本书选取工伤保险费率作为政府工伤预防管制强度的代理变量，基于分步评价的思路，先评估实施工伤预防管制已取得的安全效应水平，再对企业经济绩效进行评估，检验现阶段中国未实现“共赢”局面的原因是否由不适当的管制强度引起微观经济主体安全投资行为的转变，进而导致宏观安全效应的下降。

汤梅梅

2023年6月

目录

Contents

第一章

导　论

第一节　选题背景及研究意义

一、选题背景

劳动保护是全世界共同关注的问题，不安全的就业环境不仅威胁劳动者的生命健康，同时也造成巨大物质财富的损失。据国际劳工组织最新统计，全世界每年平均发生3.74亿起工伤事故，死亡人数达278万人，每年因工伤事故损失的经济成本约占全球国内生产总值的3.94%[①]。作为劳动人口最大的发展中国家，中国政府一直积极致力于工伤保险工作，保障劳动者安全权益。2003年《工伤保险条例》的颁布标志着工伤预防、工伤待遇和工伤康复“三位一体”的工伤保险制度的形成，并主要通过工伤保险待遇，修正依靠劳动市场无法完全补偿劳动者遭受风险损失的缺陷，保障受伤工人的医疗救治与基本生活。同时，政府设置工伤保险费率机制，激发企业采取促进安全生产与保护职工安全健康的措施。

① 国际劳工组织官网，https：//www. ilo. org/global/lang－－en/index. html。

截至2017年底，全国总工伤事故和死亡人数分别同比下降16.2%和12.1%[①]；工业企业总产值同比增加5.7%[②]；工伤保险基金累计结余1607亿元，覆盖人数达22742万人，待遇水平稳步提高[③]。

然而，经济全球化、技术革新加快，激烈的企业竞争引发高强度的工作压力，以及全球变暖与频发的极端天气恶化了工作条件等，使得工伤事故率与职业患病率居高不下，我国劳动者面临的工伤风险形势依然十分严峻。职业安全健康的格局正发生着改变，长期稳定的劳动关系被打破，大量灵活就业的劳动者被排除在保障覆盖范围之外，加之工会组织无法形成与企业、政府进行集体协商的社会力量，使得受伤工人享受工伤保险待遇存在较高的获取成本。尤其是在当前经济增长速度放缓、产业结构调整和发展方式转变的新常态下，落后和产能过剩的企业正面临兼并甚至破产危机，考验着企业的支付能力。如对于正处在生产要素成本周期性上升阶段的企业，在无过失责任原则要求下，它们必须承担工伤事故后的伤亡劳工医疗、误工工资、一次性工亡补助金和一次性伤残补助金等一系列经济费用，这必然会加重实体企业的用工成本。

面对劳动安全保障不完全、企业经济负担重的双重难题，这就要求政府不能只强调工伤预防管制所带来职业工作环境改善的社会安全效益，而忽视企业经济发展。鉴于此，本书在系统梳理文献与实地调研的基础上，提出工伤预防管制目标应当为在改善职业安全与健康环境的同时，又提高企业经济绩效。那么工伤预防管制在理论上是否具有实现“共赢”局面的可能性？现阶段中国未实现“共赢”局面的工伤预防管制的安全效应如何？未实现“共赢”局面的工伤预防管制又如何影响企业经济绩效？中国工伤预防管制是否具有实现“共赢”局面的可能性？如何通过提高现有工伤预防管制效率，来实现“共赢”局面？这些问题的回答有助于未来推进政府政策调控，实现工伤预防管制与经济发展的良性互动，对促进工伤预防管制制度的可持续发展具有重要意义。

为回答上述问题，本书尝试从以下四个方面展开研究：第一，清晰界定工伤预防管制的概念、属性及激励措施，并从理论逻辑上推导出工伤预防管制具有实现“共赢”的可能性，同时，论证中国现阶段未实现“共赢”的社会安全效应与经济效应的作用机理。第二，按照事后工伤预防管制—事前工伤预防管制—完善事后工伤预防管制的逻辑，通过系统梳理我国工伤预防管制制度的变迁，找出目前“三位一体”的工伤保险制度框架中影响预防作用发挥的关键环节，以此探

① 2017年国家安全监督总局发布《全国安全生产事故通报》，http://www.Chinasafety.gov.cn/。

② 2017年《中国工业统计年鉴》，http://data.cnki.net/yearbook/Single/N2017120292。

③ 2017年《人力资源和社会保障事业发展统计公报》，http://www.mohrss.gov.cn/。

析影响工伤预防管制效率的政策层面因素。第三，本书通过工伤预防管制来降低工伤率，对安全效应与企业生产率的提高而取得经济效应进行综合管制效率评估，深入探讨现阶段中国工伤预防管制无法形成“共赢”局面的深层次原因。第四，在借鉴国外典型国家工伤预防管制改革的成功经验基础上，试图提出一个工伤预防管制的三维立体概念框架，系统讨论影响预防管制强度因素之间的内在联动机制及如何相互作用达到工伤保险预防管制的“共赢”效果，并通过管制的前置条件、基础设置与后置保障来优化中国工伤预防管制改革路径，力求达到工伤预防管制改革的共赢目标。

二、研究意义

在中国经济增速放缓、产业结构调整和发展方式转变的新常态下，“重补偿，轻预防”的工伤保险制度安排越发不适用，突显了工伤预防管制的重要性。本书旨在以工伤预防管制发展路径为主线，按照其理论变迁及内在逻辑，系统梳理国内外相关文献，并通过理论与实证分析找出造成工伤预防管制低效率的原因。在政府优化管制资源的基础上，本书提出设定适宜的工伤预防管制强度激发企业安全技术创新，才是实现改善职业安全健康环境与提高企业经济绩效“共赢”局面的根本动力，以期丰富和完善我国工伤预防管制理论，同时为工伤保险制度的可持续发展与未来政府政策调控提供新视角。

（一）理论意义

（1）社会性管制研究主要以保障劳动者和消费者利益为目标，一般包括环境管制、产品安全和健康管制、工作场所安全与健康管制①。目前国内学者研究社会性管制大部分集中在环境管制、产品安全和健康管制，鲜有涉及工作场所安全与健康管制研究。本书从工伤预防视角研究工作场所安全与健康管制，不仅拓宽和细化了社会性管制的研究边界，而且为基于其他领域交叉研究社会性管制提供了参考思路。

---

① 美国学者将社会性管制分为三类，日本学者将其分为四类，这里取两国学者的共同部分。详见：1999 年美国丹尼尔·史普博在《管制与市场》书中第 44 ~ 45 页，将社会性管制分为确保健康与卫生的管制、确保安全的管制、防止公害与保护环境的管制。1992 年日本植草益在《微观管制经济学》书中第一章，将社会性管制分为确保健康与卫生的管制、确保安全的管制、防止公害与保护环境的管制及确保教育、文化、福利的管制。

（2）工伤保险待遇不仅具有传统意义上补偿受伤劳工损失的收入再分配作用，而且具有激励企业主动降低工伤事故的事后预防作用，拓展了工伤保险待遇的内涵。在此基础上，政府通过制定适宜的工伤预防管制强度，有效发挥企业内部激励机制作用，可以在改善劳动者安全健康环境的同时达到提高企业生产力的目的。因此，本书深化了工伤预防管制的目标，进一步丰富了工伤预防的理论研究。

（3）虽然新古典经济学家认为职业安全健康管制主要通过改善人力资本质量等投资而非技术创新的途径来影响企业经济增长，但是，因为工伤预防管制会使企业意识到，无效率地使用安全性资源会增加其生产成本，这将倒逼企业树立技术革新观念，最终克服企业自身惰性，获得更高水平的经济效益与安全效益。因此，区别于国内研究者多从物质资源的角度探讨经济增长途径，本书基于减少工伤事故与职业病发生率而保障人力资本安全的视角，量化工伤预防管制与企业生产率增长的关系，丰富了现代经济增长理论。

（二）现实意义

（1）政府通过工伤预防管制保障劳动者的安全权益，而无过失的原则要求企业必须承担受伤工人的一系列经济费用，增加了企业生产成本。由于政府与企业追求目标的异质性，因而在实践中企业常常出现逃避参保或退出工伤保险的行为。本书通过理论推导可知适宜的工伤预防管制安排，可以实现企业承担社会责任的同时，提高其经济绩效。当政府的管制目标与企业目标一致时，有利于提高企业参保的积极性，避免此类现象。

（2）虽然目前政府通过降低工伤保险费率的方式，减轻企业经济运行成本，但政府仍然侧重于工伤预防管制的社会安全效应，并无法作出全面的工伤预防管制改革的政策调整。本书通过社会安全效应与经济效应对工伤预防管制效率进行综合评价，有利于找出劳动安全保障不完全、企业经济负担重的内部深层次原因。在阶段性降低保险费率倒逼工伤保险制度结构性改革的背景下，优化有限的工伤预防资源配置，进行重点投资管理，可提高政府管制效率。

（3）利益主体行为、工伤预防管制阶段、内外部激励方式及管制方向等都影响预防管制效果。为此，本书通过构建一个工伤预防管制的概念框架，系统讨论影响预防管制强度因素之间的内在联动机制及如何相互作用达到工伤预防管制的“共赢”效果，为精确调整工伤预防管制的激励机制，从而促使政府实施适宜的管制强度，激发企业安全技术创新而内部化管制成本，最终提高工伤预防管制效率，提供了具有参考价值的政策改革依据。同时，本书对于企业经济增长方式的选择也更具有战略意义。

（4）政府利用有限的预防资源，通过市场运行机制与行政手段，驱动企业形成以安全技术创新为主的发展模式，从而发挥高效率的工伤预防管制，实现良好社会安全环境的同时，促进企业经济发展。因此，通过中国工伤预防管制“共赢”目标的实现，不仅有利于扭转劳动力数量与质量双重下降的趋势，而且将加速推动产业结构调整和发展方式转变的经济新常态进入高质量发展阶段，最终可以提高国家在国际市场上的竞争力。

第二节 国内外研究现状及评述

一、国外研究现状

工伤待遇补偿与工伤康复职能效果易于测量且短期内保障效果明显，而预防管制因过程的长期性和影响因素的多元性与偶发性，预防结果具有不确定且管制绩效不易测量的特点，导致“三位一体”的工伤保险制度安排中工伤预防管制研究比较薄弱。目前工伤预防管制主要通过工伤保险中的经验费率机制与开展职业安全健康项目来实现政府管理职能，大体经历了四个阶段：一是工伤预防管制的起源阶段，强调保护职工权益与企业责任，但易引发道德风险；二是工伤预防管制的发展阶段，通过成本—收益法评估工伤预防管制效率，发现企业具有成本负担而逐渐提出了预防管制不能忽略经济增长；三是工伤预防管制的放松管制阶段，政府管制可以通过优化有限的资源配置来提升制度运行效率；四是工伤预防管制的新阶段，探讨了工伤预防管制与经济发展的良性互动，促进工伤预防管制制度的可持续发展。工伤预防管制改革的四阶段不是严格按照时间来划分的，彼此之间有交叉。第一阶段与第二阶段主要对工作安全保障进行研究，第三阶段与第四阶段在考虑发展安全保障的同时不能忽视企业经济绩效研究。

（一）工伤预防管制的起源阶段

由于市场缺陷，劳动者无法全面认知工作过程中的风险，依靠市场机制无法达到最佳的安全保障（Ashford，1976），不能完全补偿劳动工人遭受风险所产生的损失。因此，为了纠正市场失灵，保护受伤工人安全权益，政府通过工伤预防管制强制要求企业承担所有责任，即采取无过失责任原则。

1. 归责与工伤预防管制

工伤预防管制的责任结构在法律与经济学研究中是一个非常重要的议题，主要集中在过失责任和严格责任对于工伤预防效果的实证探讨，并通常采用事故率衡量在强制或私人工伤保险管制体制下的预防效率。显然，评估事故预防效率还包括管理费、预防费用、事故总费用等相关信息，事故率不等同于事故预防的效率。但工伤事故预防是工伤预防管制最重要的目标，使得事故率成为事故预防效率的有效指标。

严格的雇主责任管制和工人补偿会降低工业事故率，但在过失责任向无过失责任转变的过程中，却发现了工业死亡率的上升（Chelius，1974；Fishback，1987）。因此，不少学者开始探讨最优的雇主责任对于职业病预防效果的影响，其中，职业病预防效果通常采用发病率来衡量。丹泽（Danzon，1987）检查雇主责任和职业病赔偿的替代系统关系时发现，仅强调赔偿的责任是不够的。最优责任结构应考虑激励措施，强调职业病预防的重要性，并提出最优安全投资要加权预防边际成本与减少风险的边际收益。基于这些补偿和威慑替代效果的评估，他认为工伤保险中按比例划分雇主责任似乎优于替代系统，可达到最佳补偿和威慑效果。但是，常（Chang，1993）通过实证研究发现职业病责任分摊在现在雇主或过去雇主的工伤补偿系统中对职业病预防的影响并无显著差异。

2. 工伤预防管制引发道德风险

各国政府通常通过设置工伤保险费率机制与工伤保险补偿机制进行工伤预防管制，但是在利己主义下，企业与劳动者在工伤保险市场上的博弈行为常引发道德风险（Harrington & Danzon，2000；Bronchetti & McInerney，2012）。一方面，因为费率水平夸大了工人的补偿成本，企业为享受工伤保险费率折扣，常常虚报工伤事故报告，呈现工伤保险费率越高，工伤事故越高的特点，增加了事前道德风险（Moore & Viscusi，1989；Lanoie，1991）。特别是在难以诊断伤害的评估报告中（Ruser，1998），相对于有工会企业，非工会劳动者因缺乏保护，工伤事故率更高，企业职业伤害报告与实际事故差距较大（Dickens，1984；Butle，1996；Waehrer & Miller，2003）；道德风险也常引发事故赔偿的高诉讼率，其中，30%～40%责任纠纷来源于事前道德风险（Card & McCall，2009）。另一方面，工伤补偿水平的提高，增加了劳动者预期收益，会明显诱导事后道德风险（Guo & Burton，2010），一般呈现工伤补偿水平越高，事故频率越高但事故程度越低的特点。若在工伤事故的处理期，企业与劳动者不采取事故后预防措施，将会影响工伤发生率与索赔率，增加事后道德风险水平（Dorsey & Walzer，1983；Butler，1994；Bolduc et al.，2002）。

研究发现，美国和法国曾经历较低水平的真实道德风险，但具有较高的名义道德风险（Aiuppa & Trieschmann，1998）。而在我国，虚假工伤案件也时有发生。据此，有学者提出抵消道德风险可以通过提高保险费（Moore & Viscusi，1989）及规范索赔报告来实现（Butler & Worrall，1991），但是盲目提高保险费率可能会使得企业本身的事前道德风险更加严峻，同时会影响企业生产积极性。为了减少事前道德风险，就需要设置科学的工伤保险费率机制（Winter，2000）；而对于事后道德风险的控制，合理的工伤补偿机制会是有效的应对措施（Abbring et al.，2007）。

3. 工伤预防管制风险的控制与规避

政府通过合理设置工伤补偿机制与工伤保险费率机制，可以降低企业与工人博弈引起的道德风险，达到预期的工伤预防效果（Lanoie，1991）。首先，工伤补偿水平的高低可能导致企业赔偿频率与补偿成本的差异（Worrall & Appel，1982），进而对企业与工人的工伤预防动机形成不同的激励作用。由于轻伤成本低，工人易忽视其预防，影响工人预防动机；同时，企业向严重伤害预防资源的投资倾斜，影响企业对职工轻度伤害的预防动机（Chelius，1982）。显然，提高工伤补偿水平的确会抵消一些工人或企业的安全激励，但在理论与经验研究上，工伤补偿水平的增加对于安全的净效应仍然具有争议（Chelius，1988；Thomason，1993）。其次，布朗（Brown，1983）将经验费率与风险价值联立，论证基于风险评估的保险费率机制有利于降低工伤预防管制风险。大量经验证据也支持有经验费率比没有经验费率的企业更可能采取措施防止工伤与疾病，然而道德风险的存在反而会引发工人更高的受伤频率（Bruce，1993；Thomason，2002）。但是，经验费率浮动幅度大的大型企业能够内部化更大比例的补偿费用，当工伤补偿增加时，能刺激企业更好地进行工伤预防。最后，同时通过提高经验费率中的浮动费率与工伤补偿水平，可以使得职工安全保障与企业事故预防两个目标同时达到，且能在一定程度上控制道德风险（Ruser，1985）。

此外，相关研究还发现：（1）奖惩机制对于企业安全生产的激励作用与政府定期开展安全检查的监督机制也会产生不错的预防效果；（2）注重工人补偿过程中的及时医疗、情绪安抚（Lippel，2007）也具有此作用；（3）促进职工返岗多样化的工作设置和员工重返工作给企业所带来的利益预期，也可以进一步控制道德风险，提升预防效果（Franche et al.，2005）。

（二）工伤预防管制的发展阶段

政府对市场机制失灵进行调控，通过有效分散企业经营风险与保障职工安全权益，对社会关系稳定与经济发展产生了积极作用。但工伤预防管制实施初期，政府为了推行工伤保险，强制缴纳工伤保险费用，造成企业生产成本短期内增加，常会引发企业“逃避参保或退保”现象。若政府的强制措施设计不够合理，则会使得企业对严格的工伤预防管制措施不满，引致市场失灵与政府失灵叠错，加重企业经济负担。

1. 企业经济负担的特征

职业伤害和疾病已上升为全球经济负担，实际上，其事故率还被极大地低估（Concha - Barrientos et al. , 2005）。企业工伤直接经济负担因员工年龄、性别、病种差异而具有不同的特征。非致命的工伤负担集中在工作年龄为 18 ~ 64 岁的成年人（Smith et al. , 2005），其中，对于高龄受伤职工（45 岁以上），企业承担更高的补偿成本（Dillingham，1983）。全球年轻职工的健康在很大程度上更容易被忽视（Gore et al. , 2011）且几乎所有国家的女性职工健康更差（Forouzanfar et al. , 2015）。默里等（Murray et al. , 2013）系统分析了 291 种疾病和伤痛的流行病，发现工伤的直接经济负担主要来自慢性病的医疗费。工伤还带来间接经济负担，影响职工的劳动生产率与企业的生产效率。例如，工人由于受伤导致缺勤，使得生产力受损，甚至使得企业停工（Biddle，2013），其中，工伤医疗费用较高的是女性，男性则会造成超过两倍的生产力成本损失（Corso et al. , 2006）。此外，早期研究发现，企业工伤年均增长率已经超过工伤补偿费用增速（Morrison，1990），而且工伤预防动机不足的私营企业，无法很好分散职工工伤风险，往往承担着更高的伤害成本（Waehrer et al. , 2007）。

2. 企业经济负担成因

社会性管制在制度建立初期可以获得良好的效果，而当企业追求经济利润最大化生产经营目标与政府追求社会福利最大化管制目标相矛盾时，则会打破政府、企业及个人的利益均衡，政府管制往往达不到预期效果，此时企业将呼吁放松工伤预防管制。然而，并非通过放松工伤预防管制就可以缓解企业经济负担，因为在管制过程中，管理立法也具有成本，可能降低生产率和影响市场竞争力（Gambardellae et al. , 2007）。此外，企业响应管制增加的额外成本，主要来自向相关机构进行报备而进行的记录和报告，企业会因此减少在非生产性资源上的投资（R&D 资源）（Andrew et al. , 2015），使得原本的 R&D 资源被转移，因而政府管制促进经济增长的观点受到了新古典经济学家的质疑。

工伤预防管制的低效率是造成企业经济负担的根本原因，其中，工伤软预算约束、政府监督的职能失衡和激励机制的作用限制是造成管制效率较低的三个主要影响因素（Earl et al.，1987；Winter，2000；Hale，2015）。设置合理的官僚机构是政府监督机制和激励机制作用发挥的关键。一方面，如果相关官僚机构制定过细的工作场所安全规则，就会造成工伤预防管制过严，会使得企业因遵守管制增加合规成本，反而导致企业安全水平下降。另一方面，设置破坏风险规避的官僚机构，会导致政府强制力的误用或滥用（Lord Young，2010）。例如，1998年后，我国工伤预防和职业安全的行政管理机构就由人力资源社会保障部门和安全生产监督管理部门分开管理，使得工伤预防管制无法形成一个良好的工作机制，限制了预防效果。而当政府纳入制衡机制，合理设置管制机构并充分利用工伤预防管制资源时，那么政府在追求良好的社会效益时，将会大大减轻对于企业生产经营的影响。

3. 企业经济绩效的评估

衡量管制效率通常采取成本—收益分析，虽然不同学者就管制成本或收益计算指标提出不同的形式，但大体具体的公式表述为：

$$V = \sum_{i=1}^{n} \sum_{j=1}^{m} \frac{(B_{ij} - C_{ij})}{(1 + r)^{i}} \qquad (1-1)$$

其中，B_{ij}和C_{ij}是管制政策收益和成本的类型（j^{th}），相应的i^{th}年之后，该政策的B和C的货币表达也引入公式，r是利率，V是政策的现值。多数研究以生产率作为企业绩效的衡量，并选取管制过程的真实花费、联邦管制立法的页数以及从事管制活动的全职人数等作为管制程度指标。罗宾逊（Robinsont，1995）和道森（Dawson，2007）进行管制的成本—收益分析后发现，低工伤预防管制效率由于评估方法的缺陷可能被低估，造成过高估计企业经济负担的结果。

一方面，政策分析者很少能够获得实际相关行业成本和生产关系的详细且独立信息。因为他们必须很大程度上依据行业数据来估计产业公共政策的遵守成本。而更高的合规成本常使得政策缺乏吸引力，行业可能会选择虚高其合规成本。另一方面，管制效率的评估结果还受其他因素影响，针对现有成本—收益分析仍然有限制。例如，很难预测损伤、疾病的风险降低和货币化相关福利；未建立科学的基准职业风险使得无法确定政府政策与工作相关伤害和疾病发病率的确切关系；政府政策的正外部效应，如减少身体残疾和生命损失，没有明确的经济价值；合规成本估算通常不会考虑到规模经济，提高合规的生产技术可减少单位成本；基于学习曲线，随着时间推移，行业会采取使遵守成本更低的策略。

（三）工伤预防管制的放松管制阶段

消除政府与企业目标的异质性，重点是提高工伤预防管制效率。随着工伤预防管制进入稳定扩展阶段，基于享乐主义理论建立风险评估下的保险费率机制，被认为是有效规避道德风险和减轻企业经济负担的激励手段（Thaler & Rosen，1976）。但在工伤预防管制实施过程中，资源的稀缺性往往限制了保险费率机制作用的发挥。为此，厄尔等（Earl et al.，1987）和西尔弗斯（Silverstein，1998）提出要优化资源配置，重点关注高风险行业的职业安全与健康预防，促使工伤预防管制达到最佳预防效果（Bonauto et al.，2006；Anderson et al.，2015）。相关文献针对不同职业群体、不同伤害部位等进行预防研究，并强调了监测与管理系统对于保障有效预防的重要性。

1. 工伤预防管制的目标行业与群体

建筑和煤矿行业是被研究最多的高危行业，其中，技能错误、物理环境和组织过程都影响劳动者事故发生率及伤害程度的预防效果（Kisner & Fosbroke，1994；Gillen et al.，2002；Lehtola et al.，2008；Lenné et al.，2012）。其行业的工伤预防呈现如下几个特征：第一，由于生产设备和任务的不同，高处摔落是不同职业群体在施工过程中造成严重伤病的主要成因（Silverstein，2008）；第二，年轻工人受伤事故率高于老员工，其轻伤与投诉率高且缺乏控制力来改善或改变工作条件，而老员工比起年轻员工，受伤频率虽低，但伤害程度更加严重（Breslin，2007）；第三，除了因受伤死亡外，因造成工作残疾多且复杂的原因，残疾预防成为难点（Pransky et al.，2011）。因此，相应的干预措施为：第一，需要锁定特定的职业群体——机器操作员、运输工人和工匠等；第二，通过物理手段和认知提升对工伤致残的认识；第三，残疾预防工作要特别重视残疾开始前和发病后的控制。此外，高危行业的工作压力预防（Murphy & Sorenson，1988；Sullivan & Stanish，2003；Lamontagne et al.，2007）、高危群体的暴力预防（Mercy et al.，1993；Seedat et al.，2009；Wassell，2009）以及产业结构调整与全球变暖等使得不稳定就业预防（Quinlan & Mayhew，2001；Tompa et al.，2007）、小企业预防（Hasle，2006；Barrett et al.，2014）与高温预防（Kjellstrom et al.，2009）成为工伤预防管制的新形势。政府积极调整工伤预防资源配置结构，对进一步优化工伤预防资源也十分重要。

2. 工伤预防管制有效措施

一般认为，政府通过设置科学的工伤保险费率机制、奖惩机制以及定期安全检查监督机制，将会激励企业更积极优化索赔管理模式，减少伤害索赔，实现对工伤预防的促进作用（Gray & Mendeloff，2005；Niu，2010）。在此基础上，企业主动采取安全有效的投资和预防措施，将帮助企业树立良好社会形象，有利于减少企业的工伤成本，对生产经营产生积极影响（Feng，2013）。企业安全投资主要体现在生产设备的改进、思想观念的转变、企业组织结构的调整及构建企业安全文化四个方面。首先，基于应用人体工效学原理的生产设备改进，并同时改进工作场所与转换工作时间（Pronk，2011），可以减轻背痛等肌肉骨骼障碍的发病率（Punnett & Wegman，2004）。其次，根据行为改变理论，转变意识就会改变其行为，研究发现，政府干预行为和工人健康行为均有助于提高工伤预防项目的实施效果（Gielen & Sleet，2003；Trifiletti et al.，2005；Gielen & Sleet，2006）。例如，培训投资（Johnston et al.，1993；Leiter et al.，2009；Clemes et al.，2010；Yu et al.，2017）、学习宝贵经验有利于知识转移以及协调多个利益相关者的行动（Guzman et al.，2008）。再次，随着社会学、管理学等多学科与工伤预防的交融发展，企业的组织结构调整也是安全投资的体现（Barney et al.，1992；Polanyi et al.，2000；Banks，2015），其中，垂直整合结构更有利于工伤预防。最后，构建企业安全文化是工伤预防管制有效措施的一个新理念（Zohar，2002；Ali et al.，2009；Beus et al.，2010）。安全文化氛围对于员工安全与生产率都会产生显著的影响（Thiele，2016），领导者在安全管理上往往是一个组织的核心，管理者的行为与行动模式会对企业安全文化氛围形成影响（Zohar & Luria，2004；Zohar，2010），可能会限制工伤预防效果。

3. 工伤预防管制有效措施评估

政府对工伤预防管制措施的有效评估可进一步帮助优化资源配置，避免有限时间和资源浪费在无效甚至有害的干预措施上（Shannon et al.，1999）。只有保障工伤预防管制的有效评估，才能帮助管理者及时做出正确的政策调整（Stout & Bell，1991；Verbeek et al.，2004；Macdonald，2012）。工伤保险的费率机制与降低伤害关系的研究显示，政府单独实施费率机制将难以达到理想的预防效果，而纳入检查与处罚两个监测指标后，预防效果得到显著提高。通常情况下，政府和企业之间存在一种社会协定，其干预和归责会使工人职业伤害得以改善（Guastello，1993；Benavides et al.，2009；Robson et al.，2012；Porru et al.，2017），结果将直接反映在企业工伤事故报告中。然而，现实中企业并不能提交完整且准确的事故报告（Weddle，1997；Azaroff et al.，2002），造成政府对预防管制效果的评估偏差。因此，完善的政府职业安全与健康监管（O'Toole，2002；Fernández－Muñiz et al.，2009），成为改进工伤预防管制关键（Shiravani & Iranban，2014；Fajardo & Buenviaje，2016）。策略核心是有效风险管理，例如，员工积极参与过程记录（Bluff，2003），但过程中需要明确指出预防措施的具体资源（Quinlan，1999）。另外，工伤预防管制更加有效的评估方法也会提升工伤预防管制效果，例如，沃林等（Werling et al.，1997）采取对职业伤害预防效果的分级评估方法，克服了传统随机对照试验的设计缺陷。

（四）工伤预防管制的新阶段

政府进行工伤预防管制的资源优化后，一方面将进一步改善职业安全和健康环境，保障工人安全（Rinehart et al.，1997；Aldana，2001）；另一方面，将进一步减少企业经济负担（Thomason & Pozzebon，2002；Ashford & Hall，2011；Ambec et al.，2013），促进企业安全生产（Powell，1999；Leonard，2001；Lowe，2003）。此时，政策目标仍然侧重于生命安全保障，而能否通过政府外部激励政策设计，促使企业形成内部激励机制，达到改善职业安全健康环境的安全效益的同时又提高企业经济绩效？其根源在于企业安全技术创新，在一定条件下，企业安全技术创新带来的收益会平衡甚至超过管制成本，给企业带来经济效益，使得企业与政府目标一致，达到共赢局面（Desrochers et al.，2014）。

（五）国外文献小结

概而言之，国外工伤预防管制研究主要具有三个特征：第一，在工伤预防管制改革大背景下，研究者已提出不可忽视企业经济发展的观点；第二，经验费率机制与职业安全健康项目的设置与实施对整体行业及个体劳动者安全都进行了充分且严谨的效率论证；第三，在工伤预防管制实现的机制、效用程度研究过程中，强调监测与管理系统对于保障工伤预防效果的重要性。

然而，其工伤预防管制研究也存在以下的不足点：第一，工伤预防、工伤待遇与工伤康复，彼此之间环环相扣且紧密联系，研究工伤预防政策而不考虑其他“两位”体制的消散效应，可能造成与工伤保险其他管制环节相脱节；第二，提出可通过良好管制机制设计，达到工伤预防管制的可持续发展，却鲜有人研究政府工伤预防管制组织架构的运行机制；第三，深入探讨了利益相关者因工伤保险待遇补偿的差异改变其预防动机，而忽略了工伤保险待遇补偿在工伤预防管制激励机制中的安全激励作用。

二、国内研究现状

中国工伤预防管制制度是在借鉴国际先进发展经验的基础上建立起来的，正处在工伤预防管制的稳定发展与改革时期。政府通过工伤保险费率机制与提取工伤预防基金机制，并辅助奖惩与政府监督机制激励企业进行安全事故预防。然而，在实际运作中工伤预防管制制度与风险关联性不强，激励作用不显著，且其研究理论与成果相对薄弱，主要集中在管制模式选择、管制立法、管制实施及管制经验介绍四个方面。其中，为保障管制政策顺利实施、约束管制机构行为而建立起来的管制立法，为解决行政争议提供了法律依据，因此穿插在工伤预防管制改革的各个阶段。工伤预防管制改革研究具体分为四个部分：第一，工伤预防管制的必要性研究，强调安全生产，保障职工的权益；第二，工伤预防管制机制选择研究，适宜的机制直接影响政策目标实现及职工与企业的经济决策；第三，工伤预防管制实施的途径研究，通过保险费率机制与工伤保险项目来实现；第四，国外工伤预防管制经验介绍研究，为完善制度进行政策建言。

（一）工伤预防管制的必要性研究

面对频发的工伤事故与职业病，在资源有限的情况下，做好工伤预防工作，保障职工安全权益显得尤为重要。工伤待遇补偿是职工权益的体现形式，但易引发的道德风险限制着工伤预防效果的发挥，政府必须加以管制。

1. 职工安全权益与工伤预防管制

企业工伤事故频发集中在高风险行业，例如，建筑业或煤炭行业（季朝慧，2006），最易发生事故的工种为井下采掘工和搬运工（张同顺等，2008），且年轻男性劳动者易受伤（陈任仁等，1993；李庆友等，1994），并集中在每月下旬及每天上午（刘传富，万永明，1993；尤庆伟，宋秀丽，2006）。其中，以四肢与头颈部受伤率最高（王树华等，1990），绝大多数事故是工人主观忽视而造成。

工伤预防是减少职业伤亡事故中生命损失的治本之策（乔庆梅，2010），做好工伤预防工作，成为保障职工安全权益的关键。研究者主要针对工伤保险立法不完善（卢劲松，2008）、工伤纠纷解决（许琼妍等，2007）、覆盖率低和扩面难度大、费率低和差别费率档次少、配套政策缺失（邹艳晖，2009；吕超，2012；张英华，2015）等展开讨论。学者们提出安全培训（李晶，2014；崔颖，2011）促进事前工伤预防，它不仅保护劳动者的生命健康（周华中，2006），还保证企业的正常生产（潘锦成，张华，2007；刘海波，2007），促进社会和谐和经济发展（杨西伟，2013）。此外，朱国宝（2007）、陈卓懿（2007）和刘德浩（2011）还探讨了工伤预防功能实现的管理机制。

2. 道德风险与工伤预防管制

工伤保险采用的是雇主无过失责任原则（芮立新，2003），对于职工受伤给予补偿，可以维护职工合法权益，减轻企业负担。但“职场碰瓷族”“工伤专业户”等问题不断涌现，导致虚假工伤案件时常发生（陶一凡，2016）。管制体制混乱或执行不力，以及信息不对称，劳动者骗保问题突出，造成工伤保险基金的浪费（杨雯晖，2016；宋艳姣，2013）。实证研究发现提高补偿津贴会显著影响工伤事故的发生，随着事故危险程度的提高该影响会减弱，对工伤死亡事故的影响显著但影响程度不大。“非必须”费用的产生导致医疗费用过度，也是道德风险的一种体现（王琴等，2013）。

目前讨论比较激烈的另一个问题是，在第三人侵权的工伤条件下，工伤保险赔偿与人身损害赔偿竞合时应当如何选择（孙星星，2011）。目前国际上通行的工伤保险与民事损害赔偿主要有选择模式、取代模式、兼得模式和补充模式四种基本管制模式，选择何种适宜模式才能达到良好预防的效果成为学者们争论的焦点（伍年华，2011；管澄伟，2014）。陈和芳（2011）通过亲身经历的一起工伤案例，指出此案例中工伤赔偿面临的困境是相关立法和执法部门的不正确价值导向，根本原因为预防工作不到位，而不能单纯地对民营企业进行道德谴责。

（二）工伤预防管制机制选择研究

中国所选择的工伤保险与事故预防相结合模式是国际上公认最有效的管制模式。工伤保险加具有企业责任的事故预防，既是工伤保险制度本身发展要求，又是工伤保险制度应有的作用和归宿（孙树菡和余飞跃，2007）。

1. 工伤保险与事故预防相结合的选择

起初对于工伤保险的研究侧重于介绍国外工伤补偿实践经验（李征宇，1998；陈胜和刘铁民，2003）。随后，乌日图（2000）和徐波等（2002）开始探讨我国工伤保险与工伤预防的改革与实践。直到2004年，周华中提出建立预防机制是工伤保险走向成熟的重要标志，是工伤预防制度理论研究的一个里程碑。谭浩娟（2005）进一步阐述了工伤预防功能的衍生，透视了现行《工伤保险条例》对工伤预防的忽视与缺漏。然而，面对近年来多地相继发生重大矿难事故，安全生产形势严峻，杨波（2006）强调发挥工伤保险的保障作用，运用工伤保险计划促进工伤预防，显得尤为重要。2007年后，周永波认为工伤保险制度的完善应重点强化预防功能。目前对于工伤保险的认知还处于对工伤人员进行经济补偿和医疗救治阶段，没有将事前预防放在首要位置，导致出现“重保险，轻预防”的非理性时期（黄晓利，2008；秦雪莉，2008）。学者提出通过设置科学合理的预防机构（徐庆森，2008）、完善工伤保险的费率机制（乔庆梅，2010）、开展教育培训（贾果平，2010）以及提取工伤保险预防基金（李飞，2012）可以优化工伤预防管制。

2. 工伤预防管制机制及管理

中国《工伤保险条例》尽管明确了工伤预防的重要地位，但过于原则性、指导性的规定使得可操作性欠缺（陶恺和胡炳志，2016），而且存在缺少激励约束机制与不健全的部门联动机制等问题（宁高平，2015）。同时，工伤预防的主体意识和行为不足（张军，2011），各管理部门职能交叉不清（钟巍，2008），相关主体的责任不明确，信息共享平台未完全建立及社会监督机制未发挥积极作用等，造成了我国当前工伤保险仍然“重补偿、轻预防”的现状（史国富，2007），工伤预防管制未达到最佳的社会效应。因此，需要构建科学的工伤预防机制，并注重与其他功能融汇，与其他主体协商共进，才能服务于企业生产（孙树菡，2010）。目前农民工工伤预防管制是以项目参保的形式进行管理，要达到良好的效果，前提条件是要有完善的监测系统，而又因其流动性大的特点，预防机制改革更加困难（朱明利，2013）。针对不稳定就业群体的预防，政府可以建立并监测流动劳动力的短期就业系统，帮助追踪“农民工”群体的职业安全健康状况，同时通过保持对高流动率的劳动力培训，维护工作风险的记录，实施有效风险控制程序等确保企业义务。例如，实现工伤保险部门、安全生产监督管理部门与卫生部门的合理分工和信息共享（姚根莲，2013），组建专项预防事故的机构进行企业工伤预防的监督管理（马美莲，2012；戴琳，2013）。此外，还要充分发挥社会监督机制的积极作用（陶恺和胡炳志，2016）。

3. 工伤预防管制与安全生产

“以人为本”理念的提出将工伤预防管制与安全生产关系提到一个新的理论高度，是其可持续发展的关键（朱丽敏，2010；郝峰，2014）。在此理论下，孙树菡、葛蔓等国内学者普遍认为工伤预防管制可以促进安全生产，通过帮助企业减少劳动力损失和生产成本，促进企业经济发展，进而实现国民经济目标（徐晓明，2008）。同时，工伤预防管制通过工伤保险费率机制与提取工伤预防基金机制及奖惩、监督机制，对企业安全生产产生激励作用，反过来，良好的企业安全生产又推动工伤预防管制的发展（迟宏波，董建蒙，2004；赵小兰，2009）。虽然目前没有研究者提出预防管制可以提高企业安全生产的概念，但是“以人为本”的思想是为创造经济效益的劳动力提供保障的理论基础。

（三）工伤预防管制实施的途径研究

中国工伤预防管制主要通过工伤保险费率机制激励企业进行安全生产，并结合提取工伤费用投资职工安全培训与教育的途径来实现。首先，探讨工伤保险费率机制设定与实施；其次，基于工伤预防费用有限性，有效投资与管理工伤预防费用，以提高管制效果；最后，总结全国各地的试点经验，完善工伤预防管制。

1. 工伤保险费率机制

科学划分风险行业是充分发挥行业差别费率作用的先决条件，在此基础上，再依据企业工伤事故率的高低，实施浮动费率激励企业进一步强化预防工作（张密荣，2001）。工作场所中的事故率降低，可以有效减少工伤保险待遇申请人数，节省企业经营成本与保险基金支出，最终实现保障劳动者与安全生产的目标（邱明月，1998）。因此，学者们集中于风险划分依据、完善差别费率和浮动费率及费率厘定的科学方法上展开讨论。第一，费率机制充分发挥的先决条件是风险行业的科学划分。段淼和吴宗之（2007）提出结合各行业或企业的事故率与受伤程度及费用支出情况对行业风险划分才更加科学。梁开武等（2007）进一步将行业风险灰色预测联合个体风险模糊的方法引入测算方程中，改进了原有等级划分的方法。此外，李榕（2009）运用多种理论与方法，改进了指标权重的确定方法。第二，根据罗洪涛（2013）调查报告显示，费率浮动档次与实际工作有些脱节。实践中，仅大连市有19个费率档次，其他地区没有超过8个浮动档次（王显政，2004），且高风险行业差别费率相较一些国外高风险行业制定的费率（提高到8%）偏低（郭金，2010；汪泽英，2015）。乔庆梅（2012）和莫治军（2013）提出，只有进一步细化风险行业分类才能实现以经验风险统计为基础的费率浮动。第三，王文（2003）认为差别费率可采用风险系数测评法和专家评审法来测算核定。然而，镡志伟（2014）基于竞争型神经网络的应用提出一种新方法厘定行业工伤保险差别费率，认为传统设计思路缺乏激励，应从需求层次理论与工伤保险费率水平去进行费率厘定。来自李全伦（2005）、李英芝（2008）、何励钦和周劲松（2013）、宁社宣（2016）的实证与案例研究显示，工伤浮动指标的选取还应当综合考虑受伤特征、行业特征、职业特征等因素。

2. 工伤预防费用的提取

工伤预防费用提取额度是有限的，因此，讨论工伤预防费用的有效投资途径十分必要（杭琰，2012）。目前工伤费用主要投资在培训（周慧玲和马科科，2012；廖哲安，2013）、宣传和教育上（刘梅，2013；于俊龙，2013），工伤预防效果显著。陈泰才（2011）提出工伤预防费用重点投资于安全生产环境差的行业和企业，例如中小型企业。但是，余飞跃（2011）和史佳（2015）却发现中小企业的工伤预防费用的预防效果不佳。为此，金阳（2010）提出建立企业内部工伤基金以加强企业社会责任意识，强化企业参保意愿（余美美，2015），而且有利于缓解劳资矛盾与减少诉讼（叶娟，2011；巫智宁，2013）。

工伤保险基金运行有风险，所以必须做好工伤预防费用的管理工作。《工伤保险条例》规定，按照统筹地区上一年执行情况来调整下一年度的工伤保险基金支出，并基于上一年工伤风险的发生状况而建立现行工伤预防工作。显然，这一过程因无法与实际风险联动，不能形成对企业不确定风险的激励，从而无法实现预防资源的最优配置。同时，"重补偿、轻预防"的现状与预防有着严重的脱节现象（施建泳，2011；李晓斌，2012），加剧了工伤保险基金支付压力，所以必须做好工伤预防费用的管理工作。

3. 各工伤预防管制试点经验

目前广东省将工伤预防管制的理论发展推到一个新高度，提出工伤"三级预防"理念（林静，2011）。在开展预防管制工作时，应当注意结合属地的发展状况，因地制宜方能取得良好成效（孙向东，2016）。回顾各试点地区的探索，前期基本上在讨论工伤保险费率机制，特别是浮动费率机制、奖惩机制、工伤预防费用的提取比例。然而，学者通过计算发现目前的浮动费率机制所浮动的绝对数额过小，无法起到激励作用（薛欣涛，2011）；后期意识到工伤预防管理的重要性，海南省提出"协同"管理的理念（向春华，2011），并注重收集与分析工伤事故与职业病的相关资料和统计数据（陈泰才，2012）。面临产业和就业结构的调整、"以人为本"的理念，各地积极探索将各类群体纳入工伤保险覆盖范围内，例如，外来务工人员（上海市）、农民工（广东省）、公务员（山东省）（潘锦成，谢晋明，2000；张明丽，李方，2011；王飞和杨雪梅，2012）。此外，非稳定就业人群的工伤预防也应当得到重视（赵永生，2013）。

（四）国外工伤预防管制经验介绍

中国工伤预防管制制度是在借鉴国际先进发展经验的基础上建立起来的，因此，总结与介绍国外成功的预防管制经验也是非常重要的一个方面。德国是世界上第一个建立起工伤保险制度的国家，其预防机制的成功经验，被许多国家学习。国内学者也是以介绍德国经验为主，如宏观（1996）、葛蔓（1998）、郭策（1998）、孙树菡和余飞跃（2009）、周永波（2015）、乔庆梅（2015）等，主要介绍德国工伤预防机构设置、事故预防功能、管理职能、具体措施及管理模式等，为帮助改进目前工伤预防管制制度提供思路。然而，每个国家有其独特的制度背景与文化差异，直接照搬可能会引起排异反应。例如，“父爱主义”情节、宗教理论强调社会成员的互助，英美式自由主义强调市场机制的基础作用，多元文化的存在推动着德国工伤预防机制的引用与设计。

日本与中国共处东南亚儒文化圈，有相似的文化背景，都采取强制性管制模式，其预防机制发展经验非常值得借鉴。其中以石孝军（2006）、张盈盈和罗筱媛（2011）、赵永生和郝玉玲（2012）为代表，全面介绍了日本工伤预防机制，包括立法、工伤预防的管理、工伤预防经费的来源及使用和工伤预防项目等。此外，学者还对中国澳门（孙家雄，2006）、加拿大（刘俊，2007），美国（吴镝，2012）和新西兰（李满奎，2012）等工伤预防的立法和措施进行了综述。值得注意的是，中国—东盟自由贸易区（英文简称 CAFTA）是发展中国家最大的自贸区，随着中国与欧盟展开工伤保险项目的合作，已有百余年历史且形成了比较成熟完善的欧盟工伤预防体系值得借鉴学习（夏波光，2010；张协奎等，2015）。

然而，由于多方面的原因，国内对国外预防措施的介绍大多数停留在管制制度特征层面，没有探寻预防措施的具体作用与作用条件，同时也缺乏相关管制效率测量方法的探讨。

（五）国内文献小结

国内现有文献研究主要强调工伤预防管制的重要性，认为工伤预防管制的目标是通过工伤保险费率机制与工伤费用的投资来降低企业工伤事故率而实现保障职工安全权益。因此，学者对风险行业的划分与费率的拟定等进行大量研究，并从政策层面评价管制效果与介绍国外先进经验，推动了工伤预防管制的发展与完善。由于我国工伤预防管制起步晚，研究也相对薄弱，可能的不足有以下四点：第一，工伤保险保障目标与工伤预防目标冲突，使得工伤预防管制目前仍然停留在“重补偿，轻预防”阶段。第二，在工伤保险待遇补偿的安全效益中，往往存在劳动者道德风险。但随着工伤保险待遇水平的提高，是否会诱发企业道德风险，削弱工伤预防管制，影响安全水平？若存在道德风险，其对企业安全效应又作何表现？以上这些都值进行深入探讨。第三，政府不能只强调职业安全健康改善的社会安全效益而不考虑企业当前的支付能力。严格的政府工伤预防管制对于工业企业经济运行成本、生产效率以及工业化进程是否有不利影响？第四，缺乏科学的工伤预防管制效果的综合评估研究。

三、研究评述

工伤预防管制的内涵与外延经历了从强调雇主完全责任、保障职工安全权益、促进企业安全生产，逐渐演化为在保障职工权益的雇主全责情况下，通过工伤预防管制的激励手段能够达到提高生产力与促进经济发展的目标。显然，概念内涵与外延的转变直接影响工伤预防管制的目标、模式、激励措施和运行机制选择等，这也是本书选题的出发点。目前工伤预防管制研究已从宏观层面的管制体制构造深入微观研究层面，在工伤保险基金等预防资源有限性的前提下，提倡资源优化配置，将资源优先用在建筑、煤炭、农民工等重点高危行业、高危险群体的预防上。同时，随着世界职业安全健康格局的转变，不同规模的企业、性别与年龄、正式与非正式合同工的差异性工伤预防管制，也逐渐受到重视。其中，我国独特国情下的农民工工伤预防，可纳入非正式合同工工伤预防管制的研究范畴。

国外文献更加注重工伤预防管制效率的评估，对工伤保险费率机制与职业安全健康的项目都分别进行了严谨的论证：从直接成本到间接成本，再到直接、间接成本与收益的衡量。而国内更加注重从政策的层面对管制效率进行评估。但国外工伤预防管制研究很少结合工伤保险管制制度推演的过程，与工伤保险其他管制安排相脱节，这也给本书提供了研究思路。此外，社会学、行为学、风险管理等多学科逐渐被运用到工伤预防管制的研究中，推动着工伤预防管制理论与实践的发展。

相对国外工伤预防管制的发展进程，我国目前处于工伤预防管制的发展与放松管制阶段。虽然国内研究者未提出工伤预防管制可以提高企业安全生产的概念，但是“以人为本”的思想是为创造经济效益的劳动力提供保障的理论基础。我国无论是工伤预防管制的模式选择还是实施途径，都与国际工伤预防管制通行的做法具有一致性，至少说明管制制度安排设定正确。基于国外工伤预防管制的新阶段，我国政府通过政策调整是否可以达到既提高职业安全健康环境，保障职工安全及权益，同时又提高企业的经济绩效的共赢局面，这就要求对工伤预防管制机制进行再设计，并在实践中探索，以此激发企业进行安全技术创新。图 1 -1 为国内外工伤预防管制研究阶段对比。

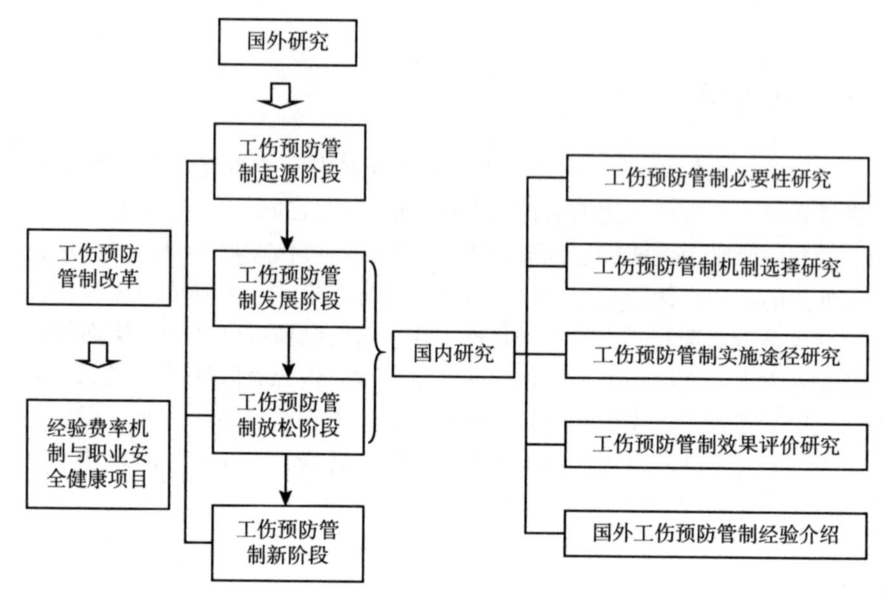

图 1－1　国内外工伤预防管制研究阶段对比

第三节　研究思路、研究框架及研究方法

一、研究框架及研究思路

本书遵循从社会管制经济学理论中探索“共赢”的工伤预防管制作用机理—在现实中寻求“共赢”管制理论存在的可能性—以中国工伤预防管制作为样本进行实证检验—为了实现“共赢”的工伤预防管制而深化改革的逻辑思路，并紧紧围绕理论与实证两大核心层面展开研究。首先，本书在系统梳理相关文献与实地调查基础上确定了研究主题；其次，通过规范分析与历史推演探寻工伤预防管制改革未能达到“共赢”的根源；再次，结合对工伤预防管效率的综合评估，来佐证政府管制的乏力原因，并阐明了改革的主要途径；最后，在借鉴国外经验的基础上构建一个三维立体概念框架来推进中国工伤预防管制的改革。

本书具体内容分为八个部分，具体结构安排如下：

第一章，导论。本章首先介绍了研究背景、研究目的及研究意义。然后以工伤预防管制发展路径为主线，按照其理论变迁及内在逻辑对国内外文献进行系统梳理与归纳。研究显示，不合理的政府激励机制易引发道德风险，造成企业经济负担，降低了工伤预防管制效率。在政府优化管制资源的基础上，工伤预防管制激发企业安全技术创新，才是实现改善职业安全健康环境与提高企业经济绩效"共赢"局面的根本动力，并探讨了概念移植到我国实现的可能性。最后给出本书的研究框架、研究思路、研究方法及创新点与不足。

第二章，工伤预防管制的理论机制分析。本章首先清晰界定了工伤预防管制及其相关概念，并阐明其属性、特征及激励措施。其次基于风险工资理论、贝克尔理论、"波特假说"理论，探讨工伤预防管制在理论上是否具有实现"共赢"局面的可能性。最后通过安全效应与经济效应来研究中国工伤预防管制未实现"共赢"局面的作用机理。其中：（1）中国工伤预防管制安全效应的理论研究。基于企业生产成本理论与风险期望理论，本书建立企业利润与劳动者效用同时最大化的拉格朗日函数，在库恩—塔克一阶条件下，研究发现，目前"重补偿，轻预防"的工伤保险现状与不完善的工伤保险费率机制，不存在以最低工伤保险待遇获得最佳安全水平的临界点；相比于高管制费率，政府实行低管制费率时，提高工伤保险待遇对于降低工伤率的影响程度更大；且企业道德风险的存在是造成安全效应低的主要原因。（2）中国工伤预防管制经济效应的理论研究。基于将成本价格运用于索洛剩余估算的双重生产理论，本书建立企业成本最小化模型并结合谢泼德引理，在对时间求导的条件下，研究发现，目前严格管制引发了企业调整用工结构以降低用工成本，且管制引起的全要素生产率增长变化与成本增长变化趋势相同。结果说明，工伤预防管制强度的变化引起了企业全要素生产率增长的下降。

第三章，中国工伤预防管制改革的变迁、现状及成因。在将间接市场激励手段扩展为工伤保险待遇的事后预防和工伤保险费率的事前预防的界定基础上，本章打破了固有工伤预防演化的路径，按照事后工伤预防管制—事前工伤预防管制—完善事前工伤预防管制的逻辑，将中国工伤预防管制体制划分为四个时期。在工伤预防管制与经济发展的互动过程中，阐述了政府如何引导企业从被动转向主动预防的管制过程，并探究现有工伤预防管制低效率的成因。研究发现：参保企业在面临更加严峻的工伤风险时，道德风险突出；统筹层次低与覆盖范围窄限制了企业预防的积极性；失衡的工伤保险基金支出结构降低了企业激励动力；不精确的工伤预防激励机制无法形成企业内部动力；事前与事后工伤预防管制的脱离不利于激发企业安全技术创新。目前偏向社会安全效益而忽略了企业自身经济发展需求的管制现状，其原因可能来自工伤预防管制的立法、条例设置、机构设置、组织间互联性等。

第四章，基于安全效应视角中国工伤预防管制改革的效率评估。本章采用2006~2016年省级行业及地区面板数据，通过构建综合工伤保险费率指标，使用门槛模型评估了工伤保险待遇对于降低工伤事故率而取得的安全效应。研究发现：政府实施低管制费率时，提高工伤保险待遇会显著降低工伤率，而当管制费率超过0.15%时，安全激励系数不再显著，甚至出现负面效应。进一步分析安全效应低的内在作用机理发现，企业道德风险的存在限制了工伤保险待遇的预防作用发挥，事前名义道德风险不仅无法消除事后真实道德风险，反而加剧了企业道德风险程度。研究启示：遏制企业道德风险的根本途径是，完善工伤预防管制机制，激发企业进行安全技术创新，降低企业缴纳工伤保险费以及补偿受伤工人待遇构成的企业工伤保险成本。目前高水平的工伤保险费率抑制了企业内在安全激励动力，因而降低工伤保险费率可以促进企业安全生产，帮助企业减少劳动力损失和生产成本。如果政府降低保险费率幅度过大，就易扭曲企业安全投资行为；降低保险费率幅度过小，则会造成工伤待遇资源的浪费。因此，适宜的工伤保险费率结合工伤保险待遇才能获得最佳安全水平。

第五章，基于经济效应视角中国工伤预防管制改革的效率评估。本章采用工业行业上市公司的企业层面数据并且使用2011年中国《工伤保险条例》的修订作为一次自然实验，在一个标准β条件收敛框架下去检验工伤预防管制对于工业企业全要素生产率的增长影响。研究发现，2007~2014年，该修订对于企业全要素生产率的增长率具有强烈的负效应，工伤预防管制对于生产效率没有滞后效应，其中，国有企业相比于私营和外资所有制企业的全要素生产率受这次修订的影响最大。这意味着政府实施严格管制，在改善职业安全健康环境后，可能增加了企业生产成本并降低了工业企业的TFP增长速度，延缓了中国的工业化过程。研究启示：目前中国工伤预防管制强度的设定造成了政府管制目标与企业目标的异质性，不利于企业的技术革新或引发创新力度不足。提倡完善工伤预防管制体制构建，通过费率机制、奖惩机制与管理监督体制等调整政府管制强度。一方面，不仅能提高企业参保的积极性，有利于避免现实中企业逃避参保或退保的现象。另一方面，企业在承担社会责任的同时也能提高其生产率。当工伤预防管制与外部经济环境形成良好互动时，可促进工伤预防管制体制的可持续发展。

第六章，典型国家工伤预防管制改革经验的比较与借鉴。本章首先系统梳理了166个国家和地区的工伤预防管制模式，发现目前主要形成了以劳动者与企业雇主充分参与的典型德国模式、工伤保险与安全生产为一体的典型日本模式及联合私营与公共保障系统预防的典型美国模式。然后通过比较分析了三个典型国家工伤预防管制模式的法律体系、激励机制、管理与监督体系。进一步研究发现，工伤预防管制立法均呈现立法层次高、立法详细、可操作性强和动态及时调整的特点；外部干预结合内部激励构成了科学的工伤预防管制激励机制；工伤预防管制绩效评估建立在社会安全效应与经济分析之上，并对相关法律法规的制定、工伤预防项目、工伤保险费率与工伤保险待遇等进行全面评估；政府组织机构设置定位清晰、高自主程度及执法严格构成了统一的工伤预防监管体制。研究启示：重视工伤预防是高效率政府工伤预防管制的前提条件，而完善的工伤预防管制立法是高效率政府工伤预防管制的运行基础；科学的工伤预防管制激励机制是高效率政府工伤预防管制的关键核心，是引发企业、政府、劳动者“共赢”局面的必要条件；工伤预防的绩效评估可反映工伤预防管制政策运行问题，帮助并提高政府工伤预防管制效率，缩短达到企业、政府、劳动者“共赢”局面的进程；统一的工伤预防监管体制是高效率政府工伤预防管制的保障，是达到企业、政府、劳动者“共赢”局面的坚实基础。

第七章，中国工伤预防管制改革的路径优化。为了达到工伤预防管制制度“共赢”局面，本书在借鉴典型国家经验的基础上，力求系统地将广泛且复杂影响工伤预防管制强度的因素，归纳并整合在政府管制机制的设置之内进行综合考虑。在构建一个三维立体概念框架下，本书给出如下建议：第一，政府转变工伤预防管制理念，企业具有技术创新的意愿、机会与能力，工伤预防管制引发企业全新安全技术创新，以及劳动者充分参与是实现中国工伤预防管制“共赢”目标的前置条件；第二，健全工伤预防管制立法、整合组织机构、精确设置工伤预防激励机制与强化工伤预防管制监督体制是实现中国工伤预防管制“共赢”目标的基础设置；第三，动态调整劳动者职业安全权益，平衡不同规模企业的内部激励动力，强化宏观、中观、微观管制主体责任及营造良好的工伤预防管制外部环境措施，是实现中国工伤预防管制“共赢”目标的后置保障。

第八章，结论与展望，概括全书并提出进一步的研究方向。

综上所述，本书的主要内容是我国工伤预防管制改革问题，以探讨社会安全效益与企业经济绩效的“共赢”思想贯穿全文。以社会管制经济学相关理论为指导，并总结与借鉴国外工伤预防管制改革可遵循的一般规律与独特的管制差异，再结合我国具体工伤预防管制的发展状况，深入分析如何通过中国工伤预防管制改革来到达到“共赢”目的。图 1 - 2 为本书的逻辑框架和技术路线。

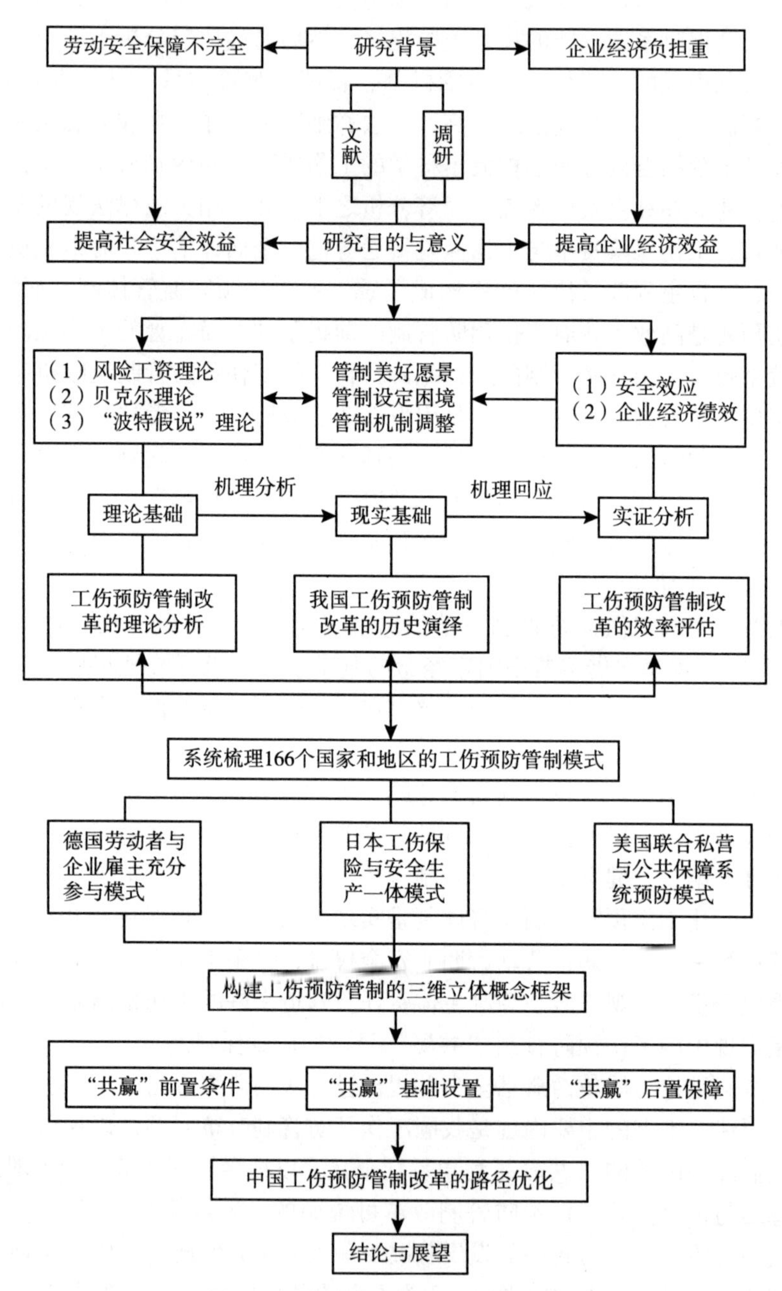

图 1－2　本书的逻辑框架和技术路线

二、研究方法

本书以社会管制经济学理论为基础，从工伤预防管制可以达到社会安全效益与经济效益的“共赢”理念出发，理论上分析工伤预防管制具有社会安全效益与经济绩效的作用机理，并以中国工伤预防管制为现实背景，通过实证模型评估现有管制制度运行效率来响应理论分析，最后通过前置条件、基础设置、后置保障来优化实现“共赢”中国工伤预防管制的路径。具体研究方法涉及文献与调查分析法、历史比较分析法、理论演绎与实证规范分析法。

（一）文献研究法

本书通过系统梳理文献，归纳和总结国内外工伤预防管制发展的现状与趋势，发现工伤预防管制可以通过企业内部激励机制与政府的直接干预措施，达到改善职业安全健康的同时提高企业的经济效应。相比国外工伤预防管制发展进程，国内研究处于滞后阶段。因此，为推动中国的工伤预防改革，本书首先要确定所需研究主题。

（二）实地调研法

2016 年 10 月至 2017 年 12 月期间，通过陆续对四川成都、安徽六安、广东、海南、上海、北京相关工伤预防试点展开实地调研，发现目前政府工伤预防管制仍然停留在政府直接干预措施的外在激励机制上，主要集中研究工伤预防费用的使用途径，对于短期内无法取得管制安全效果的内部激励机制缺乏开展研究的动力。基于实际工伤预防管制现状，本书重点关注激励措施对于企业工伤预防动机的影响作用。

（三）历史比较分析法

首先，本书采取纵向历史比较分析法，对我国工伤预防管制体制的演绎历程进行分析，寻找制约工伤预防管制改革的关键因素，主要体现为工伤预防管制的立法与条例设置、组织设置、组织间互联性等；其次，本书采取横向历史比较分析法，通过典型国家与我国工伤预防管制经验比较，结合国外工伤预防管制改革历程，明确未来工伤预防管制应向着高层次立法、科学的工伤预防管制激励机制、清晰的机构设置等方向进行改革。

（四）理论演绎法

本书主要以经济学、风险管理学、社会学等多学科视角，从社会管制经济学相关理论出发，按照因市场缺陷需要政府进行管制、管制效率低导致政府职能失灵、可以通过企业技术革新提升管制效率的逻辑阐述工伤预防管制改革的理论基础。在此基础上，分析工伤预防管制具有社会安全效益与经济绩效的目标内涵，突出内在传导机制。本书进一步探讨了中国当下“重补偿，轻预防”的工伤保险制度安排无法达到“共赢”的作用机理。

（五）实证规范法

运用管制效率理论对中国工伤预防管制改革效果进行综合效率分析，包括工伤预防管制取得的社会安全效益和企业经济绩效两方面的实证评估。其中，本书采用2006~2016年省级行业及地区面板数据，通过构建综合工伤保险费率指标，并运用门槛面板模型结合全面FGLS模型进行工伤预防管制的社会安全效应评估；本书采用2007~2014年工业行业上市公司的企业层面数据并且使用中国《工伤保险条例》的修订作为一次自然实验，在一个标准的β条件收敛的框架下，检验工伤预防管制对于工业企业全要素生产率的增长率的影响。

第四节　创新点和不足

一、创新点

（一）研究观点的创新

1. 拓展工伤预防管制的目标内涵

工伤预防管制应当在改善职业安全与健康同时可以达到提高企业生产力、深化工伤预防的目标；工伤保险待遇不再仅具有传统意义上补偿受伤劳动者损失的收入再分配作用，更应注重具有预防事故的安全激励、拓展工伤保险待遇的内涵。

2. 创新驱动的工伤预防管制理念

在阶段性降低保险费率倒逼工伤保险制度结构性改革的背景下，政府不能采取一味降低保险费率而削减传统成本的工伤预防管制理念。因为以成本削减的工伤预防管制，可能不仅无法全面保障劳动者的安全，并且可能加剧企业道德风险，扭曲其安全投资行为。政府应该将成本削减转变为创新驱动的预防管制理念，充分利用降低费率给企业创造短期经济利益的契机，引导企业进行更深刻的组织变化。

（二）理论研究的创新

1. 丰富了工伤预防管制理论

本书从工伤预防管制可以达到社会安全效应与经济效应的"共赢"理念出发，在社会管制经济学相关理论下，探讨工伤预防管制具有社会效益与经济绩效的目标内涵的作用机理，并突出当下中国工伤预防管制无法取得"共赢"的内在传导机制。

2. 丰富了现代经济增长理论

相比国内学者更多从物质资源的角度去关注经济增长，本书以减少工伤事故与职业病、保障人力资本安全角度去量化工伤预防管制改革与企业生产效率增长的关系，因为工伤预防管制会使企业意识到，无效率地使用安全性资源会增加其生产成本，这将倒逼企业树立技术革新观念，最终克服企业自身惰性，获得更高水平的经济效益，因此对于企业经济增长方式的选择更具有战略意义。

（三）实证研究的创新

1. 衡量工伤保险管制的安全效应

第一，实践中工伤事故率会随着政府管制程度的差异而改变，可能呈现非线性关系及区间效应。为了修正以企业规模作为管制费率代理变量的假设缺陷，本书作了进一步的拓展，以中国各省区面板数据不同行业的工伤保险费率构建综合保险费率，按照数据本身的特征采用门槛模型自动划分样本，估计工伤保险待遇的提升对工伤事故率的影响变化情况，并对比了实际与政策管制强度的差异。第二，较之以往研究，本书借鉴道德风险存在的判断标准（Guo & Burton，2010），建立全面 FGLS 模型进一步深入探讨当前安全效应低的内在作用机理，并通过改变工伤程度的指标来验证其对道德风险的边际效应，而非选择单一工伤等级（Biddle & Roberts，2003）。

2. 衡量企业经济绩效

实践中难以直接获得工伤预防管制的成本与收益测量值，而且管制对经济效率的测算选取指标也可能存在偏差和遗漏，比如市场经济下医疗服务价格的不统一，使得工伤事故率或职工患病率降低的经济价值测算没有统一标准。于是选取一个合适的工具来评估工伤预防管制对经济的影响至关重要，本书选用双重差分模型来评估工伤预防管制与企业全要素生产率增长之间的相关关系（Rajan et al.，1998），优点在于它克服了计量经济学中遗漏变量和不利的因果关系问题。同时本书注意到，在微观企业的生产经济活动中，企业间的生产率往往存在较大差异（Baily et al.，1992），因此将其呈现的β收敛趋势纳入双重差分模型中，得出更加客观可信的估计结果。

二、存在的不足

由于数据可得性、资料缺乏以及本人知识水平和实证研究能力等诸多因素限制，本书还存在一些不足，需要后续研究进行完善，主要体现在以下两个方面：

第一，企业层面工伤事故率不可得，使得在同一个模型中同时估计安全效应与经济效应的工伤预防管制净社会效益受到限制。因此，本书采取分步评价的思路，先评估工伤预防管制实施已取得的安全效应水平，在此基础上再对企业经济绩效进行评估。若管制促进了企业经济增长，就说明管制效率高，实现“共赢”；若管制限制企业经济增长，就说明管制效率低，无法实现“共赢”。

第二，本书评估工伤预防管制的经济效应时，采取 Wind 数据库中上市企业的相关指标。虽然上市企业是经营规模在 5000 万元以上的企业，使得经营规模在 5000 万元以下的企业没有在本书中体现。但是，根据文献梳理可知，大中型企业一般相对小型企业来说，政策遵循率高，少缴、滞缴工伤保费的现象少。因此，采取上市公司作为研究样本，可以在很大程度上说明工伤预防管制政策对于企业经济发展的影响。

第二章

工伤预防管制的理论机制分析

现代工伤预防管制应当同时具有既改善职业安全与健康环境，又提高企业经济绩效的双层目标内涵。政府通过实施预防管制可以实现政府、企业、劳动者“共赢”的局面。因此，工伤预防管制引发“共赢”局面的路径、作用机理与实现条件是本书的研究重点。基于风险工资理论、贝克尔理论、“波特假说”理论，首先从社会管制经济学发展脉络的视角出发，追寻政府进行工伤预防管制改革的缘由。其次，本书将研究视角聚焦于中国当下的工伤预防管制体制，从社会安全效应与经济效应两方面剖析中国管制未实现“共赢”局面的作用机理，具体思路见图2－1。

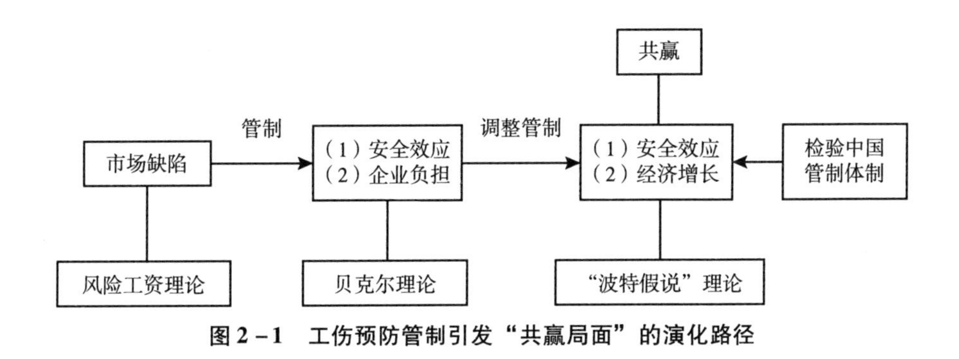

图2－1　工伤预防管制引发“共赢局面”的演化路径

第一节　工伤预防管制的理论分析基础

一、工伤预防管制的相关概念界定

（一）工伤预防管制

1776 年，亚当·斯密的《国富论》标志着自由放任的市场经济在资本主义国家中的蓬勃发展。然而，20 世纪初爆发的世界经济危机结束了经济自由主义，开始转向凯恩斯的国家干预理论，并引发市场经济前所未有的增长。直到 70 年代经济滞胀的出现，国家干预策略失去效用，再一次转向自由市场制度。在自由市场与国家干预经济的交替中，将市场制度与国家干预结合的政府管制应运而生，并形成经济性管制与社会性管制两大分支。其中，社会性管制（social regulation）或译为社会性规制，指以保障劳动者和消费者利益为目的，通过制定一系列标准，激励和约束微观经济主体的行为[①][②]，主要包括环境管制、产品安全和健康管制、工作场所安全与健康管制。

国内学者普遍认同工伤预防为政府通过多种手段，帮助或激励企业进行工伤预防，保护劳动者生命安全的观点，偏向于国家干预理论（孙树菡和余飞跃，2007；乔庆梅，2007）。同时，国外研究者基于职业安全与健康管制（occupational safety and health regulation）体系下表达的工伤预防管制概念，也没有给出明确且清晰的定义（代表人物为日本植草益和美国丹尼尔·史普博）。因此，本书基于社会性管制的定义框架，给出工伤预防管制的概念界定，即工伤预防管制是指政府对于工伤预防所涉及的微观经济主体的行为进行干预，从而达到对职业安全与健康环境的约束作用。

通过系统梳理工伤预防管制文献，本书进一步发现政府可通过工伤预防的外

---

① Kahn A E, Kahn A J, Khan A E. The Economics of Regulation: Principles and Institutions [M]. Mit Press, 1988.

② Mitnick B M. The Political Economy of Regulation: Creating, Designing, and Removing Regulatory Forms [M]. New York: Columbia University Press, 1980.

部激励政策，促使企业形成内部激励，在减少职业伤害的同时促进经济发展。社会性管制与经济性管制出现融合，可帮助政府在实现劳动保护目标的基础上，达到更高的管制政策目的。可见，政府通过工伤预防管制的激励措施干预微观经济主体行为，在达到职业安全与健康环境保护的基础上，也可提高微观经济主体的经济效益。因此，工伤预防管制的概念具有狭义与广义之分。狭义的工伤预防管制是指政府通过工伤预防策略，激励企业减少工伤，保护劳动者生命安全，保障企业安全生产，其政策目标在于预防（prevention）。广义的工伤预防管制是对狭义概念的拓展，是指政府通过对工伤预防进行干预，在保障劳动者的生命安全和维护企业安全生产环境的同时，促进企业经济发展，其政策目标在于促进（promotion）。本书中工伤预防管制指的是广义概念。

（二）工伤

1921年国际劳工组织（International Labour Organization）通过《农业工人伤害赔偿公约》，首次对由于工作直接或间接引起的事故伤害作出规范界定。此时，工伤仅指在工作过程中发生事故而造成的伤亡。1925年通过的《同等待遇公约》阐明了工伤事故和非工伤事故以事故与工作是否存在因果关系作为判定标准，并且以此区分了工伤事故与职业病的概念（艾克扎维尔，2005）。

为了应对受伤劳动者发生工伤事故后，可能造成其暂时不能工作、丧失部分劳动能力、永久性失去劳动能力，引发家属失去经济依靠而陷入贫困的困境，1952年，国际劳工组织扩大了工伤认定事故与工作因果关系的范围，通过《工伤赔偿公约》明确了工伤包括工伤事故伤害和因工作引起的疾病①。1964年国际劳工组织再次扩大工伤认定的范围，将职业病纳入其中，即只要在工作时间与工作地点发生的事故，无论什么原因，都视为工伤事故②。

政府通过工伤预防管制，激发企业改造生产材料、机器设备和福利设施等技术领域，设计出更符合人体工学的生产程序、更加科学的安全管理流程等工作安全环境，提高劳动者的劳动工作条件，不仅可以降低工伤事故率，对于劳动者的机体健康也可以产生积极的影响。因此，本书研究的工伤是指工作与工作有关的工伤事故伤亡与职业病。

---

① 1952年《社会保障公约》第六部分“工伤津贴”。

② 1964年《工伤事故和职业病津贴建议书》。

（三）职业病

《中华人民共和国职业病防治法》中对于职业病的界定建立在国际劳工组织定义标准之上，主要指劳动者因在生产过程可能接触到毒性物质、器械危害、不标准的防护用具、空气噪声危害等引起的身体疾病[①]。值得注意的是，职业病的外延经历了一个客观与主观认识层面不断发展的过程。1925 年，国际劳工组织将发病率最高的铅中毒、汞中毒和炭疽病感染三种疾病纳入职业病的范围。1964 年，国际劳工组织第 121 号公约将职业病范围扩大至 15 种疾病。截至 1990 年，国际劳工组织通过陆续发布 24 个公约与建议书不断扩大职业病范围，更新国际职业病名录。

1985 年，世界卫生组织专家委员会在报告中提出，应当打破过去将疾病一分为二的状态（普通疾病与职业病）。疾病的产生不仅是单纯职业因素或生活因素，还有可能是职业病与职业关联性疾病的叠加及彼此互相影响而形成的。因此，早期关于职业病的预防（Pransky，Loisel，Anema，2011），学者更多关注身体残疾的预防，包括摔伤（Hsiao & Simeonov，2001；Chi，Chang，Ting，2005）、背部受伤预防（Snook et al.，1987；Royalty & Iversen，1997）、肌肉骨骼疾患预防（Collins et al.，2004；Marras et al.，2009）等。但近期因工作压力造成的职业病预防也得到越来越多的关注（Murphy & Sorenson，1988；Sullivan & Stanish，2003；Lamontagne，2007）。例如，利佩尔（Lippel，2007）发现工人心理健康，在某些情况下还对身体健康具有负面影响。

在《中华人民共和国职业病防治法》与国际劳工组织对于职业病鉴定的基础上，结合最新研究趋势，本书涉及的职业病是指微观经济主体的雇员在职业活动过程中因接触到毒性物质、器械危害、不标准的防护用具、空气噪声危害等引起的身体和心理的疾病。

（四）工伤保险

工伤保险是为了保障因工作遭受事故伤害或者患职业病的职工获得医疗救治和经济补偿，促进工伤预防和职业康复，分散用人单位的工伤风险。在此基础上，栾居沪（2011）提出工伤保险不仅保障劳动者本人，而且保障其家庭成员。

---

① 2014 年《中华人民共和国职业病防治法》（修订稿），第二条：职业病是企业、事业单位和个人经济组织的劳动者在职业活动过程中，因接触粉尘、放射性物质和其他有毒、有害物质等职业病危害因素而引起的疾病。

殷俊和黄荣（2012）进一步细化了补偿的途径，提出工伤保险是政府通过工伤保险待遇保障受伤劳动者的医疗救治与基本生活的一种社会保障制度①。显然，国内学者对工伤保险的定义偏重于工伤保险待遇补偿。

阿什福德（1976）指出工伤保险待遇不但修正了劳动市场上依靠风险工资无法完全补偿劳动者遭受风险所产生的损失缺陷，且为企业工伤事故的预防提供了安全激励。在无过失责任原则下，企业将调整工伤预防资源，降低生产过程中工伤率，以此减少需要申请工伤保险待遇的受伤者。在一定条件下，随着工伤保险待遇的提高，企业安全效应逐渐增加，当工伤保险待遇超过一定值后，随着工伤保险待遇的提高，企业安全效应逐渐降低（Kip & Zeckhauser, 1979）。

因此，本书的工伤保险是国家和社会为工作中受伤劳动者提供的医疗救治、伤残津贴和职业康复等福利，弥补劳动者因发生工伤事故而造成的经济损失，同时激励企业与劳动者主动进行工伤预防。此外，根据运营机构性质的差异，目前各国工伤保险或以私营保险为主，或以国家社会保险为主，或者两者同时存在。本书中的工伤保险指以依托于国家公共部门运营的社会保险形式。

二、工伤预防管制的属性及其特征

根据社会管制经济学理论，狭义的工伤预防管制是政府通过工伤预防策略，激励企业减少工伤，保护劳动者生命安全与保障安全生产。其管制策略除了政府为此制定的相关法律法规、工伤保险费率设置和提取规定的预防费用，也包括为了保证各项政策顺利实施所采取的一切监督措施。广义的工伤预防管制目标是实现劳动安全保障与企业经济发展，追求社会福利最大化。因此，工伤预防管制应当具有公共产品性质，即非排他性与非竞争性。

一方面，政府制定法律法规和实施教育培训等预防措施来保障所有参保劳动者和约束所有参保企业行为，但每个参保企业因经营业务的差异而面临不同的风险，所以相对采取差异化的安全标准、教育培训等。显然，工伤预防管制不具有严格意义上的非排他性，表现为局部非排他性的属性。另一方面，政府制定法律法规和实施教育培训等预防措施不会因多增加一个参保劳动者或企业而受到影响，即边际成本为零。然而，工伤保险费用完全由企业来筹集，在一个企业内多增加一个劳动者，边际成本就不为零。显然，工伤预防管制不具有严格意义上的

① 殷俊，黄蓉．工伤保险［M］．北京：人民出版社，2016：8-9.

非竞争性，表现为不完全非竞争性。

工伤预防管制的受益者为劳动者，而管制成本的最终承担者是购买被管制企业产品的消费者。企业因为外部成本内部化所导致的成本上升，可能通过提高产品价格和减少质量的方式转嫁给消费者（Ambec & Barla，2006）。基于局部非排他性与不完全非竞争性的属性，管制者应选择高效率的工伤预防管制激发企业内部化规制成本，提高企业产品质量和降低价格，否则低效率的管制可能导致消费者效用水平的降低。

三、工伤预防管制的激励措施

纵观各国发展经验，一般政府通过工伤保险中的经验费率机制与展开职业安全健康项目进行工伤预防管制，具体设置科学的工伤保险费率机制、奖惩机制以及定期的安全检查监督机制，将会激励企业更积极优化工作场所安全、工伤索赔管理等（Gray，2005；Niu，2010）。基于国际先进经验而建立起来的中国工伤预防管制制度，政府主要通过工伤保险费率的间接市场干预手段与提取工伤保险预防费用的直接干预措施，并辅助奖惩与政府监督机制激励企业进行安全事故预防。虽然国际上并没有提取工伤预防基金一说，但从我国工伤预防费用的作用途径可以发现，其与国际通行的职业安全健康项目的内在机理具有一致性。

依托于工伤预防、工伤补偿与工伤康复“三位一体”的工伤保险体制而建立的工伤预防管制制度，国内外学者认为工伤预防管制应当具有三个预防阶段，即在工伤事故发生前控制事故源头、工伤事故中及时监护劳动者健康而防止损害进一步发展、工伤事故后造成事故损失而及时救治促进劳动者康复（Higgins，2001；林静，2011）。如果政府希望实现社会安全效益与经济效益并举的“共赢”局面，就不仅要控制发生工伤事故的源头，同时也不能忽略工伤事故后的预防效果。显然，工伤预防管制内涵与外延的转变将直接影响政府管制运行机制的选择。

工伤保险中的费率机制与企业经营风险联动，是有效规避道德风险并减轻企业经济负担的激励手段，能有效促进企业事故预防，属于工伤事故前预防路径（Thaler & Rosen，1976）。工伤保险待遇补偿机制提高企业预防事故成本，同样具有激发企业减少事故控制生产成本的动力，属于工伤事故后预防路径（Rea，1981）。因此，本书结合前人研究认为，政府通过设置工伤保险费率机制与工伤保险待遇机制进行间接市场干预手段，同时配备提取工伤预防费用的直接干预措施、辅助奖惩与政府监督机制，可以有效激发企业采取促进企业安全生产与保护职工安全健康的预防措施，见图2－2。

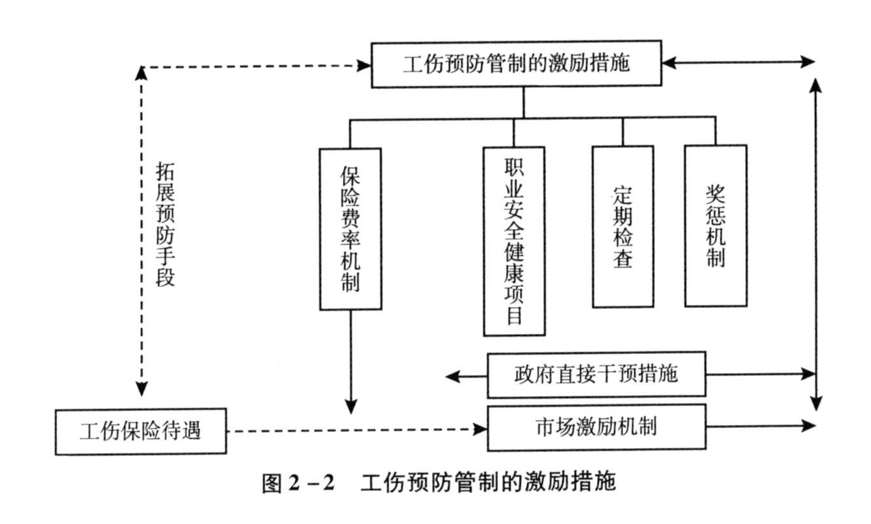

图2－2 工伤预防管制的激励措施

第二节 工伤预防管制“共赢”局面的逻辑演化

一、政府工伤预防管制的美好愿景

（一）风险工资理论

风险工资理论起源于亚当·斯密的《国富论》，其核心思想为风险与工资之间存在替代效应（Viscus，1979）。劳动者面临相同工资待遇时，会选择舒适安全的岗位获得更高效用水平（见图2－3）；与此同时，企业为了吸引更多的劳动者，也会给予高危行业更高的工资和应对工作风险的福利（直线B为工资与风险的替代率）。显然，劳动者就业时会平衡企业提供的薪酬和工作的安全与健康环境条件。若雇佣双方信息充分流动，则无须政府管制，在完全劳动市场上就存在市场平衡（见图2－4）。

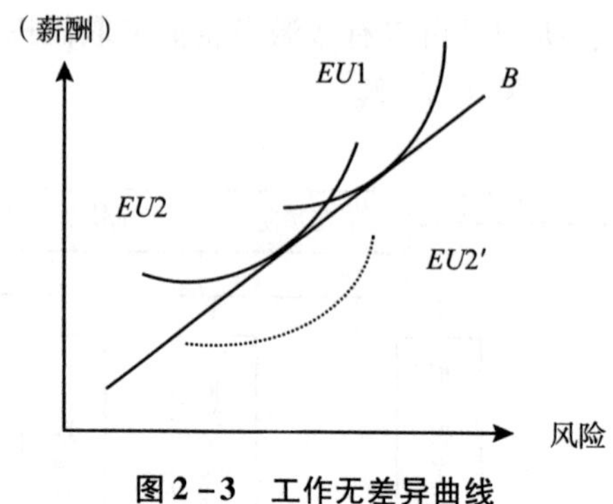

图2－3　工作无差异曲线

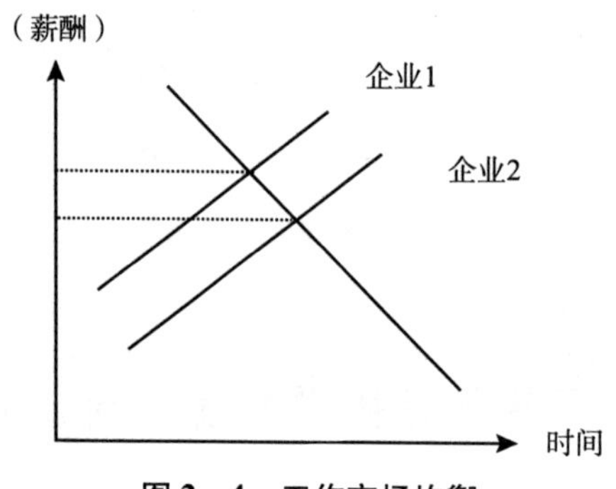

图2－4　工作市场均衡

企业根据劳动者的薪资要求会调整工作风险程度以使生产成本最小化。随着企业控制风险程度的加强，在其他条件不变的情况下，预期支出成本趋于增加。例如，控制工伤死亡事故率降低1%，企业可能需要加强对劳动者的防护，而若控制工伤死亡事故率为0%，企业可能需要改造整个生产设备与流程。因此，控制风险的成本随着风险程度的降低而上升，且斜率的增加越来越快。同时，根据凯恩斯AS－AD理论，随着工作安全效应的增加，企业同等均衡薪资会吸引更多劳动者，工人的工资水平随之下降（见图2－5中工资支出成本曲线）。若企业主动通过规模经济、创新技术等改造安全生产环境，在工资支出不变的情况下，随着控制风险程度的加强，可使得控制风险的预期支出成本下降，最终达到在保障总成本下降的同时，最佳风险程度也向左移动。可见，企业控制工作风险程度会直接影响劳动者工资水平与风险成本的变动。在充分竞争下，总存在一个风险程度 e，使企业的总支出水平最低而获得最高的利润水平。

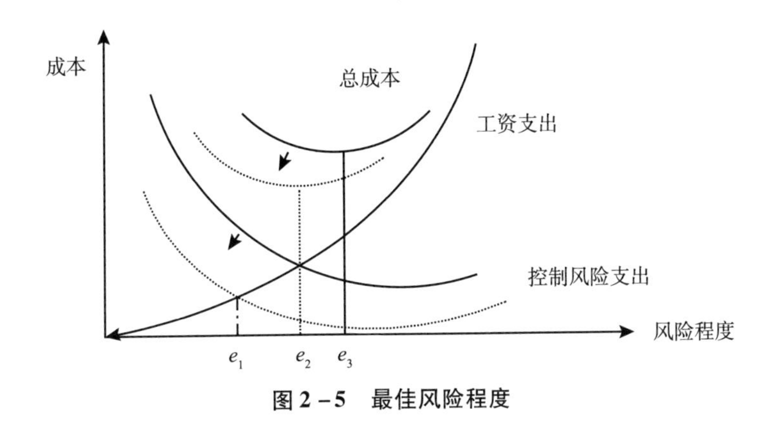

图 2-5　最佳风险程度

风险工资理论的前提假设是完全市场与充分竞争，要求劳动者在完全了解风险的情况下承担风险工作，目的是获得与他们教育培训相应的薪酬水平。然而，在实际劳动力市场运行过程中，由于市场缺陷，该理论的前提假设难以被满足，可能造成劳动者过高或低估计工作场所的风险水平。在就业之前，劳动者可能对工作风险反应过度，导致已知风险被高估；而在就业时，劳动者又对风险感知似乎产生一个“我不可能发生”的态度，导致已知风险被低估。由于劳动市场中风险信息并不对称，仅依靠市场机制并不能完全补偿劳动工人遭受的灾害风险，为了纠正市场失灵，保护受伤劳动者安全权益，故政府必须加以管制。

（二）工伤预防管制实现社会福利最大化

政府通过工伤保险费率与工伤待遇补偿机制的间接市场激励，同时开展职业安全健康项目的直接干预措施来实施工伤预防管制，强制企业披露真实安全生产状况，可以使得企业与劳动者之间就业安全信息对称。根据管制效用理论，在完备信息下，管制促使市场资源进行有效配置，使得企业以最小的投入获得最大利润（生产可能性边界上），可以实现政府管制的社会福利最大化目标（Wolak，1994）。假设，企业缴纳的工伤保险费用于整改安全生产环境的投入，构成了企业响应政府管制的成本费用，那么被管制的企业生产函数为：

$$Q_i = f(K_i,\ L_i,\ E_i,\ \varepsilon_q(i)/\beta) \tag{2-1}$$

其中，Q 为产量，K 为资本，L 为劳动力，E 为企业因管制投入量，ε_q 为生产过程，β 为生产技术系数，且管制者与企业均了解 β。劳动者受伤或处在工伤恢复期暂时无法重返工作岗位，造成实际与预计劳动量的差异。因此，将劳动者生产率参数 θ_i 考虑在生产函数中，用来反映不同情况下具体的劳动量，则追求利润最大被管制企业的最小生产成本为：

$$\min_{L,E,K} w_i L_i + r_i K_i + e_i E_i \text{ subject to } Q = f(K, L, E, \theta, \varepsilon_q/\beta) \quad (2-2)$$

其中，w 为工资，r 为资产价格，e 为管制价格。在资本固定的情况下，生产过程只与 L、E 有关，生产既定产量，则劳动力与管制成本的最小成本为：

$$CVC(e, w, \theta, K, Q, \varepsilon_q, \eta_L, \eta_E/\beta) \quad (2-3)$$

其中，η_L、η_E 为生产过程与劳动量、管制成本的相关系数，那么被管制企业的最小总成本为：

$$TC = CVC(e, w, \theta, K, Q, \varepsilon_q, \eta_L, \eta_E/\beta) + r_i K_i \quad (2-4)$$

企业为响应政府工伤预防管制而缴纳的工伤保险费，最终由购买产品或服务的消费者承担。若购买产品或服务的消费者人数为 N，每个消费者为管制成本支付费用为 t，则消费承担费用 $T = Nt$。假设企业产出的价格为 P，预期消费者剩余为 $S_i(p) = E_d(\varepsilon_d(i))\int_p^{\infty} Q_i(s)d_s$。那么工伤预防管制的社会福利最大为：

$$\begin{aligned}
&\max_{P,T,K} S_i[p(\theta_i)] - T(\theta_i) \quad \text{subject to} \\
&E_{q,d}(\pi(\theta_i)) = E_{q,d}[p(\theta_i)Q[p(\theta_i)]\varepsilon_d(i)] + T(\theta_i) \\
&\qquad - CVC(e, w, \theta_i, K(\theta_i), Q(\theta_i)\varepsilon_d(i), \varepsilon_q(i), \eta(i)/\beta) \\
&\qquad + r_i K(\theta_i) = 0
\end{aligned} \quad (2-5)$$

其中，当式（2-3）中存在最优的误差时，$\eta(i) = (\eta_L(i), \eta_E(i))'$，并对 Q 与 K 求偏导可得：

$$p_i = \frac{\partial E_{q,d}[CVC(e, w, \theta_i, K(\theta_i), Q(\theta_i)\varepsilon_d(i), \varepsilon_q(i), \eta(i)/\beta)]}{\partial Q} \quad (2-6)$$

$$r_i = -\frac{\partial E_{q,d}[CVC(e, w, \theta_i, K(\theta_i), Q(\theta_i)\varepsilon_d(i), \varepsilon_q(i), \eta(i)/\beta)]}{\partial K} \quad (2-7)$$

其中，一阶条件为政府实施工伤预防管制纠正市场失灵实现社会福利化的条件。

然而，各国经验表明，工伤保险待遇作为补偿劳动工人遭受风险损失的工作福利，增大了劳动者的预期收益，常常诱导道德风险（Bolduc et al.，2002）。例如，美国和法国曾经历了较低水平的真实道德风险（Aiuppa & Trieschmann，1998）。目前中国工伤案件中“职场碰瓷族”“工伤专业户”等虚假现象也时有发生。显然，单纯依靠事后工伤补偿的管制方式并不能达到良好的安全保障效果。为了提高工伤预防管制效率，政府应设置工伤保险费率机制进行事前工伤预防，激励企业主动做好工作场所风险控制。值得注意的是，若事前工伤保险费率与事后工伤保险待遇补偿相脱离，使得盲目提高或降低管制费率的措施，就可能扭曲企业安全投资行为，造成企业经济效应与劳动者安全效应均降低的双重困境，违背了政府工伤预防管制的美好愿景（Butler & Worrall，1991）。

二、政府工伤预防管制的设定困境

（一）贝克尔理论

贝克尔（Becker，1986）开创性地将违法行为与经济理论相结合，形成了经济犯罪研究理论。贝克尔理论的核心内容是当一个企业决定是否犯罪时，它会衡量自己被捕且定罪相关的平均处罚损失期望，其前提条件是完全理性的犯罪者，会平衡犯罪的收益与成本，因此可以形成一个确定的社会最佳强制力度模型。具体社会总损失函数的一般公式可以表达如下：

$$L = D(o) + C(p, o) + bpfo \tag{2-8}$$

其中，D 为犯罪损害社会成本，C 为监督犯罪的社会控制相关成本，$bpfo$ 是总社会惩罚损失。最终决定因素为 o 犯罪量、p 监督力度、f 处罚力度。通过对上式进行求导，可以解出最优的强制力度，直观表达如图 2－6 所示。政府通过调整工伤预防管制的监督力度与企业违规处罚力度削弱微观主体违法行为产生的经济动机，从而控制工伤的发生率。若政府希望工作场所不要出现任何工伤事故，可将监督力度 p 设定为 1，并将企业处罚力度 f 调整至等于违规的期望收益，就可彻底消除企业违反政府规定的经济动机。但是实际中，政府要取缔所有企业的违法行为（监督力度设定为 1）以及确保完全强制力的管制成本是巨大且不具有可操作性的。因此，最有效的强制力度应该是使得管制所花费的社会资源与违法行

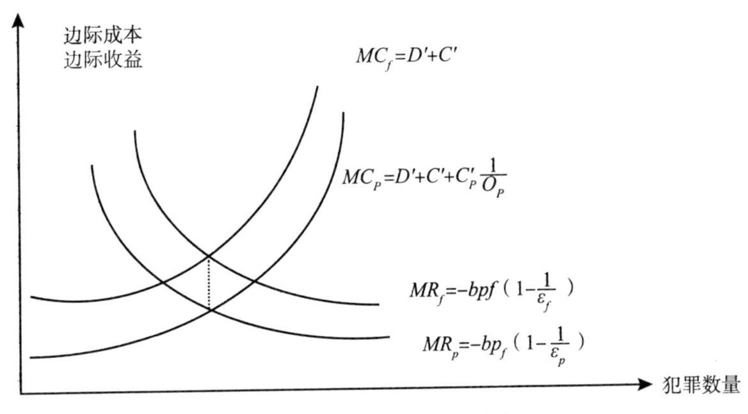

图 2－6 最优社会监督与处罚力度

为带来的社会净效益损失之和最小。在最佳的监督力度 p 和处罚力度 f 下，可以允许一定的违法行为。这也是政府进行自上而下的工伤预防管制政策设定时，无法完全消除企业违规经济动机的原因。

随着时间的推移，完全理性的前提条件受到了质疑。传统理性选择理论依然忠于功利主义，认为企业是平衡了最大化利益和最小化成本。通常认为，它们不评估各种决策的优缺点。而科尼什和克拉克（Cornish & Clarke，2013）提出企业常常表现出“有限理性”，考虑社会影响力与企业形象等，倾向于选择一个满意的解决方案，而不是最优的方式（Simon，1957）。换句话说，决策是理性的，不需要精确的计算。但很快学者发现理性选择也可以衡量大小，只是理性选择被限定为有限理性（Akers & Sellers，2009；Haan & Vos，2003）。虽然有限理性选择与完全理性选择的基本条件都存在争议，但是所有犯罪经济学理论都认为，犯罪是一个选择的过程，企业面对政府管制可能采取的行动，是最有利于它们在给定时刻的利益选择。

（二）工伤预防管制的有效边界

在社会性管制中，管制法规明确了法律界限及处罚力度范围。企业不遵循法规的行为被视为违法。政府强制执行目的是以最小的执行成本确保被管制企业达到政府管制要求。维斯库西和理查德（Viscusi & Richard，1979）提出政府干预与市场动力促使企业将职业安全健康作为追求利润的安排。政府工伤预防管制影响企业选择安全激励的方式，可以通过遵循或不遵循管制的边际成本来讨论企业安全投资收益。图 2－7 中曲线 ABC 表示没有强制性预防管制标准时企业工作场所的安全程度与期望的安全投资回报关系。此时，企业利润最大点对应在使工作场所的安全程度达到 S_0 上。

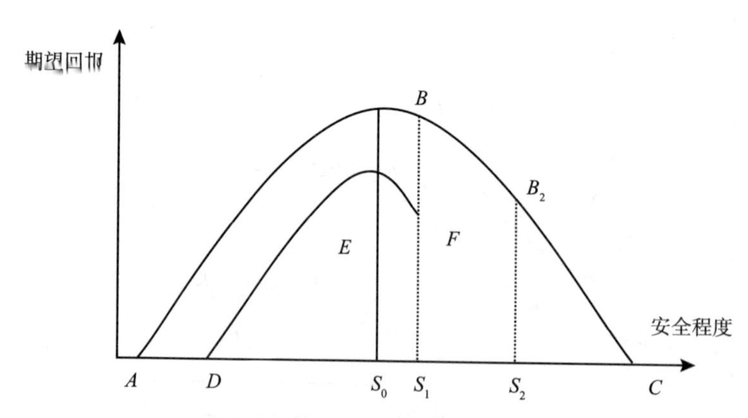

图 2－7　企业遵循预防管制的条件

当政府制定的某一安全标准 S_1，高于企业选择的最佳安全标准时，如果企业达不到政府管制标准，就会受到管制机构的惩罚，从而使期望回报曲线变为 *DEF*（假设处罚采取惩罚的形式，且罚款额仅与不安全程度有关）。这时企业如何决策？不遵循预防管制标准，其最大收益在 *E* 点；遵循标准的收益在 *B* 点。当 *B* 点期望回报高于 *E* 点时，企业将遵循预防管制标准。如果管制机构将安全标准定在 S_2，此时企业的投资回报为 B_2，低于不遵循预防管制的投资回报 *E*，企业就不愿遵循预防管制。因此，当企业成本满足以下条件时，才会激发其遵循工伤预防管制标准：

$$C_R < C_E = P_R \times P_{R'} \times C_{R'} \tag{2-9}$$

其中，C_R 为企业遵循成本，C_E 为企业期望处罚成本，P_R 为检查率，$P_{R'}$ 为企业违反管制率，$C_{R'}$ 为违反管制惩罚成本。企业遵循政府管制受管制标准、监察力度和处罚力度的影响。当监察与处罚力度保持不变时，政府制定的标准越高，企业的遵循成本也越高，因企业规模不同，管制效果也不同。

假设 *AA*、*CC*、*EE* 规模类企业，政府制定工伤预防管制强度为 S_1，处罚只采取罚款的形式。从图 2－8 可以看出，*AA* 规模类企业无论怎样都无法达到预防管制标准，宁可认罚，安全最佳选择为 S_0。*CC* 规模类企业，最佳的安全标准比政府管制标准要低，但企业对工作场所进行适当投资就可以达到预防管制标准。当企业遵循管制的成本小于惩罚成本时就会进行投资，改善工作场所安全。*EE* 规模类企业的工作场所已符合政府工伤预防管制标准，则政府管制的标准对于企业没有激励影响。可见，政府设置工伤预防管制强度时，若一直以削减企业成本的理念，则无论怎样设置，总会使得某一类规模企业丧失或降低主动进行工伤预防的动机。

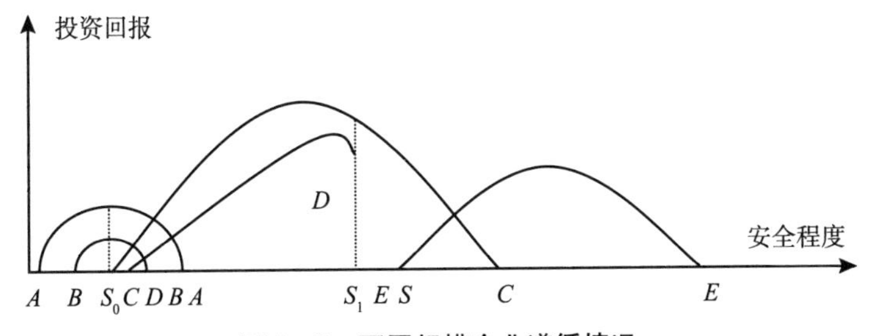

图 2－8　不同规模企业遵循情况

三、政府工伤预防管制的机制调整

（一）“波特假说”理论

传统经济学家指出，政府实施的职业安全健康管制会使企业生产性资源比例向安全与卫生倾斜以改善职工健康，但是会降低企业生产率和市场竞争力，不利于经济增长（Stigler，1971；Peltzman，1976）。而波特（Porter，1991）却认为，严格且适宜的管制能够引发技术创新而促进经济增长与改善安全生产环境，产生共赢局面。波特并不是第一个质疑主流管制成本负担的学者。控制安全环境促使企业减少成本浪费的理论可以追溯到1800年（Desrochers et al.，2014）。1993年，阿什福德等开始将“波特假说”理论应用于职业安全健康管制领域，探讨管制能否促进企业安全技术创新而不带来职业伤害。此外，阿姆贝克等（Ambec et al.，2013）总结了“波特假说”理论，阐明管制会帮助企业意识到成本性资源使用的无效率，进而树立革新观念，最终克服企业自身惰性，获得更高经济效益。图2－9为波特假说理论的实现路径。

图2－9　波特假说理论的实现路径

根据熊彼特“破坏性创新”理论，企业一直会寻求新的安全创新技术来替代现有的安全技术，降低企业运行成本。当现有的安全技术不再能满足企业实现最大化利益的目标时，企业会通过改进生产设备与生产流程、优化作业方式与工作时间等来改善职业安全健康环境，并保障劳动力持续投入，生产更有资源效率的产品（Ashford & Hall，2011）。尽管前期企业为获得新安全技术而必须投入成本，但是，随着职业事故和疾病发生率下降，企业工伤赔偿成本降低，进而为公司财务带来积极影响。同时，根据社会交换理论，职工相信企业是真正保障他们的安全权益。职工出于感激，工作积极性被激发，随之产品返工率减少、操作费用降低（Kaplan & Norton，1996），同时缺勤率（Cucchiella et al.，2014）与员工辞职的风险（Michael et al.，2005）也下降，间接地提升企业的生产率与市场竞争力，在某个时刻（B 点），企业的收益会超过企业合规成本与新技术投入成本，增加生产效率，提高企业经济绩效（见图2－10）。

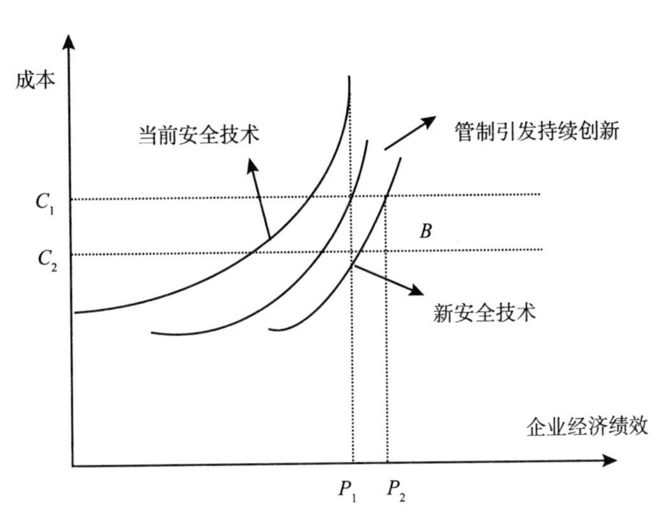

图2－10　管制对于企业技术创新效率的影响

严格且适宜的管制引发企业技术创新，是“波特假说”所阐述的共赢局面的关键条件，被管制企业与管制政府的关系需要满足以下五个条件（Porter，1991；Ashford，2000）：第一，被管制的企业可能存在资源无效率的使用和潜在安全技术创新；第二，政府管制可提升企业意识，实现收益；第三，政府工伤预防管制实施可降低企业职业安全健康环境投资收益的不确定性；第四，政府管制可激发企业创新的动力；第五，政府管制设定要确保企业在职业安全健康投资的过程中不存在机会收益。此外，政府还要保证严格且适宜管制的顺利实施及辅助的激励措施，才能持续激发企业的安全技术创新，提高企业经济绩效。

（二）适宜的工伤预防管制促进经济增长

基于“波特假说”理论的分析，工伤预防管制 R 若能激发企业安全技术创新，就可以保障劳动力和提升劳动者的生产效率，同时也可改进生产流程与工艺以节省资本输出。借鉴希克斯（Hicks，1932）提出技术进步使得劳动产出与资本产出以相同比例增长的理论，建立包含 K、L、R 的 C－D 生产函数：

$$Y=AF(K,\ L,\ R) \tag{2-10}$$

其中，A 为技术进步（TFP），F 为规模报酬不变的生产函数，生产函数也可表达

为 $Y=AK^{\alpha}L^{\beta}R^{1-\alpha-\beta}$，且 Y 为条件收敛的（Baumol，1986）。那么全要素生产率的增长率为：

$$T\hat{F}P=\hat{Y}-\alpha\hat{K}-\beta\hat{L}-(1-\alpha-\beta)\hat{R} \tag{2-11}$$

如果工伤预防管制对企业没有影响，则生产函数与全要素生产率的增长为：

$$Y=A_2K^{\alpha}L^{1-\alpha-\beta}$$

$$T\hat{F}P_2=\hat{Y}-\alpha\hat{K}-(1-\alpha)\hat{L} \tag{2-12}$$

假设劳动和资本的弹性系数不受选择方法的影响 $\left(\frac{\alpha}{\beta}=\frac{\alpha}{1-\alpha}\right)$，将式（2－11）代入式（2－12）可得：

$$T\hat{F}P=T\hat{F}P_2+(1-\alpha-\beta)\left[\hat{R}-\left(\frac{1}{\alpha+\beta}\right)\left(\alpha\frac{\wedge}{L}+\beta\frac{\wedge}{K}\right)\right] \tag{2-13}$$

其中，实际增长率 $T\hat{F}P$ 为测量值 $T\hat{F}P_2$ 与政府管制带来的偏差之和。当 $\alpha+\beta=1$ 时，政府管制带来的偏差趋为0，管制对实际生产率增长没有影响。根据波特理论，在适宜机制基础上，政府管制强度成为影响劳动与资本弹性系数大小的关键。

当 $\alpha+\beta>1$ 且 $\frac{\wedge}{R}-\left(\frac{1}{\alpha+\beta}\right)<0$，或 $\alpha+\beta<1$ 且 $\frac{\wedge}{R}-\left(\frac{1}{\alpha+\beta}\right)>0$ 时，$(1-\alpha-\beta)\left[\hat{R}-\left(\frac{1}{\alpha+\beta}\right)\left(\alpha\frac{\wedge}{L}+\beta\frac{\wedge}{K}\right)\right]$ 大于0，则能提高实际生产增长率。

第三节　现阶段中国工伤预防管制的作用机理

一、中国工伤预防管制的安全效应

（一）工伤保险待遇与最佳安全效应

工伤保险待遇作为最早被建立的社会保险制度，为伤亡劳动者提供医疗、护理费用、伤残津贴、工亡补助金等，弥补劳动者因发生工伤事故所造成的经济损失。同时，政府规定将工伤待遇水平与受伤劳动者工资联动，保证劳动者利益不受经济社会发展水平的影响。为了进一步保障受伤劳动者，2010年12月，国务院修订了《工伤保险条例》，提高生活不能自理和鉴定伤残等级的劳工待遇水平，简化工伤处理程序，调整工伤认定范围。根据生产成本理论，逐渐增加的工伤保险待遇提高了劳动者应对工作风险的福利工资。在其他条件不变的情况下，结果导致企业雇佣成本提高，激发企业主动进行工伤预防，降低工伤率。

本书借鉴有约束的最优化理论探究基于工伤保险费率的企业，随着工伤保险待遇的提高，是否存在最优的安全水平（Luenberger，1984）。中国工伤保险费率采取“基本费率+浮动费率”的模式，政策规定：每一至三年根据用人单位工伤保险费的使用、工伤发生率、职业病危害程度等因素，确定参保企业的工伤保险费率是否要发生浮动[①]。按照规定，企业必须缴纳工伤保险费，按照工伤事故发生与否，企业将产生实际损失与预期损失。因此，一个要发生浮动费率的企业缴纳的工伤保险费 Q_t 为：

$$(1+\lambda)(\theta AL+(1-\theta)EL) \tag{2-14}$$

其中，AL 为过去三年企业年平均实际损失，EL 为过去三年企业年平均预期损失，θ 为过去三年企业安全生产状况的变动，λ 为企业为保障安全而投入相关管理费用占总成本的比例[②]。假设，t 代表过去三年，并由 $t-2$、$t-3$、$t-4$ 三个阶段组成[③]，企业为改善劳动者职业安全环境而投入固定成本为 C 和安全水平为 S_t 的安全费用[④]；$P_t=P(S_t)$，表示在 t 时期内已经进行安全改造的企业工伤事故发生率。因安全投入的增加，事故率降低，保险费率随之降低，所以 $p'<0$，$p''>0$，取值范围为［0，1］。

如果未发生工伤事故，则企业获得固定产出价值 V，劳动者获得工资 Y_t；如果发生工伤事故，则企业承担设备、专项人力资本折损及工人补偿等损失 L，劳动者失去固定工资收入而获得相应的工伤保险待遇 B_t，则劳动者因工伤事故承受的实际损失为 P_tB_t。若雇佣双方信息充分流动，企业因补偿劳工而造成不同时期的损失为 $P_{t-2}B_{t-2}$、$P_{t-3}B_{t-3}$、$P_{t-4}B_{t-4}$，那么企业平均实际损失 AL 可由劳动者年平均损失表示为：

$$AL=(P_{t-2}B_{t-2}+P_{t-3}B_{t-3}+P_{t-4}B_{t-4})/3 \tag{2-15}$$

---

① 2003 年《工伤保险条例》及 2010 年《工伤保险条例》（修订版）第二章“工伤保险基金”第八条与第九条。

② 若企业在三年内完全未发生安全事故则为 1，若企业 3 年内都发生重大安全事故则为 0，因此取值范围为［0，1］。同理，λ 的取值范围也为［0，1］。

③ $t-1$ 为计算工伤保险费率时期，统计期的数据可能不完全，故不采用 $t-1$、$t-2$、$t-3$ 的方式划分。

④ 依据前文分析，本书中企业为了响应政府工伤预防政策而产生的费用，主要体现在缴纳法定工伤保险费和按照国家安全标准进行整改两个方面。

若 $\bar{P}_t$ 为企业发生事故的预期概率，$\bar{P}_t B_t$ 为劳动者的预期损失，将式（2-15）代入式（2-14）中，企业缴纳的工伤保险费用转化为劳动者的工伤保险费：

$$Q_t = (1+\lambda)[\theta(P_{t-2}B_{t-2} + P_{t-3}B_{t-3} + P_{t-4}B_{t-4})/3 + (1-\theta)\bar{P}_t B_t] \quad (2-16)$$

t 时期内，企业因保障劳动者安全而生产的预期利润为：

$$\prod_t = (1-P_t)V - P_t L - (1-P_t)Y_t - Q_t - CS_t \quad (2-17)$$

劳动者相对企业是风险规避者，会最大化其收入预期效用，其中，下标 1 表示受伤状态，下标 0 表示安全状态：

$$EU_t = (1-P_t)U_1(Y_t) + P_t U_0(B_t) \quad (2-18)$$

企业与劳动者签订劳动合同，默认劳动者已了解即将就业的职业安全环境，在工资和工伤保险待遇 $\bar{B}$ 给定的情况下，企业会调整工作风险程度以最小化其规避事故的预期成本，同时劳动者也获得一个固定预期效用 $\bar{E}U$。据此，建立企业与劳动者总收益最大化的拉格朗日函数表达式：

$$Z = \sum_{t=0}^{\infty}\left\{\begin{array}{l}[(1-P_t)V - P_t L - (1-P_t)Y_t - Q_t - CS_t]/(1+r)^t \\ +\mu_{1t}[(1-P_t)U_1(Y_t) + P_t U_0(B_t) - \bar{E}U] + \mu_{2t}(B_t - \bar{B})\end{array}\right\} \quad (2-19)$$

上式分别对 B_t，S_t，μ_{1t} 求导，其中 μ_{1t}，μ_{2t} 为拉格朗日乘数，r 为利率，当且仅当存在一个 μ^* 满足库恩—塔克条件，则：

$$P_t(U_0'(B_t)/U_1'(Y_t)) - (1+\lambda)\left(\theta\frac{1}{3}\sum_{j=2}^{4}(1+r)^{-j}P_t + (1-\theta)\bar{P}_t\right) + (1+r)^t\mu_{2t} = 0 \quad (2-20)$$

$$-P_t'[V + L + (1+\lambda)\theta\frac{1}{3}\sum_{j=2}^{4}(1+r)^{-j}B_t - Y_t + [U_1(Y_t) - U_0(B_t))/U_1'(Y_t)] = C \quad (2-21)$$

$$\bar{E}U = (1-P_t)U_1(Y_t) + P_t U_0(B_t) \quad (2-22)$$

$$\mu_{2t}(B_t - \bar{B}) = 0 \quad (2-23)$$

$$\mu_{2t} \geqslant 0 \quad (2-24)$$

上述式（2-21）左边为劳动者和企业规避事故的总成本。因 $p_t = p(S_t)$，随着安全水平提升，企业规避事故的预期成本下降，在工伤保险待遇给定的情况下，劳动者和企业总规避事故成本最低时，达到最优安全水平。若 $B_t > \bar{B}$，则企业提供的工伤保险待遇大于法定待遇水平，此时法定待遇水平失去约束效用。若 $B_t = \bar{B}$，则法定工伤保险待遇能提供足够高的福利水平，使其具有约束力。为进一步评估法定工伤保险待遇水平的提高对于职业安全的影响及简化模型推导过程，假设企业因发生事故而产生的净成本为 F_t，劳动者因发生事故而忍受的净成本为 W_t，则劳动者和企业总规避事故净成本为 A_t①。在时间不变的情况下，式（2－22）与式（2－23）对法定工伤保险待遇求微分并整理得：

$$\frac{dS}{d\bar{B}}=\frac{-P'W(-U_1''/U_1')U_0'}{U_1'[-P''A(1-P)-(P'W)^2(-U_1''/U_1')]}+\left((1+\lambda)\theta\frac{1}{3}\sum_{j=2}^{4}(1+r)^{-j}-\frac{U_0'}{U_1'}\right)\frac{P'(1-P)}{-P''A(1-P)-(P'W)^2(-U_1''/U_1')} \tag{2-25}$$

根据 Arrow－Pratt 风险厌恶的度量理论，在事前工伤事故率等于事后工伤事故率条件下，可知 $W>0$，$-U_1''/U_1'<0$，且 $-P''A(1-P)-(P'W)^2(-U_1''/U_1')<0$，则②

$$(1+\lambda)\theta\frac{1}{3}\sum_{j=2}^{4}(1+r)^{-j}-\frac{U_0'}{U_1'}>0,\ \left(\frac{dS}{d\bar{B}}\right)_{subst}>0$$

或者

$$(1+\lambda)\theta\frac{1}{3}\sum_{j=2}^{4}(1+r)^{-j}-\frac{U_0'}{U_1'}<0,\ \left(\frac{dS}{d\bar{B}}\right)_{subst}<0 \tag{2-26}$$

（1）当 $(1+\lambda)\theta\frac{1}{3}\sum_{j=2}^{4}(1+r)^{-j}-\frac{U_0'}{U_1'}>0$ 时，提高法定工伤保险待遇，劳动者承受事故成本的减少小于企业事故成本的增加，根据式（2－21），劳动者和企业总规避事故成本上升，$\left(\frac{dS}{d\bar{B}}\right)_{subst}>0$，工伤事故率下降；而当 $(1+\lambda)\theta\frac{1}{3}\sum_{j=2}^{4}(1+r)^{-j}-\frac{U_0'}{U_1'}<0$ 时，提高法定工伤保险待遇，劳动者承受事故成本的减少超过企业事故成本的增加，劳工和企业总规避事故成本下降，$\left(\frac{dS}{d\bar{B}}\right)_{subst}<0$，工伤事故率上升。

（2）当 $\theta=0$ 时，安全生产状况极差（一般为小规模企业），$\left(\frac{dS}{d\bar{B}}\right)_{subst}<0$；当 $\theta=1$ 时，安全生产状况极好（一般为大规模企业），$\left(\frac{dS}{d\bar{B}}\right)_{subst}>0$。

---

① $F_t=V+L+(1+\lambda)\theta\frac{1}{3}\sum_{j=2}^{4}(1+r)^{-j}B_t-Y_t$；$W_t=[U_t(Y_t)-U_0(B_t)]/U_1'(Y_t)$

② 式（2－25）中下标 subst 表示本书只考虑提高法定待遇对边际安全收益的替代效应。

可见，无论 θ 取何值，提高工伤保险待遇，若劳动者承受事故成本的减少值小于企业事故成本的增加值，则会使得企业和劳动者最低总规避事故成本上升，工伤事故率下降，位于“U”形左侧；若劳动者承受事故成本的减少值超过企业事故成本的增加值，则会使企业和劳动者最低总规避事故成本下降，工伤事故率上升，位于“U”形右侧。工伤保险待遇与工伤事故率呈现“U”形的变动关系，存在以最低的工伤保险待遇获得最佳安全水平的临界点。因此，本书提出如下假设：

假设 1：若预防政策使得企业和劳动者最低总规避事故成本增加，则提高工伤保险待遇会降低工伤事故率。

假设 2：若预防政策使得企业和劳动者最低总规避事故成本减少，则提高工伤保险待遇会增加工伤事故率。

（二）政府降低管制费率与安全效应

工伤保险费率是政府工伤预防管制的集中体现，同时保障了提高工伤待遇对预防事故的效率。政府通过实施与风险挂钩的费率机制，可以促使企业主动维护职业安全生产环境，消除无效率成本性资源。工伤保险费率的高低反映企业控制工伤率的激励大小，代表企业事故预期损失与安全生产状况，且对一般风险较高的企业，政府制定较高的保险费率。

最佳安全效应需要企业、劳动者和政府共同的努力，而不完善的工伤保险费率机制会扭曲企业工伤预防的最佳投资行为（Shavell，1982）。目前政策规定，相同风险行业等级的企业实行统一的行业基本费率，高风险行业的基本费率高达1.9%，而低风险行业的基本费率低至0.2%[①]。在浮动费率不变的情况下，政府实施低管制费率主要降低了高风险与低风险等级企业的基本费率差额。每个基本费率等级上的高风险行业都会实行更低的工伤保险费率，而风险行业划分档次少的现状，使得费率机制偏向于风险共济，如对高风险行业进行安全补贴，结果导致每个地区的高风险行业越来越多，最终降低了地区安全净效应。即式（2-21）中，企业历史安全生产状况 θ 具有减少趋势。

低费率相对高费率等级企业承受着高工伤风险，在企业未采取任何改善安全生产环境措施时，可能会增加工伤事故率。相同比例的工伤保险待遇将提高低费

① 2015年《关于调整工伤保险费率政策的通知》，第二条关于行业差别费率及其档次确定中规定：各行业工伤风险类别对应的全国工伤保险行业基准费率为，一类至八类分别控制在该行业用人单位职工工资总额的0.2%、0.4%、0.7%、0.9%、1.1%、1.3%、1.6%、1.9%左右。

率等级企业的雇佣成本。根据伯恩斯坦（Bernstein，1995）的管制俘虏理论，政府可能因企业未享受工伤保险费率折扣，夸大工伤事故报告，造成企业经济负担重的现象，而降低工伤保险费率，这会进一步加剧低费率等级企业的雇佣成本（Moore & Viscusi，1989；Lanoie，1991）。因此，工伤保险待遇的提升增大了低费率等级企业控制工伤率的激励动力。即式（2－21）中，企业安全投入比例 λ 具有增大趋势，结合式（2－25），最终劳动者安全效应增加。据此，本书提出如下假设：

假设3：在企业浮动费率未发生变化时，提高工伤保险待遇对降低工伤率的边际作用随着政府管制费率的减小而提升。

（三）企业道德风险与安全效应

当企业浮动费率发生变化时，政府实施低保险费率政策，提高工伤保险待遇是否依然能增加劳动者的安全效应？目前根据企业当前事故率/历史事故率、工伤保险费的使用、影响职业安全健康程度的毒害物质等因素，政府每一至三年调整费率系数。当费率调整系数增大时，企业浮动费率增大；当费率调整系数减少时，企业浮动费率降低。根据前文分析，政府实施低管制费率，使得企业历史安全生产状况 θ 具有减少趋势，在企业当前事故率不变的情况下，费率调整系数增大。因未将工伤保险待遇的预防功能考虑在费率调整系数中，会诱导企业作出未来工伤率增大的误判（余飞跃，2011）。

企业作为工伤保险待遇的承担者，由于无法意识到积极的工伤预防，长期可提高其生产率，带来更高经济效益，容易出现为了追求短期利益而削减生产成本的安全投资行为（Ashford & Hall，2011）。工伤保险待遇的提高意味着预防事故的成本上升，为了抑制工伤保险费率增加，企业可能拒绝劳动者的待遇申请，缩减享受补偿待遇的人数，最终导致名义伤害率下降。例如，主观预防意识低且流动性比较强的农民工，其工伤事故发生率高而获得工伤保险待遇低。企业常因其为非正式劳动者，将其排除在工伤保险待遇获赔范围之内。同时企业为了控制生产间接成本，加强把控受伤劳动者待遇申请的途径，可能将真实工伤待遇申请者遗漏或缩短劳动者享受待遇的补偿期限，导致真实伤害率上升（Dionne & St-Michel，1991；Biddle，2013）。

劳动者发生工伤后，工伤认定和劳动者能力鉴定是其获得工伤保险待遇的前置程序。差异化的设置标准、不合理的申请时限、冗长的等待期限、失调的鉴定程序等被认为是阻碍劳工获得工伤保险待遇的关键。在目前“资强，劳弱”的劳动关系下，企业为实现其利润最大化，利用其资本、管理、岗位的资源优势，架空了工会组织功能，劳动者无法就上述问题与政府、企业进行协商谈判，耽误劳工的医疗救治，进一步导致工伤预防效果的下降（孙树菡，2000）。显然，企业道德风险的存在，会造成事故发生前后雇佣双方的信息不对称，使得事前工伤事故率不等于事后工伤事故率，导致式（2－21）中各变量的符号无法确定，安全效应将会降低。因此，本书提出如下假设：

假设4：在浮动费率设置不合理的情况下，企业道德风险的存在阻碍了工伤保险待遇降低工伤率的程度。

综上所述，在事前工伤事故率等于事后工伤事故率条件下，根据库恩—塔克一阶条件，存在以最低的工伤保险待遇获得最佳安全水平的临界点，并呈现“U”形的变动关系（见图2－11中“E”形状）。提高工伤保险待遇，劳动者承受事故成本的减少值小于企业事故成本的增加值时，劳工和企业最低总规避事故成本上升，工伤事故率下降，位于“U”形左侧（图2－11中C形状）。提高工伤保险待遇，劳动者承受事故成本的减少值超过企业事故成本的增加值时，劳工和企业总规避事故成本下降，工伤事故率上升，位于“U”形右侧。然而，政府实施不适宜的管制强度使得企业对工伤预防管制措施不满，引致市场失灵与政府失灵叠错，加重企业经济负担，易引发企业道德风险。企业事故成本的增加依然远超过劳工承受事故成本。提高工伤保险待遇使得“U”形的形状变形，形成C或D形状，主要位于“U”形左侧。

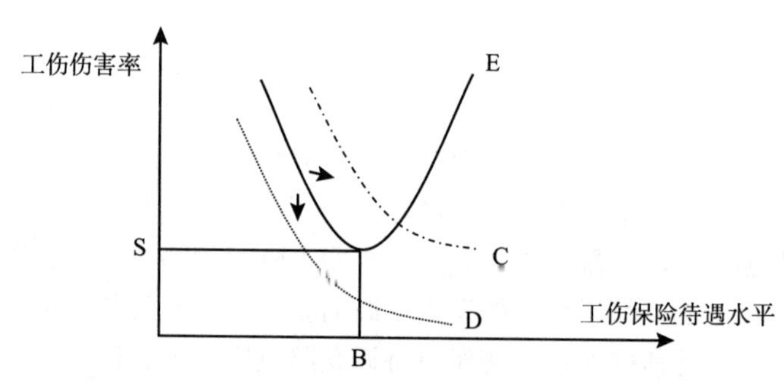

图2－11　工伤保险待遇与工伤率的变动关系示意图

二、中国工伤预防管制的经济效应

借鉴康拉德（Conrad，1983）提出将成本价格运用于索洛剩余估算的双重生产理论，分析工伤预防管制影响企业全要素生产率的传导机理。管制的影响主要体现在生产性投入要素与非生产性投入要素使用效率上，目前中国工伤保险管制呈现“重补偿，轻预防”的现状，使得生产性投入（劳动力）要素影响比较大，非生产性要素影响相对较小，在本书讨论中忽略。一旦劳动者发生工伤，企业就必须支付大量医疗费、误工工资和一次性伤残补助金等，保障职工安全权益。因此，企业要雇佣到员工，就必须提高工资或提高职工应对工作风险的福利，在其他条件不变的情况下，结果导致企业雇佣成本提高。假设劳动力的工资为 w^0，管制使得工资按照一个固定的比例 R 提高为 w^1（$R>0$），标准的成本最小化模型为：

$$c(q,\ r_k,\ w^0,\ t)=\min_{k,l}\{r_k k+w^0 l,\ t\},\ \text{s.t.}\ q=f(k,\ l,\ t) \tag{2-27}$$

其中，q、r_k、t、l 分别表示总产量、资本投入价格、时间、劳动投入。按照 $w^1=(1+R)w^0$，且假设资本投入价格不变，重新构造成本最小化模型：

$$c(q,\ r_k,\ w^1,\ t)=\min_{k,l^1}\{r_k k+w^1 l^1,\ t\},\ \text{s.t.}\ q=f(k,\ l^1,\ t) \tag{2-28}$$

其中，l^1 为实施管制后的劳动投入量。当 q 与 r_k，w^1 是外生的，成本最小化应包括生产函数的双重模型，其中，$c=r_k+w^1 l^1$ 是生产总产量 q 的成本。

按照“波特假说”理论，不同的工伤预防管制强度对全要素生产率有差异化影响。企业一般为风险规避型，所以管制成本应具有凸性，即 R 随着企业工伤风险降低程度（a，$0\leqslant a\leqslant 1$）而变化，不应为常数。假设企业工伤风险降低的单位成本为 $c(a)$（$c'(a)>0$，$c''(a)>0$），则 $R=c(a)\cdot a$，得到：

$$\begin{aligned} w^1&=w^0+w^0\cdot r=w^0+w^0\cdot c(a)\cdot a \\ l^1 w^1&=w^0 l+w^0\cdot c(a)\cdot a\cdot l \end{aligned} \tag{2-29}$$

可见，劳动者工资是由相对工资与管制引发的自身价格的加成工资构成的，当 $c(a)$ 随 a 增加而增加时，严格管制使得劳动投入要素的价格不断攀高，会引发企业调整用工结构（非正式雇员可能增加），存在替代效应。

为了观察工伤预防管制对成本水平的影响，通过对式（2-28）的值函数进行取对数且对于时间求导得：

$$\frac{\mathrm{dln}c}{\mathrm{d}t}=\frac{\partial \mathrm{ln}c}{\partial \mathrm{ln}q}\frac{\mathrm{dln}q}{\mathrm{d}t}+\frac{\partial \mathrm{ln}c}{\partial \mathrm{ln}r_k}\frac{\mathrm{dln}r_k}{\mathrm{d}t}+\frac{\partial \mathrm{ln}c}{\partial \mathrm{ln}w^1}\frac{\mathrm{dln}w^1}{\mathrm{d}t}+\frac{\partial \mathrm{ln}c}{\mathrm{d}t} \tag{2-30}$$

根据谢泼德引理，成本函数对于价格的对数导数表示该投入要素的弹性系数，其中，成本相对产量的弹性系数值为 $\varepsilon_{c,q}$，所以得到：

$$\frac{\partial \mathrm{ln}c}{\partial t}=\frac{\mathrm{dln}c}{\mathrm{d}t}-\varepsilon_{c,q}\frac{\mathrm{dln}q}{\mathrm{d}t}-\frac{r_k k}{c}\frac{\mathrm{dln}r_k}{\mathrm{d}t}-\frac{w^1 l^1}{c}\frac{\mathrm{d}w^1}{\mathrm{d}t} \tag{2-31}$$

如果劳动者工资（w^0）与工伤预防管制程度发生变化，投入要素边际价格也会发生变化，对式（2-31）第一式关于时间进行求导得：

$$\frac{\mathrm{d}w^1}{\mathrm{d}t}=[1+c(a)\cdot a]\frac{\mathrm{d}w^0}{\mathrm{d}t}+w^0\left[c'(a)\frac{\mathrm{d}a}{\mathrm{d}t}a+c(a)\frac{\mathrm{d}a}{\mathrm{d}t}\right] \tag{2-32}$$

将上式表示为对数形式：

$$\frac{\mathrm{dln}w^1}{\mathrm{d}t}=\frac{w^0l^1}{w^1l^1}[1+c(a)\cdot a]\frac{\mathrm{dln}w^0}{\mathrm{d}t}+\frac{c^R}{w^1l^1}\frac{\mathrm{dln}a}{\mathrm{d}t}\left[\frac{\mathrm{dln}(a)}{\mathrm{dln}a}+1\right] \tag{2-33}$$

上式中，$c^R=w^0\cdot c(a)\cdot a\cdot l^1$ 表示工伤预防管制的成本，将式（2－33）代入式（2－31）得到式（2－34）：

$$\frac{\partial \mathrm{lnc}}{\partial t}=\frac{\mathrm{dlnc}}{\mathrm{d}t}-\varepsilon_{c,q}\frac{\mathrm{dln}q}{\mathrm{d}t}-\frac{r_k k}{c}\frac{\mathrm{dln}r_k}{\mathrm{d}t}-w^0l^1\frac{\mathrm{dln}w^0}{\mathrm{d}t}-\frac{c^R}{c}\left[\frac{\mathrm{dln}w^0}{\mathrm{d}t}+\frac{\mathrm{dln}a}{\mathrm{d}t}+\frac{\mathrm{dln}a}{\mathrm{d}t}\frac{\mathrm{dlnc}(a)}{\mathrm{dln}a}\right] \tag{2-34}$$

式（2－34）中，$w^0l^1=w^0l^1/c$，按照奥塔（Ohta，1974）对生产与成本函数的双重模型推导，当生产函数为严格凹函数时，可得$\frac{\partial \mathrm{lnc}}{\partial t}=-\varepsilon_{c,q}\frac{\partial \mathrm{ln}q}{\partial t}$。再根据生产函数 $q=tf(k,l)$，取对数及对时间求导，得出 $tfpgrowth=\frac{\partial \mathrm{ln}q}{\partial t}$（$tfpgrowth$ 为全要素生产率的增长率），可知 $-\varepsilon_{c,q}tfpgrowth=\frac{\partial \mathrm{lnc}}{\partial t}$，即管制引起的全要素生产率增长变化与成本增长变化趋势相同。结合式（2－34），最后方括号中为工伤预防管制对于全要素生产率的影响，符号为负，则实施管制的强度变化引起了企业全要素生产率增长的下降。据此，本书提出如下假设：

假设5：严格的工伤预防管制会限制企业全要素生产率增长。

假设6：工伤预防管制强度的降低会促进企业全要素生产率增长。

第四节　本章小结

本书基于社会管制经济学中风险工资理论，贝克尔理论，“波特假说”理论，探究了政府工伤预防管制可以实现提高安全效益又提高经济效益的“共赢”局面的可能性，进一步讨论了中国当下“重补偿，轻预防”的工伤保险制度安排无法达到“共赢”的作用机理。

研究发现：（1）政府设置工伤预防管制以追求社会福利最大化，在实施过程中，管制强度的设定直接影响管制效率的高低。（2）若管制强度设定过高，那么企业无法从工伤预防安排中获得经济收益。若管制强度设定过低，则劳动者的安全又无法得到充分保障。(3) 政府进行自上而下的工伤预防管制时，始终无法完全消除企业违规经济动机，且因企业规模不同，设置的管制强度与安全效应可能存在非线性关系，表现出区间效应。(4) 中国工伤保险管制呈现“重补偿，轻预防”的现状，使得提高工伤保险待遇与工伤率的变动关系主要位于“U”形的左侧。政府实行低费率的工伤预防管制时，在不完善的工伤保险费率机制下，会使得基本费率机制偏向于风险共济，扭曲企业工伤预防的最佳投资行为。(5) 中国工伤保险管制呈现“重补偿，轻预防”的现状，使得工伤预防管制强度的变化降低了企业全要素生产率的增速。现阶段的工伤预防管制引发企业增大非正式雇员雇佣比例，以降低不断攀升的劳动投入要素价格。而调整用工结构的替代效应无法补偿管制所引起的成本增加，企业经济效益降低。

研究启示：“共赢”工伤预防管制目标在理论上具有实现的可能性。基于国际发展经验而建立起来的中国工伤预防管制，其机制安排与实施路径选择正确。即选择了工伤保险费率的间接市场干预手段与提取工伤保险预防费用的直接干预措施，这是达到“波特假说”理论所阐述的共赢局面的前提关键条件之一，即适宜管制。若将工伤保险待遇的预防作用也考虑在政府运用的工伤预防管制手段之中，通过设定适宜的工伤预防管制强度，充分发挥事前与事后的安全激励作用，激发企业安全技术创新，那么在管制滞后效应存在的情况下，最终可以内部化管制成本，达到在保证最优的安全效应下，企业可以提高经济绩效。

第三章

中国工伤预防管制改革的变迁、现状及成因

通过前文文献与理论机制分析，本书提出工伤保险待遇不仅具有传统意义上补偿受伤劳动者损失的收入再分配作用，还应注重兼具预防事故的安全激励作用。因此，本书将政府的间接市场干预手段扩展为通过工伤保险待遇补偿机制进行工伤事故后预防和通过设置工伤保险费率机制进行工伤事故前的预防。即控制工伤事故发生前的源头归为事前工伤预防管制，工伤事故中及时监护劳动者健康而防止损害进一步发展、工伤事故后造成事故损失而及时救治促进劳动者康复归为事后工伤预防管制。

本章打破了固有工伤预防演化的路径，按照事后工伤预防管制—事前工伤预防管制—完善事前工伤预防管制的逻辑，将中国工伤预防管制改革划分为四个时期。为了实现“共赢”的管制目标，本书理清了政府如何引导企业在工伤预防管制中从过去完全被动向现阶段半自主以及未来主动预防的转变趋势。在工伤预防管制与经济发展的互动过程中，从工伤发生、基金运行、费率机制、管理体制、试点地区的现状分析了低效率的工伤预防管制，造成了企业道德风险突出，基金支出机构失衡，激励设置不科学的问题，并从管制立法、组织设置、管制力度及效率评估方法，探究了无法实现“共赢”局面的政策层面原因。

第一节　工伤预防管制体制的变迁

中国社会经济体制经历了计划经济向市场经济的转变时期、市场经济快速发展时期，再到经济增速放缓、产业结构调整和发展方式转变的经济新常态时期。工伤预防管制的理念、立法、管理、待遇与费率都随之改变，大体经历了四个阶段：1997～2003年，政府主要以工伤保险待遇补偿为主，进行事后工伤预防管制，此时保障对象仅是国有企业及其职工；2004～2010年，随着经济体制的转轨，政府明确提出工伤保险费率机制与风险挂钩，促进事前工伤预防并提高了工伤保险待遇，此时保障对象为参保企业的在职职工；2011～2014年，为充分保障职工权益，再一次提高工伤待遇水平，同时完善工伤费用提取比例与用途，强化事前工伤预防；2015年至今，在经济新常态下，为了减轻企业生产成本，政府先后三次下调了工伤保险费率，此时工伤保险保障对象趋于转向所有劳动者的保障理念。

一、工伤预防管制体制的萌发期

1978年，随着我国由计划经济向市场经济转轨，企业自我保障的工伤保险模式已无法与国家追求经济效率的目标相适应。面对这种情形，原劳动部在总结各试点地区工作的基础上，1996年10月1日颁布了《企业职工工伤保险试行办法》，其中第一章第一条规定“保障劳动者在工作中遭受事故伤害和患职业病后获得医疗救治、经济补偿和职业康复的权利，分散工伤风险，促进工伤预防”。该办法明确了事后工伤预防管制以保障受伤劳动者权益为目的，将工伤待遇水平与受伤劳动者工资联动，细化伤残等级和扩大工伤认定范围，并增加了因工死亡的供养亲属抚恤金和丧葬补助金。此外，首次提出提取事故预防费用的概念并可用作宣传、教育、咨询，以及对工伤事故率下降或未发生工伤事故和职业病的企业进行奖励，但没有规定事故预防费用统一且具体的提取比例。该法案的出台结束了企业自我保障的工伤保险模式，转向以中心城市或地级市为主实行工伤保险费用的社会统筹模式。此时工伤保险未将工伤事故频发、劳动者安全得不到保障的私企或小规模企业纳入保障范围之内。

然而，处于转型期的政府对于法律与经济手段不熟悉，依然依赖于计划经济时期中擅长的行政手段，造成工伤预防管制从一开始就没有找准定位（孙树菡和朱丽敏，2009）。因此，只注重事后待遇补偿的管制体制，使得含有预防职能的工伤保险制度却没有预防功能的观念，特别是1998年后，随着安全生产监督管理局的成立，安全事故预防从劳动和社会保障部中独立出来。此次工伤预防管理组织的“分家”弱化了本需要整合组织才能实现的工伤预防功能。一方面，安全监管体制中各主体的目标存在内在冲突，且随着行业和企业的改组，稀释了“国家监察，行业管理，企业负责，群众监督”的安全监管作用；另一方面，安全生产监管部门、卫生监管部门和工伤保险部门分别起草文件，造成职能交错且标准不一，企业安全预防工作混乱，进一步削弱了工伤预防作用。总之，形成了安全生产监管部门的“安全事故预防”，卫生监管部门的“职业病预防”和工伤保险部门的“工伤预防”的分割局面。

显然，政府和企业追求目标出现矛盾。政府一方面追求经济增长和效率，另一方面要求企业在无过失责任原则下，必须承担工伤事故后的伤亡劳工医疗、误工工资、一次性工亡补助金和一次性伤残补助金等一系列经济费用，增加了实体企业的用工成本。追求经济利润最大化的企业在完全被动的事后工伤预防管制中，因预防意识不强，参加工伤保险的积极性不高，以及事前预防管制的缺失，安全生产事故的频发，以强调待遇补偿为主的工伤保险理念加重了企业经济负担。同时，相关立法的缺失也使得补偿受伤劳动者的保障功能无法充分发挥。

二、工伤预防管制体制的确定期

在市场经济快速发展时期，政府追求经济社会协调发展。由于工伤保险费率无法与企业风险联动，工伤事故率依然很高，企业负担重。为此，2003年，政府颁布了《工伤保险条例》，明确提出工伤保险费率机制与风险挂钩并提取工伤预防费用，促进事前预防管制。其中，受伤劳动者相关待遇补偿的13项规定中，企业承担发生工伤等有关费用占其中三条。该规定使得已按时足额缴纳工伤保险费的企业也承担一小部分工伤风险。至此，我国形成了工伤保险费率结合待遇补偿机制的共担预防管制。

《工伤保险条例》象征着工伤保险制度的不断完善，为构建完整的工伤事故及职业病预防体系提供了法律基础。然而，一方面，由于我国没有西方国家工伤保险完善的数据平台，从计划经济下的企业劳动保险转向市场经济条件下的工伤保险费率设置缺乏基础数据支撑，即依据企业工伤事故历史状况而预测工伤保险费率的估算值也无法精确；另一方面，工伤保险费率制定不仅与企业工伤事故历史状况有关，且与未来企业工伤率高度相关。不科学的工伤保险费率机制，进一步加剧了偏重于工伤保险待遇补偿的管制现状。此外，提取的工伤预防费用主要用在宣传、培训、教育以及奖励的途径上，但法律上依然对于工伤预防费用具体额度没有作出详细规定。

此时，工伤保险基金实行市级统筹，各级人民政府设立社会保险经办机构具体承办工伤保险事务。在实践中，一些地方通过人大批准明确了从工伤保险基金中提取一定比例用于工伤预防，展开了新一轮的工伤预防试点工作。这虽然遏制了总体工伤事故率的上升，但重大事故依然没有得到有效控制。为此，一方面，卫生部和国家安全生产监督管理局通过对工作场所危害事故行为和企业职业健康监护情况进行检查有效消除工伤事故源头，降低工伤事故率，例如煤炭、建筑等高危行业；另一方面，人力资源和社会保障部通过工伤保险费率机制与开展工伤预防项目达到预防事故的目的。可见，人力资源和社会保障部、卫生部和国家安全生产监督管理局职能存在交叉。实际中各自为政的独立部门运行模式，降低了整体的工伤预防管制效率。

三、工伤预防管制体制的调整期

2010 年 12 月，政府基于各工伤预防试点地区的改革经验，第一次对《工伤保险条例》进行了修订，提高了生活不能自理和鉴定伤残等级的劳动者待遇水平，简化工伤处理程序，调整工伤认定范围，并完善费用提取比例与用途，强化了工伤预防在“三位一体”中的先决地位，所包含的条例由原先的六十四条增至六十七条。《工伤保险条例》的修订增添和完善了原先的工伤保险的法律法规，使得劳动者安全权益得到进一步的保障。同时通过加大处罚力度，保证了企业正视劳动者安全工作环境的改善。其中，第一，大幅度提高了工伤保险待遇；第二，扩大了工伤保险参保群体、工伤认定范围及简化了工伤认定程序；第三，扩展了支付保险能力，减轻了用人单位负担，同时取消了行政复议前置程序，降低了企业维权成本；第四，增加了对违规企业的惩罚力度。《工伤保险条例》的修订前后三年，平均工业职工事故千人死亡率降低率为 10.44%①，在一定程度上表明，行业工作相关风险程度降低。

---

① 2007～2014 年国家安全生产监督管理总局公布的生产安全事故报告整理，千人死亡率＝行业事故死亡人数/行业平均职工 $\times 10^3$。

然而，《工伤保险条例》的修订仍存在一些问题，工伤认定和劳动能力鉴定是劳动者获得工伤保险待遇的前置程序。差异化的设置标准、不合理的申请时限、冗长的等待期限、失调的鉴定程序等被认为是阻碍劳动者获得工伤保险待遇的关键，耽误劳动者的医疗救治，最终导致工伤保险待遇的安全水平下降（任宪华，2018）。产生阻碍的症结在于工伤保险待遇涉及多方利益主体的行为，其中劳资冲突表现最为明显。

总之这次修订，不仅提高了受伤劳动者的补偿待遇水平，保障了劳动者的合法安全权益，而且进一步调动了企业改善劳动者职业安全健康环境的工伤预防积极性。

四、工伤预防管制体制的完善期

基于我国经济增长速度放缓、产业结构调整和发展方式转变的新常态，首先，为了保障工伤保险费率机制的公平性与激励性，2015 年底人力资源和社会保障部颁发了《关于调整工伤保险费率政策的通知》，重新划分风险行业、行业差别费率档次与企业浮动费率档次。其次，为了提高工伤预防项目管制效率，2017 年8 月，人力资源和社会保障部联合卫生部、安全监督局与财政部共同明确了工伤预防费用的有效作用途径，并严格规定了开展工伤预防项目的管理及监督流程。最后，在工伤预防管制实施过程中，愈来愈多企业抱怨管制带来了经济负担，政府考虑企业当前的支付能力，在保证受伤劳动者享受待遇水平不降的前提下，先后于2015 年10 月、2018 年5 月、2019 年5 月连续三次阶段性下调了工伤保险费率，帮助企业降低生产成本。此时，虽然政府通过项目参保的形式解决了农民工参保问题，但互联网下涌现的大量灵活新型就业人员未在工伤保险覆盖范围之内。表3 –1 为中国工伤预防管制改革的演进。

表3 –1　　中国工伤预防管制改革的演进

年份	阶段	阶段性标志	管制特点
1997 ~2003	工伤预防管制体制的萌发期	《企业职工工伤保险试行办法》	事后工伤预防管制，保障对象仅为国有企业及其职工
2004 ~2010	工伤预防管制体制的确定期	《工伤保险条例》	建立事前工伤预防管制，保障对象为参保企业的在职职工

续表

年份	阶段	阶段性标志	管制特点
2011～2014	工伤预防管制体制的调整期	《工伤保险条例》的修订	完善事后与事前工伤预防管制，保障对象为参保企业的在职职工
2015至今	工伤预防管制体制的完善期	《关于调整工伤保险费率政策的通知》和阶段性下调工伤保险费率	进一步完善事前工伤预防管制，保障对象趋于所有劳动者

那么降费后如何进行工伤保险结构性改革，才能达到保障劳动者安全权益的同时又促进企业经济发展的管制目标。一方面，费率档次间差距过小，偏重于工伤风险共济，无法改善企业经济负担重的现状。同时，经济全球化、技术革新和劳工运动减弱等趋势，使得劳动者的安全权益面临着新的挑战。另一方面，现阶段工伤预防管制的组织机构设置不合理、管理体制不完善、相关配套法律不齐全等问题依然没有被解决。若政府降低保险费率幅度过大，就易扭曲企业安全投资行为；而降低保险费率幅度过小，就会造成工伤待遇资源的浪费。因此，在阶段性降低保险费率、倒逼工伤保险制度结构性改革的背景下，如何通过设定保险费率和工伤保险待遇水平，发挥适宜的工伤预防管制强度，达到最佳工伤预防管制效果的研究显得尤为重要。

第二节 工伤预防管制改革的现状

一、工伤事故与职业病现状

2004年《工伤保险条例》的实施，标志着工伤预防管制制度正式被确立。2004～2017年，全国每年发生各类工伤事故从804万起降低为5.3万起，死亡人数从13.7万人减少为3800人，同时人均国内生产总值从12339元增加至38774元，可见企业安全生产得到极大的提高（见图3－1）。由图3－2可以看出，因工伤导致死亡的人数呈现波动向下的趋势，并在2009～2011年和2014～2015年期间出现了短期内死亡人数激增的现象。2008年汶川地震和2013年雅安地震，使得部分企业安全生产工作暂缓，可能是造成统计上死亡人数增加的原因。

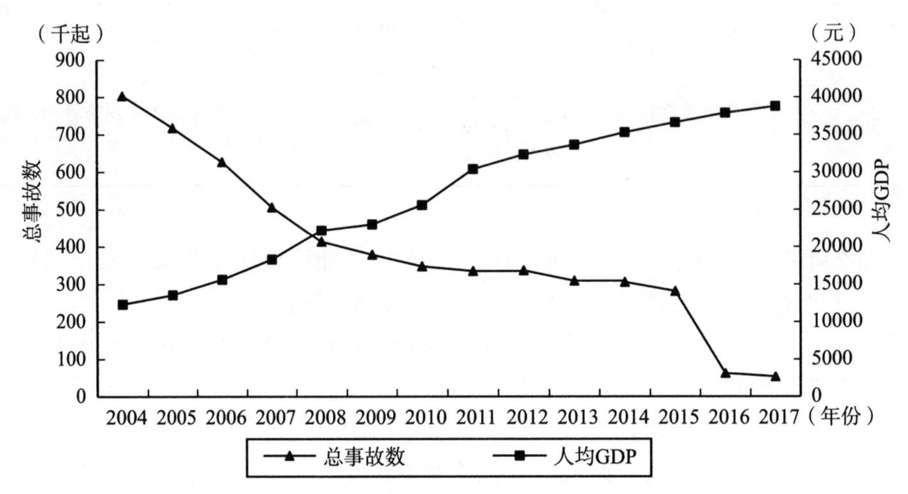

图3-1 2004~2017年全国工伤预防管制效果

资料来源：总事故数根据2004~2017年国家安全生产监督管理总局公布的生产安全事故报告整理；人均GDP根据2003~2017年《中国统计年鉴》相关数据计算，且以2003年居民消费价格指数进行了调整。

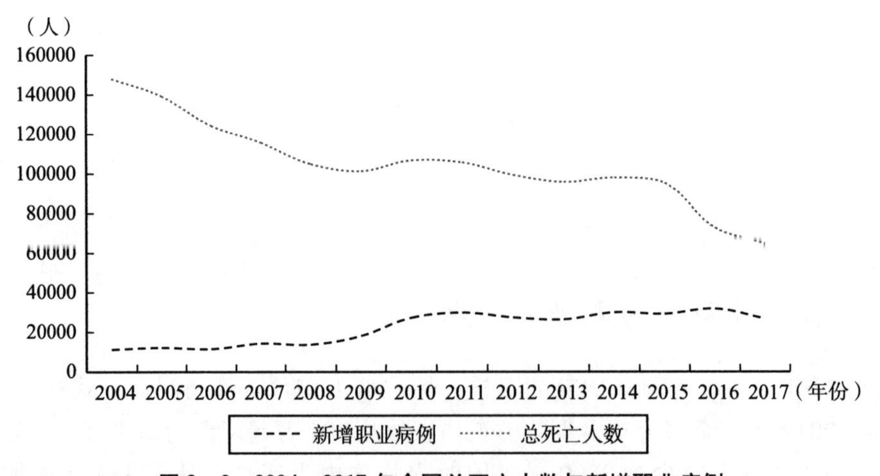

图3-2 2004~2017年全国总死亡人数与新增职业病例

资料来源：根据2004~2017年国家安全生产监督管理总局公布的生产安全事故报告和原国家卫计委公布的全国职业病报告进行整理而得。

然而，2004～2015年期间，一次死亡3～9人较大事故与一次死亡10人以上重特大事故的占比居高不下，伤亡事故严重（见图3－3）；新增职业病例从2004年的11234件增加至2017年的26754件，呈现逐渐上升的趋势，特别在2010年以后，职业病患病率大幅度提高（见图3－2）。一方面，不安全的工作场所易引发职业病，例如，铅及其化合物、笨、二氧化碳含量过高所引起的慢性职业病。另一方面，因先前职业病未引起足够重视，其认定未被政府工伤部门纳入统筹范围也是造成统计人数上升的原因。此外，经济社会的快速发展与激烈竞争导致职工的工作压力越来越大，由此而产生的精神障碍患病率逐年升高（Guo et al.，2011）。可见，职工面临的工伤风险依然很高，工伤事故与职业病预防不容乐观。

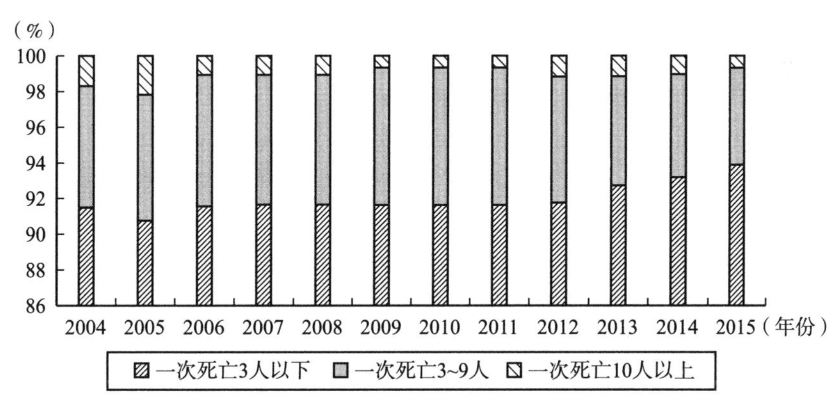

图3－3 2004～2015年全国一次死亡人数分布

资料来源：根据2004～2015年《中国安全生产年鉴》相关数据整理。

（一）高风险行业的工伤

全国工矿商贸企业是市场经济活跃的主体，也是政府工伤预防管制的重点，由于行业不同而呈现出差异化的预防管制效果。无论按照《国民经济行业分类》（2002）标准，还是《国民经济行业分类》（2011）标准，采矿业，农林牧渔业，制造业，电力、燃气及水的生产和供应业，建筑业都被归为高风险行业，其中，采矿业的工伤预防管制效果最为明显。截至2015年底，采矿业的千人事故率共下降101.4%，制造业、建筑业与农林牧渔业都保持稳定的事故下降率且基本保持在0.2%～15%的事故发生水平，但是电力、燃气及水的生产和供应业的千人事故率不降反升，从2005年的11.23%增加至19.47%（见图3－4）。

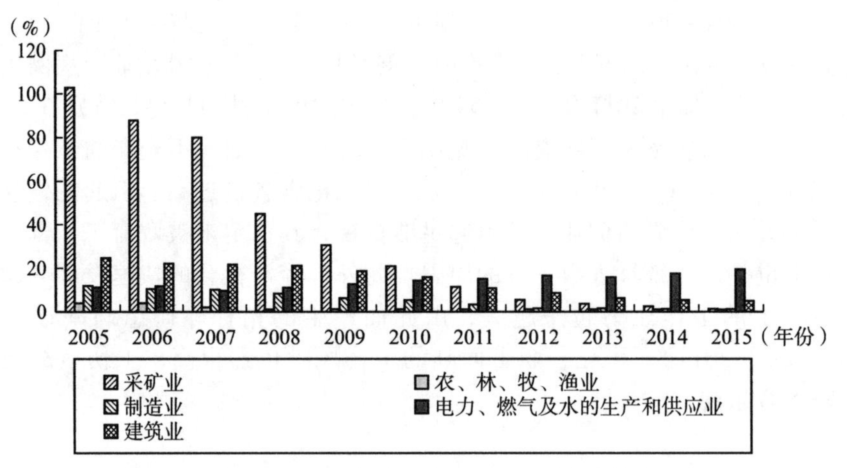

图 3－4　2005～2015 年全国高风险行业千人事故发生率

资料来源：根据 2004～2015 年《中国安全生产年鉴》与《中国统计年鉴》相关数据整理，其中，行业千人事故发生率＝行业总工伤事故/行业就业人数/1000。

从图 3－5 和图 3－6 的变化趋势可见，2004～2015 年烟花爆竹与危险化学品的制造业相对煤炭业、建筑业、金属与非金属采矿业，总体工伤事故保持较低水平的发生率；而工伤事故控制最好的煤炭业共减少 3289 起，但工伤事故发生基数很大，截至 2015 年底依然有 352 起事故。从因工伤事故和职业病导致死亡人

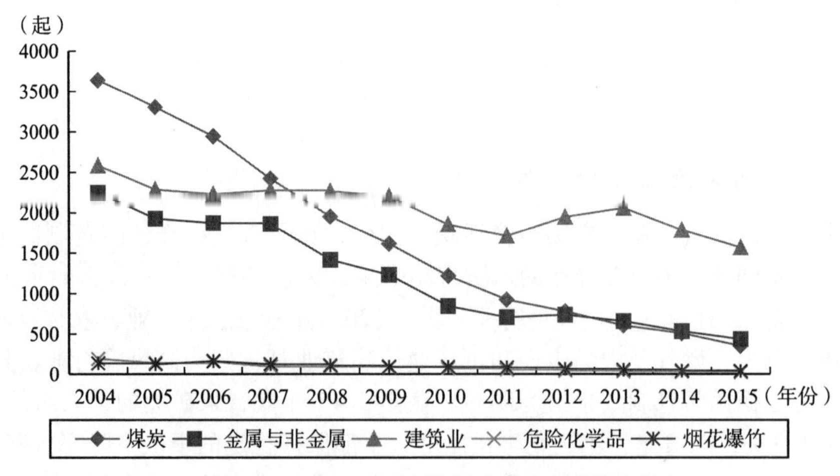

图 3－5　2004～2015 年高风险行业总事故起数

资料来源：根据 2004～2015 年《中国安全生产年鉴》相关数据整理。

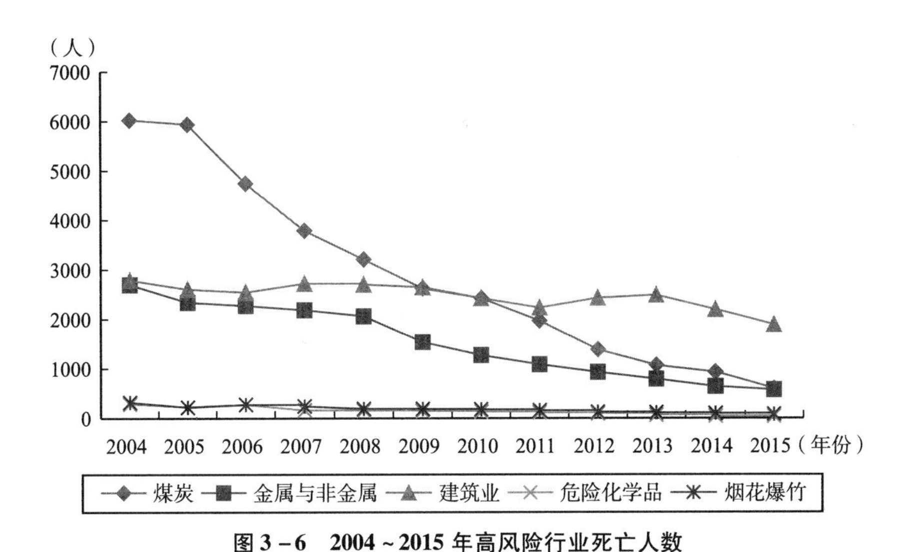

图 3-6 2004～2015 年高风险行业死亡人数

资料来源：根据 2004～2015 年《中国安全生产年鉴》相关数据整理。

数看，煤炭业和金属与非金属采矿业下降最明显，煤炭业从 6027 人减少为 598 人，金属与非金属采矿业从 2699 人降为 573 人。然而，可能因经济全球化需要更加灵活劳动力，工作形式从长期而稳定的合同工转向大量兼职等非稳定的合同工。高温与极端天气频发，增加了室外工作的风险，使得 2008～2010 年全国总体工伤事故控制不错的建筑业，死亡人数出现不减反增的情形。

（二）不同规模企业的工伤风险

政府对于高风险水平的企业趋于制定高水平的工伤保险费率，由于不同规模企业平衡工伤预防管制成本的能力具有差异性，大规模企业工伤事故率低，工伤保险费率也低，而小规模企业因工伤事故率高，工伤保险费率也高。依据就业劳动者数量，本书选取国有单位代表大型企业，城镇集体单位代表中型企业，其他企业（加总私企、外资企业等）代表小型企业。由图 3-7 显示，2004 年小型企业的工伤风险最高，其次为中型企业，最后为大型企业，但这种趋势在 2015 年时被打破，小型企业的工伤风险最低，其千人事故率仅为 0.38%。为什么会出现与预测相反的工伤风险变动趋势？

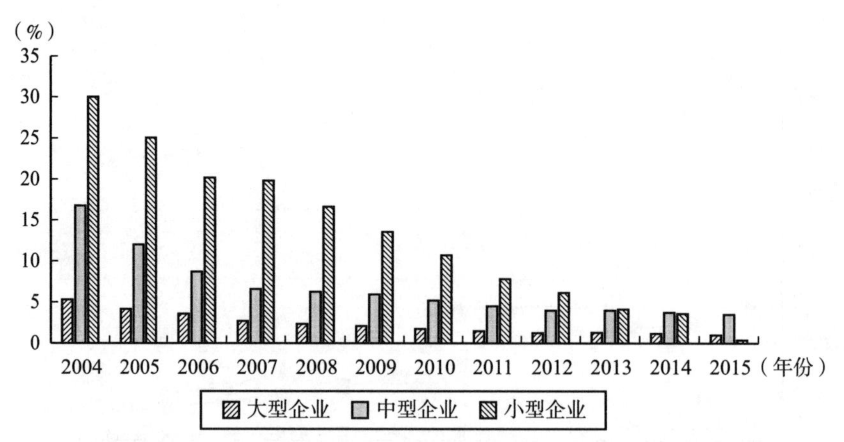

图 3－7　2004～2015 年大型企业、中型企业与小型企业千人事故发生率

资料来源：根据 2004～2015 年《中国安全生产年鉴》与《中国统计年鉴》相关数据整理，其中，不同规模企业千人×100%＝不同规模企业总工伤事故/不同规模企业就业人数/1000×100%。

为了回答上述疑问，本书将不同规模企业进一步细分。按照不同的企业体制，将企业分为股份合作企业、联营企业、私营企业、有限责任企业、股份有限企业、港澳台商企业与外商投资企业。研究发现股份有限企业、联营企业、有限责任企业与私营企业的千人事故发生率都远远超过国有单位与城镇集体单位，其中，私营企业的千人事故发生率一直保持在较高水平。因为改革开放后，政府鼓励多样经济体发展，从 2011 年开始，其他企业（加总私企、外资企业等）的规模已超过国有单位与城镇集体单位①，因此，就业人口大稀释了整体小型企业的工伤风险。表 3－2 为 2004～2006 年不同体制企业的千人事故发生率。

表 3－2　　2004～2006 年不同体制企业的千人事故发生率　　单位：%

类型	2004 年	2005 年	2006 年
国有经济	5.30	4.14	3.73
集体经济	16.79	12.00	9.15
股份经济	61.82	49.47	27.08
联营经济	38.05	30.99	19.26
有限责任公司	9.12	10.77	13.00

① 根据 2004～2015 年《中国统计年鉴》就业人口计算而得。

续表

类型	2004 年	2005 年	2006 年
股份有限公司	8.70	8.03	7.64
私营经济	391.56	411.55	232.99
港澳台投资	6.76	6.01	2.77
外商投资	5.00	4.07	2.25

资料来源：根据 2004 ~ 2006 年《中国安全生产年鉴》与《中国统计年鉴》进行整理而得，其中，不同体制企业千人 ×100% = 不同制度企业总工伤事故/不同制度企业就业人数/1000 ×100%。

（三）工伤的类型与原因

2004 年全国工矿商贸企业共发生 8447 起工伤事故，冒顶片帮①、高处坠落、机械伤害、物体打击成为工伤事故发生的主要事故类型。随着工伤预防工作的推进，冒顶片帮和高处坠落的事故逐渐减少，而机械伤害与物体打击导致的工伤事故发生率依然很高（见图 3 - 8）。

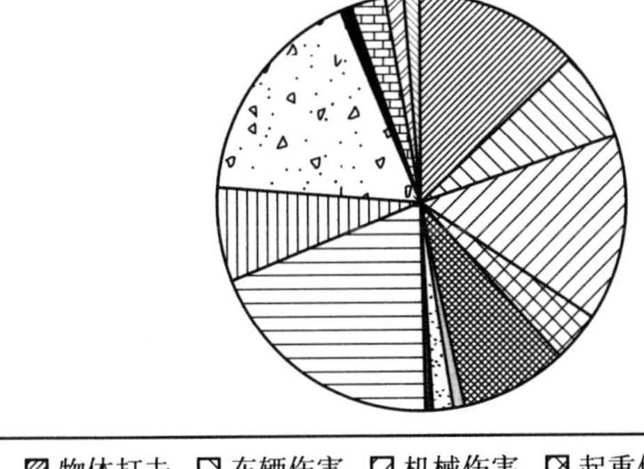

图 3 - 8　2004 ~ 2015 年全国工矿商贸企业事故类型

资料来源：根据 2004 ~ 2015 年《中国安全生产年鉴》相关数据整理。

另外，从全国工矿商贸企业工伤事故发生的事故原因来分析发现，违反操作纪律、劳动纪律、生产场所环境不良一直都是造成企业工伤事故的主要原因（见

① 矿井、隧道、涵洞开挖、衬砌过程中因开挖或支护不当，顶部或侧壁大面积垮塌造成伤害的事故。

表3-3)。因此，技术革新可以改善工作的机械设备、工作程序等工作安全生产环境，注意收集与披露工人健康的数据，加强组织教育培训都能很大程度上预防因违反操作纪律、劳动纪律、生产场所环境不良等产生的工伤事故。

表3-3　2004~2015年全国工矿商贸企业事故原因　单位：起

年份	技术和设计有缺陷	生产场所环境不良	设备、设施、工具、附件有缺陷	设备、设施、工具、附件有缺陷	个人防护用品缺少或有缺陷	对现场工作缺乏检查或指挥错误	安全设施缺少或有缺陷	无安全操作规程或不健全	教育培训不够，缺乏安全操作知识	劳动组织不合理	违反操作规程或劳动纪律
2004	286	2671	1178	1178	925	624	1651	668	766	241	5963
2005	350	3267	1441	1441	1131	763	2020	817	937	295	7294
2006	372	3470	1530	1530	1202	811	2145	868	995	313	7746
2007	378	3529	1556	1556	1222	824	2181	883	1012	318	7878
2008	331	3088	1362	1362	1069	721	1909	772	886	279	6893
2009	293	2736	1207	1207	947	639	1691	684	785	247	6107
2010	248	2317	1022	1022	802	541	1432	579	664	209	5172
2011	217	2025	893	893	701	473	1252	506	581	183	4521
2012	187	1750	772	772	606	409	1081	438	502	158	3906
2013	180	1681	741	741	582	393	1039	420	482	152	3753
2014	160	1496	660	660	518	350	925	374	429	135	3341
2015	134	1255	554	554	435	293	776	314	360	113	2803

资料来源：根据2004~2015年《中国安全生产年鉴》中披露的相关数据整理而成。

二、工伤保险基金运行现状

《工伤保险条例》颁布至2016年底，参保人数达21889.3万人，工伤保险覆盖范围不断扩大；工伤保险基金累计从118.58亿元增加至1410.9亿元，基金收入逐渐增加；人均参保待遇从85.17万元提高到336.65万元[①]。其中，参保企业缴纳工伤保险费、基金运作收益与违规惩罚收入构成工伤保险基金主要来源，并

① 资料来源：2005~2017年《中国劳动统计年鉴》，人均待遇指政策福利水平采用2004年和2016年工伤保险基金收入/参保人数计算而得。

主要被用作支付受伤职工的待遇补偿、伤残等级评定、工伤预防费用及应对特大事故的储备金等途径。因地区差异化的经济发展，少数地区达到省级统筹，但当前大部分地区工伤保险仍然停留在市级统筹水平。

（一）工伤保险基金支出结构不合理

按照“以支定收”的基金运行原则，基金收入与基金支出应当以同一比例增长，工伤保险基金累计结余在图3－9中应保持水平线。然而，研究发现2007年后基金累计结余增长速度明显大于基金收入或支出的速度[①]。虽然预留大笔重大灾害的储备金可能是造成累计结余增加的原因，但与全国高风险行业的重大事故发生率下降的预防事实相矛盾。2013年工伤预防费用提取比例才正式确立为基金收入的2%。可见，因预防投入过小使得支出结构的不合理，是累计结余过大的原因。

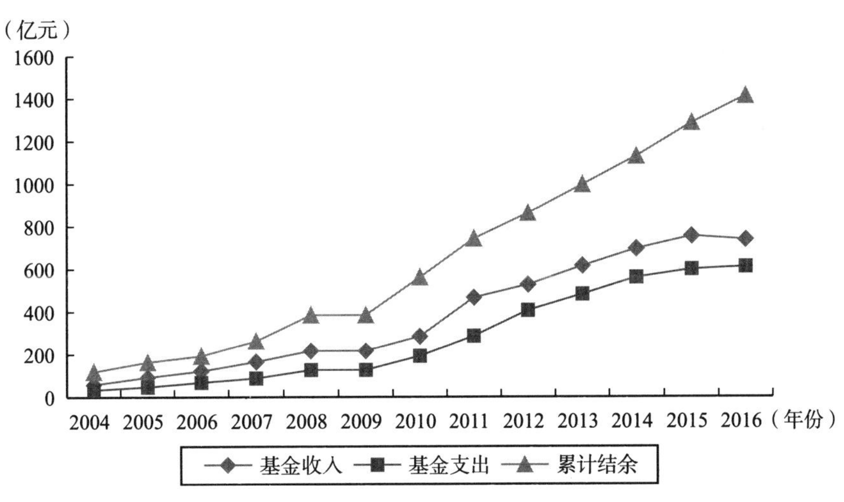

图3－9 2004～2016年全国工伤保险基金收支状况

资料来源：数据2005～2017年《中国劳动统计年鉴》相关数据整理。

（二）偏重于工伤保险待遇补偿的基金支出

1997年，我国就建立起工伤保险待遇制度并根据劳动者工伤程度，保障相

① 工伤保险基金累计结余的斜率最大。

应伤残等级劳动者的基本生活，使其不至于陷入贫困境地。为了进一步保障受伤劳动者权益，政府在2004年和2010年先后两次调整待遇政策，增加劳动者享受的补偿待遇。其中，暂时性伤残待遇标准，由“受伤劳动者在工伤医疗期内停发工资，按月发给工伤津贴且不超过36个月”提高到“原工资福利待遇不变，停工留薪期一般不超12个月”，待遇支付主体由劳保基金转为所在企业。永久性伤残待遇标准，在2010年前后，享受伤残津贴的一至六级伤残劳动者的工资替代率提高了2个月本人工资，不享受伤残津贴的七至十级伤残劳动者的工资替代率提高了1个月本人工资，待遇支付由工伤保险基金和所在企业共担。因工死亡待遇中的一次性工亡补助金由48～60个月的统筹地区上年度劳动者月平均工资提高到上一年度全国城镇居民人均可支配收入的20倍，待遇全部从工伤保险基金中获得。

截至2016年底，享受工伤伤残待遇人数达到162.8万人，同比下降5.3%；享受职业病待遇人数为9.5万人，同比下降15.2%（见图3－10和图3－11）。值得注意的是，因2010年统计口径的不同，在图中出现享受各伤残等级人数大幅度减小，因此，本书主要对比2010年前后时间段的变化趋势。总体来看，享受七至十级伤残待遇人数最多，其次为一至四级，最后为享受五至六级的伤残待遇人数。其中，在2010年前，享受一至四级职业病伤残待遇人数最多，七至十级与五至六级的享受人数持平；而2010年后，享受七至十级职业病伤残待遇人数明显大于五至六级的享受人数。

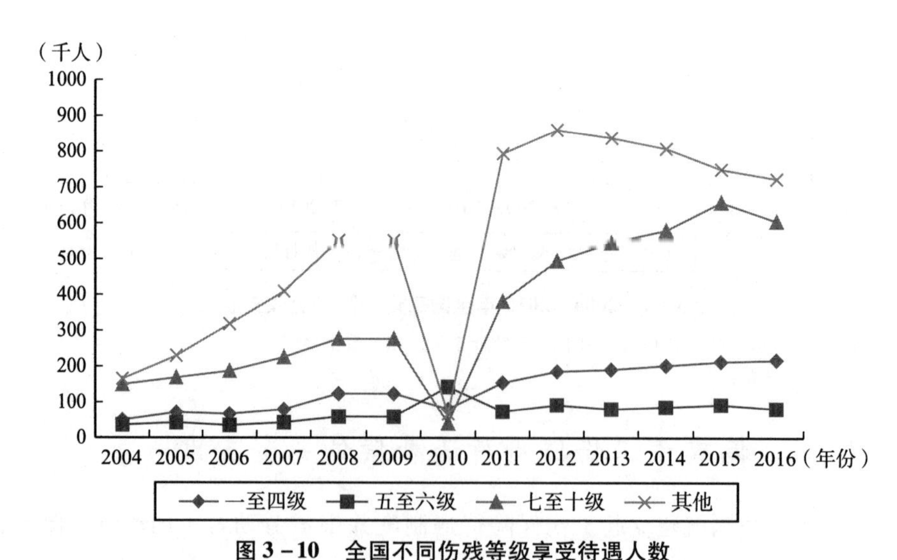

图3－10　全国不同伤残等级享受待遇人数

资料来源：根据2005～2017年《中国劳动统计年鉴》相关数据整理。

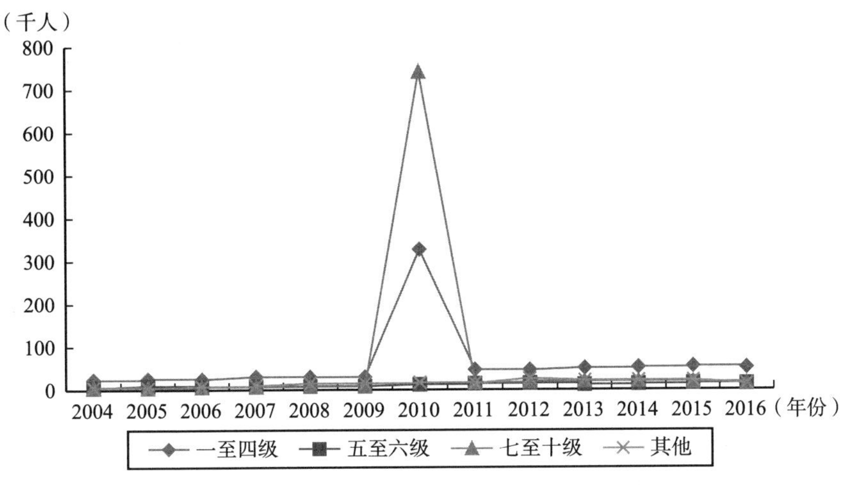

图 3 - 11 全国不同职业病等级享受待遇人数

资料来源：根据 2005 ~ 2017 年《中国劳动统计年鉴》相关数据整理。

从上述分析可知，虽然全国总工伤事故起数的降低，使得工伤预防管制已取得事故发生前的效果，若在只重视工伤保险待遇作为收入补偿作用的情况下，最严重工伤等级与最轻程度工伤等级的享受待遇人数明显增加，可预测未来在申请待遇补偿需要增加的趋势下，工伤保险基金支出结构可能进一步偏向于待遇补偿，弱化了工伤预防管制的效用。因此，强调工伤保险待遇的预防作用，不仅可帮助受伤劳动者尽快重返工作岗位，且能有效减轻企业事故支出成本。

三、工伤保险费率机制现状

我国工伤保险费率机制采取“基本费率 + 浮动费率”的模式。政策规定，相同风险行业等级的企业实行统一的行业基本费率，并按照企业工资总额的一定比例进行缴纳。然后，每一至三年根据用人单位工伤保险费的使用、工伤发生率、职业病危害程度等因素，确定参保企业的工伤保险费率是否要发生浮动。调整后的企业费率的具体公式为：企业缴纳工伤保险费率 =（1 - 保费折扣率）× 行业费率 × 企业工资总额 ×100%。若企业拒绝或滞后缴纳工伤保险费和不按规定整改安全生产环境，将加收万分之五的滞纳金和按照欠缴数额 1 倍以上 3 倍以下的罚款。

工伤保险费率机制主要包括风险行业的划分档次、行业基本费率的档次、行业浮动费率的档次。2003～2015 年，一类风险行业保险费率为 0.5%，二类风险行业保险费率为 1%，三类风险行业保险费率为 2%，并在基本费率的基础之上可以上浮 120%、150%或下浮 80%、50%。行业工伤保险平均缴费率原则上要控制在职工工资总额的 1%左右，而在实践运行中，企业工伤保险费平均缴费率控制在职工工资总额的 0.9%。2015 年底，为了促进工伤保险费率与企业风险联动，强化企业安全风险意识，政府将风险行业增至八类，基准行业费率档次也相应增加至八类，拉开了行业基本保险费率差距，最高与最低费率之差为 1.7%。然而，基本行业费率差距并不大，只比 2003～2015 年最高与最低费率之差相差 0.2%，浮动费率也只是增加了不变的费率档次（见表 3－4）。此外，各地区根据自身发展特点，在政策规定的基础上，制定相应费率档次。例如，无锡市是全国著名的工业制造城市，工伤事故发生较其他地区频繁、用人单位工伤保险费用使用大、职业危害程度高的特点，促使无锡市提高了其行业基本费率，其一类至八类的行业基本费率分别为 0.3%、0.7%、1.1%、1.4%、1.5%、1.8%、1.9%、2.0%。

表 3－4　　　　　　　　工伤保险费率的设置

类型	2003～2015 年	2016 年至今
风险行业的档次	按照《国民经济行业分类》（2002）标准，划分为一类风险较小行业，二类中等风险行业，三类风险较大行业	按照《国民经济行业分类》（2011）标准，从低到高进行分类，依次分为一至八类，最高风险行业为煤炭开采和洗选业，黑色金属矿采选业等，最低风险行业为相关服务业
行业基本费率的档次	一至三类行业分别为 0.5%、1%、2%	一至八类行业分别为 0.2%、0.4%、0.7%、0.9%、1.1%、1.3%、1.6%、1.9%
企业浮动费率的档次	一至三类：↑上浮120%，150%；↓下浮50%，80%	一类行业：↑上浮120%，150% 二至八类：↑上浮120%，150%；↓下浮50%，80%

注：根据工伤保险费率政策的调整而进行整理，其中，企业上下浮动的基准为行业基本费率的百分比。

目前风险行业的划分档次仍然过于粗糙，偏重于风险共济。一刀切的费率模式无法真正与不同规模企业工伤风险联动起来。面临同等风险的企业在同一类风险等级上，才体现费率的公平与效率。政府于2015年10月在工伤保险费平均缴费率原则上要控制在职工工资总额的1.0%情况下，将平均保险费率下调为0.75%①；于2018年5月，再一次根据工伤保险基金累计结余的情况，将平均费率下调20%或50%②；于2019年5月继续进行2018年下调工伤保险费率的执行原则③。三次阶段性下调费率的政策有效减轻了企业生产成本，但若缺乏将事前与事后预防管制进行结合的思路，单一的降费率措施可能依然无法形成企业主动式的工伤预防模式。

四、工伤预防管理体制现状

《工伤保险条例》颁布之后，我国形成了工伤预防、工伤待遇与工伤康复的“三位一体”的工伤保险制度。偏重工伤保险待遇补偿的事后预防管制不仅增加了工伤保险基金运行风险，且给企业带来沉重的成本负担。为了进一步强化工伤预防管制作用，帮助企业与劳动者适应新工伤形势，政府于1978年颁布《关于认真做好劳动保护工作的通知》及随后出台150多项安全卫生标准，并通过改组国家安全管制机构，逐渐形成了职业安全卫生预防法制管理体系，并倡导生产经营单位负责、职工参与、政府监管、行业自律和社会监督的工伤预防合作管制机制。

显然，事后工伤预防管制主要通过各级社会保障行政部门与市级劳动能力鉴定委员会进行工作过程中的伤害鉴定，从而确定受伤劳动者基本生活和医疗救治的供给大小，并主要通过工伤保险费率机制与提取工伤保险费用展开工伤预防项目，进行事前工伤预防管理。首先，由国家安全生产监督管理局进行工伤事故的预防工作。国家安全生产监督管理局主要监督生产经营单位是否按照政府的安全标准进行改造、劳动者的生命安全是否处于威胁之中及发生生产事故进行应急救

① 根据《人力资源和社会保障部财政部关于调整工伤保险费率政策的通知》，自2015年10月起，工伤保险费平均缴费率原则上要控制在职工工资总额的1.0%左右下调为0.75%。

② 根据《人力资源和社会保障部财政部关于继续阶段性降低社会保险费率的通知》，自2018年5月起，工伤保险基金累计结余可支付月数在18（含）至23个月的统筹地区，可以现行费率为基础下调20%；累计结余可支付月数在24个月（含）以上的统筹地区，可以现行费率为基础下调50%，降低费率的期限暂行至2019年4月30日。

③ 根据《国务院办公厅关于印发降低社会保险费率综合方案的通知》，自2019年5月1日起，延长阶段性降低工伤保险费率的期限至2020年4月30日，工伤保险基金累计结余可支付月数在18至23个月的统筹地区可以现行费率为基础下调20%，累计结余可支付月数在24个月以上的统筹地区可以现行费率为基础下调50%。

援与调查处理。该职能在2002年6月通过国务院颁布《中华人民共和国安全生产法》被正式确定，并于2011年9月、2014年8月先后修订来加强。其次，由卫生部职业病管理局开展职业病的预防工作。卫生部职业病管理局主要承担前期预防、劳动过程中的防护与管理、职业病诊断与职业病病人保障和监督检查，并实行分类管理与综合治理模式。2001年10月，全国人民代表大会常务委员会颁布《中华人民共和国职业病防治法》，标志着卫生部职业病管理局职能的法治化，并于2011年12月、2016年7月和2017年11月先后进行了三次法案修订。最后，人力资源和社会保障部依据国家安全生产监督管理局与卫生部职业病管理局对企业安全生产的管制效果制定相应等级的保险费率档次。图3－12为中国工伤预防管制组织结构。

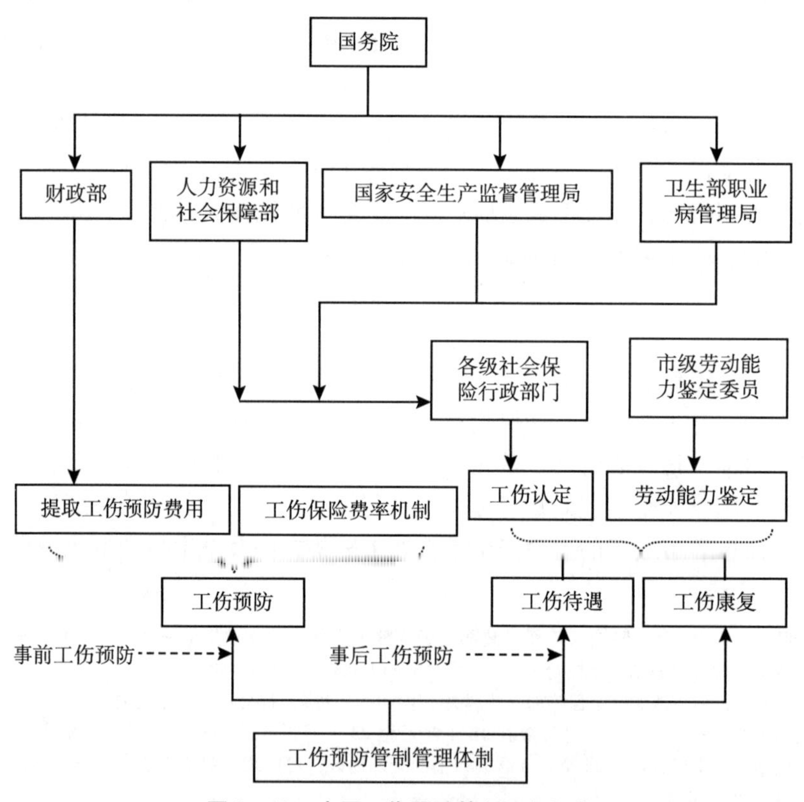

图3－12　中国工伤预防管制组织机构

值得注意的是，由于我国工伤保险体制改革，1996年《企业职工工伤保险试行办法》中关于提取工伤预防基金的相关规定被2003年《工伤保险条例》所取消。2005年后，工伤事故频发且劳动者受伤程度严重，导致工伤保险基金无法平衡。基于此矛盾，工伤保险相关部门鼓励提取工伤预防基金，随后开始各试点地区的探索工作。通过提取当年缴纳工伤保险费用的一定比例或提取上一年基金结余的一定比例，成为当时工伤预防基金主要来源的争论焦点。2007年，工伤预防试点后的结果很快在全国推广，政府在2013年以立法的方式，正式确定提取工伤保险基金的2%作为工伤预防费用。2017年，该比例提高到上一年工伤保险基金的3%，并规定工伤预防费用作为工伤保险制度中单独一项，专款专用，不能挪用。同时强调，提取工伤预防费用开展工伤预防项目主要通过财政部、人力资源和社会保障部、国家安全生产监督管理局和卫生部职业病管理局共同协商进行。

五、试点地区的工伤预防现状

人力资源和社会保障部办公厅在2009年与2013年，先后颁布了关于做好工伤预防试点工作的指示，全国先后确立了50个城市正式开展工伤预防试点工作，主要探索工伤预防费的使用项目、费用管理程序和项目实施监管。2015年底，工伤保险费率改革之后，为了提高企业安全生产水平，各试点地区开始探索工伤预防的有效措施与工伤预防工作的部门协作机制，工伤预防工作进入了一个新时期。然而，各试点地区因经济发展程度不同，工伤预防管制呈现差异化的现象。东部地区通过完善工伤保险费率机制、建立工伤预防联席会议制度、开展职业健康专项检查及定期进行安全宣传与教育培训等措施，提高工伤预防费用的使用效率。而中、西部地区大多停留在提取工伤预防费用的基础使用与管理上。

海南省作为最早开展工伤预防试点地区之一，1996年就确定提取2%～3%的工伤保险基金，主要投资在安全宣传、教育和监督检查的预防项目上。为了提高工伤预防试点的基础建设程度，2012年海南省规定各地级市开展工伤预防工作的费用提取比例最高可扩大至上年度工伤保险基金收入的15%，并要求社保机构协助安全生产管理机构、财政、卫生等部门进行工伤管理。同时，为了增加企业改善劳动者的安全工作环境的积极性，海南省通过定期披露企业层面工伤率与浮动费率，探索建立科学的费率制度。各地在海南省先进的预防理念下推陈出新，为应对新职业安全形势，广东省明确将农民工纳入保障范围。为鼓励用人单位为农民工购买工伤保险，深圳市还根据实际情况将法定最高风险等级的工伤保险费率2%降低为1.5%，并提取当年工伤保险征缴额的5%作为预防专项基金。上海市将外来从业人员纳入工伤保险适用范围内，同时将老工伤人员纳入了工伤保险统筹，采用统一缴纳0.5%的基础费率上，再根据各个参保单位的工伤保险费使用情况和工伤发生率等调整缴费费率，浮动后的最高费率为3%。

海南省每年开展针对不同工种与岗位的参保企业职业健康体检。虽然不少微小企业因经济等原因，难以落实职业健康体检，但大部分企业中职业病危险人群得到了早发现、早治疗的机会，而企业也可提前通过调换工种保障生产的顺利进行。例如，截至2015年底，近30万名职工参加了职业病健康检查，4200多名职工存在多种不同程度的疾病（陈五洲和邱世芳，2016）。图3－13和图3－14显示，海南省工伤事故与死亡人数一直保持低水平，预防工作显著。广东省通过开展工伤预防项目研究，掌握工伤发生规律与风险发生特点，邀请专家团队或政府购买服务，制定专项预防措施，同时建立重大危险源监控、职业危害检测与鉴定等多个省级重点实验室。上海市通过研究危险化学品领域的电子标签管理应用和可行性评估工作来推进职业卫生监督，探索针对性的长效机制。随着我国经济结构从第一产业逐渐转向第二、三产业，广东与上海作为代表地区，“科技兴安”的战略是广东与上海的工伤率持续下降的重要原因。

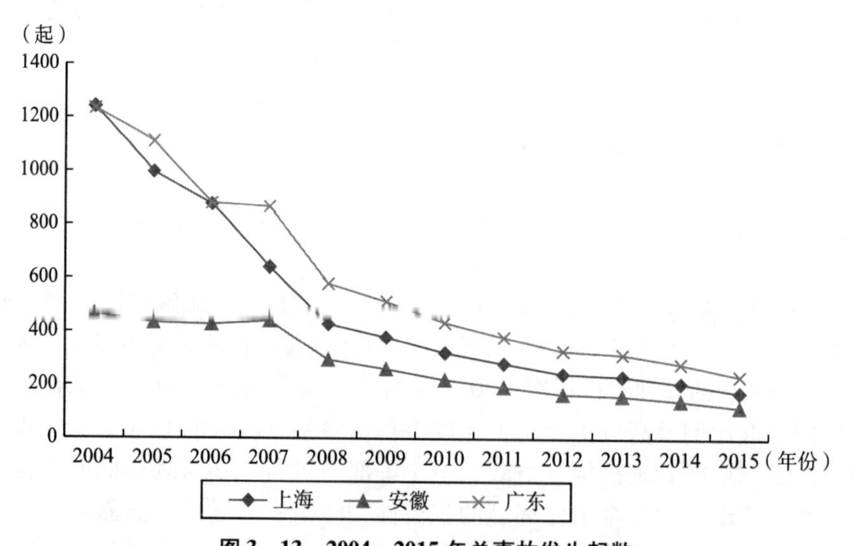

图3－13　2004～2015年总事故发生起数

资料来源：根据2005～2016年国家安全生产监督管理总局公布的生产安全事故报告整理。

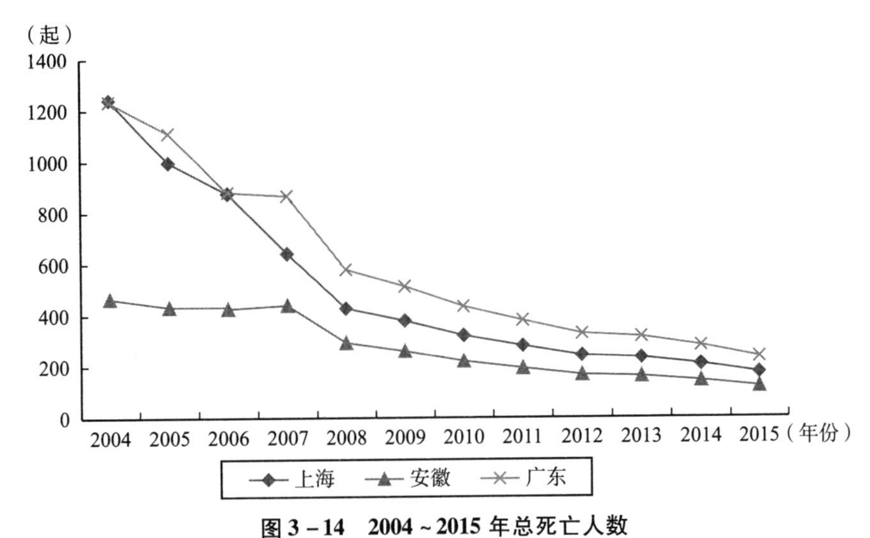

图 3－14　2004～2015 年总死亡人数

资料来源：根据 2005～2016 年国家安全生产监督管理总局公布的生产安全事故报告整理。

第三节　工伤预防管制改革的主要问题

我国工伤预防管制从无到有，正经历一个从不完善向逐步完善的转变过程，呈现出由点及面，曲折反复的发展轨迹。政府通过实施工伤保险费率机制与职业安全健康项目的事前工伤预防和待遇补偿的事后工伤预防管制，使得总事故发生率与绝对死亡人数持续下降，已取得巨大的社会安全效益。然而，新职业安全形势的转变与经济新常态，使得职业病的患病率却呈现上升的趋势，同时，工伤预防管制也给企业带来沉重的经济成本负担，现行的工伤预防管制依然存在诸多问题。

一、工伤风险严峻，道德风险突出

（一）覆盖范围窄，无法充分保障劳动者安全权益

城镇化加快、劳动力结构调整、互联网喷式发展等，导致涌现出大量灵活多样的就业方式冲击着传统劳动关系，加剧了工伤预防管制形势。截至 2016 年底，

全国就业人口 77640 万人，参加工伤保险为 22724 万人，覆盖率约达 29.2%①，其中，农民工达 28642 万人，约占全国就业人口的 36.9%，参加工伤保险仅为 7807 万人②。此外，根据 2014 年中国就业促进会《网络创业统计和社保研究项目报告》显示，30 家个人网店的职工参保率为 4.6%，36 家企业网店的职工参保率为 24.5%，总体网店的灵活就业人员的工伤保险参保率为 8.3%。可见，大量高工伤风险群体未在工伤保险覆盖范围之内。这部分职工因流动性大，就业层次低，在发生工伤事故后，维权与获赔也将更加艰难。虽然目前建筑业的农民工以项目参保的形式开展工伤预防，但由于职业病的发病滞后性，一旦项目结束，劳动关系被解除，农民工将无法有效获得待遇补偿。

覆盖范围不仅指受保护的劳动群体，还包括不断增加的职业病。实践过程中，若工伤程度具有可见性，通过加强预防工作，那么可以有效降低工伤事故发生率。然而，职业病因其隐蔽性与延迟性，常常在工伤预防过程中被忽略。据卫生部发布《全国卫生事业发展情况统计公报》统计呈现，2017 年全国职业病共发生 26756 例，比 2005 年翻了 1 倍之多。其中，医治费高昂的尘肺病平均年发病率为 81%（见图 3－15）。不断出现的新病种也是造成职业病居高不下的原因，工作压力与焦虑导致心理职业病正超越传统物质因素引起的职业病，但这些并不在工伤覆盖范围之内。一旦确定为职业病，职工就要承受长期病痛折磨而企业也为此承担巨额的治疗与康复费用。

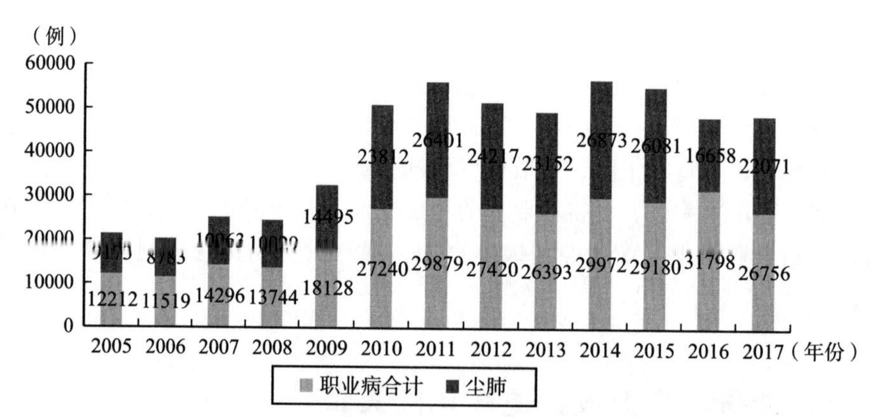

图 3－15　2005～2017 年全国职业病发病统计

注：不包括西藏自治区。

资料来源：卫生部职业病防治中心官网。

① 2017 年《人力资源和社会保障事业发展统计公报》。

② 2016 年人力资源和社会保障部统计公报。

（二）统筹层次低，不利于工伤预防作用的发挥

在先试点再推广的循环改进模式的运作背景下，工伤预防管制因各工伤试点地区统筹基础的差异性，统收统支管理问题突出。目前全国共有50个工伤预防试点地区，以北京为首的11省（区、市）已经实现了省级统筹。其中，北京、天津、上海、重庆、河北、贵州、西藏7省（区、市）基本属于统收统支管理方式；甘肃、海南、安徽、宁夏4省（区）采取市级统筹加上省级调剂金的方式；其他地区仍然处于市级统筹层次。不同地区的差异性工伤预防标准，可能造成跨地区流动经营企业对于同一职工就业培训、技术指导等差异化的职业安全健康投资，进而可能呈现出在工伤预防工作差的地区，事故率与职业患病率高；在工伤预防工作好的地区，事故率与职业患病率低（Weil，2014）。此外，受伤职工因不同地区的工伤认定程序不同，获得相应赔偿也不同。基于不同程度的收益预期水平，易引发雇员道德风险。显然，各地区的统筹层差异化，不利于工伤预防作用的发挥。值得注意的是，2000年后，基于地区发展不平衡、廉价劳动力多、吸引外资环境良好的产业优势，中国实行发达地区向落后地区的产业转移以此带动地区发展的战略。然而，实质更多表现为落后、淘汰、污染严重的生产程序与设备，由于统筹层次低，无法优化预防资源配置，抵消或减少该种转移效应，其结果造成职业伤害在地区间的蔓延。

根据保险的“风险共济”的理念，扩大工伤保险覆盖面与提高统筹层次是充分保障职工安全权益，同时减轻企业经济负担，成为增强企业主观能动性的关键。我国工伤保险制度起步晚、发展时间短、进程缓慢的特点，使得统筹层次低与覆盖范围窄问题突出，结果导致工伤风险严峻。若劳动保护政策不做调整，未来需要申请工伤待遇补偿的劳动者将会呈现逐渐增加的趋势。在保障受伤劳动者待遇刚性增加的政策下，一方面，提高的工伤保险待遇意味着劳动者事故成本的降低，劳工预期收益上升，其愿意承受一定风险成本，会增加申请工伤认定和劳动能力鉴定的人数，结果导致名义工伤事故率上升（Card & McCall，2009）。例如，因管理混乱、劳动管理制度缺失或执行不力，“职场碰瓷族”“工伤专业户”等虚假工伤案件时有发生（陶一凡，2016）。信息不对称下劳动者骗保问题突出，造成了工伤保险基金的浪费（杨雯晖，2016）。另一方面，工伤保险待遇的提高意味着企业预防事故的成本上升，基于工伤保险费率的企业可能拒绝劳动者的待遇申请，导致工伤事故率下降（Dionne & St - Michel，1991）。而如果强制企业为其员工购买工伤保险，作为工伤保险待遇的承担者，由于无法意识到预防所带来的长期利好而追求短期削减生产成本，就容易诱发企业道德风

险，扭曲其安全投资行为。

二、失衡的工伤保险基金支出结构

为了促进工伤预防和职业康复，降低企业用工风险，2013 年正式确定按照上一年度工伤保险基金收入 2% 的比例提取工伤预防费用，用于开展工伤预防项目，直接干预企业的安全生产。至此，我国形成了事前开展工伤预防项目与事后工伤保险待遇相结合的工伤保险基金支出结构。然而，工伤预防费用由国务院社会保障行政部门会同国务院财政、卫生行政、安全生产监督管理等部门共同管理，规制模糊、多头领导等问题使得工伤保险基金支出主要围绕工伤认定和劳动能力鉴定给予工伤保险待遇。

面临职业工伤风险新形势的挑战，由于工伤预防投入过少，工伤预防作用未充分发挥，势必给从源头上及时控制工伤事故的发生增加阻力，其直接后果可能导致工伤事故的频发。一方面，劳动者将为此承担巨大的经济与健康代价，若无法及时得到事后医疗救治，将直接影响劳动者后续的生活和工作；另一方面，企业也会因为劳动资源的缺失，承担高额的补偿和劳动生产率的损失。显然，事故频发又会加剧工伤保险基金的“重补偿，轻预防”的失衡支出结构。例如，2004 ~ 2016 年，享受职业病待遇人数从 4.1 万大幅度提高至 9.5 万，工伤保险基金待遇支出占当年工伤保险基金收入的比例从 57% 扩大至 82.8%（见图 3 - 16）。

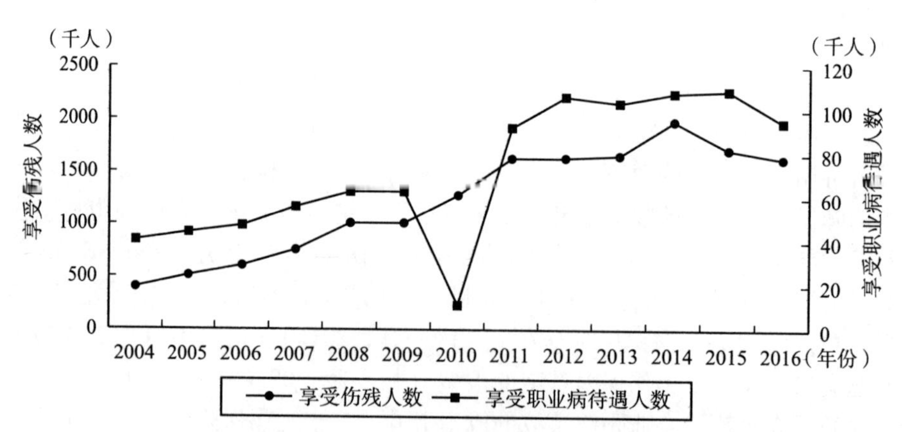

图 3 - 16　2004 ~ 2016 年全国享受伤残待遇与职业病待遇人数

资料来源：根据 2005 ~ 2017 年《中国劳动统计年鉴》相关数据整理。

值得注意的是，工伤保险累计结余呈逐年增加的态势，在2016年已超过同年工伤保险基金支出2倍之多，达1410.9亿元。虽然享受工伤待遇水平与人数也在不断提高，但仅靠工伤认定与劳动能力鉴定来获取补偿，可能使得大量劳动者无法获得补偿。在“重补偿，轻预防”的工伤保险基金支出结构下，一方面，使得职工的安全权益未获得充分保障；另一方面，使得原本企业因经济激励动力不足，在生产经营过程中不重视工伤预防工作的意愿加重。可见，偏重工伤补偿的支出使得工伤保险基金得不到有效利用，事故率居高不下的状态必然会导致中长期支付压力增大。

三、不精确的事前工伤预防激励机制设置

当前无论是工伤保险费率机制还是提取工伤预防费用开展工伤预防项目，由于与风险的关联性不紧密，都无法形成企业内部动力，因此工伤预防激励作用甚微。同时，由于现行工伤预防管制是在计划经济转向市场经济大背景下发展而建立来的，没有历史积累的相关微观工伤事故基础数据，即使行业风险划分的理论基础完备，但也无法精准进行机制设计。

（一）工伤保险费率机制不能反映风险的精确变化

工伤保险费率机制是政府管制的有效激励政策工具，通过将工伤保费高低与企业历史工伤事故相关联，激励企业主动进行预防投资，以减少事故从而降低工伤保费的缴纳水平。然而，目前工伤保费高低与企业工伤事故的历史联系不紧，偏重于行业补偿设立的保险费率机制，虽然体现了工伤保险的社会价值，但保费不能精确反映企业预防结果的变化。在企业支付能力有限的情况下，这种风险分散与互济的费率机制将越发不适用。现阶段以工伤补偿作为制定费率机制的实质是以事故历史为考量对象，若要以未来风险作为设定前提，工伤保险费率机制则需要作巨大调整。以各国的经验来看，做到这点很困难，也决定了当下有限的工伤保险费率机制作用。

（二）提取工伤预防费用未实现对不确定性风险的激励

首先，预防费用主要用于宣传、培训、教育以及奖励。此外，各试点地区还将预防费用用于工伤预防研究资助、对工作场所环境的检测与监控等。实践中，工伤预防项目通常对小规模企业更加有效，而奖励对象获得者通常为大规模企

业，现行的工伤预防管制并没有实现预防资源的最优配置。大规模企业能够内部化更大的工伤预防成本，职业安全健康环境优于小规模企业，针对政府工伤预防项目，显然小企业安全改善的程度更大。一般以一定基金收支率作为奖励参数，浮动费率所带来的奖惩金额相对较小，对大规模企业经营几乎没有影响，而小规模企业往往达不到奖励的基准线，造成不同规模企业的内部激励动力的不平衡。其次，激励机制分散。2016～2017年，通过对四川成都、安徽六安、海南省、广东省及上海市实地与电话访谈，研究发现目前政府偏重于工伤预防费用的提取及费用用途，使得原本设立的“以工伤保险费率机制为主，提取工伤预防费用为辅”的模式转向“以提取工伤预防费用为主，工伤保险费率机制为辅”模式，弱化与分散了工伤保险费率的激励作用。

四、脱离的事前与事后工伤预防管制

目前拥有工伤保险制度的国家，大部分采取以经验费率机制为主的工伤预防管制，同时提取部分工伤保险基金作为预防的保障资金。我国事前工伤预防管制包括提取工伤预防费用开展预防项目的政府直接干预措施和工伤保险费率机制的间接市场激励。事后工伤预防管制主要通过工伤认定与劳动能力鉴定获得工伤待遇补偿进行工伤康复。将事前与事后工伤预防管制放进一个公式中，基于成本—收益的企业，当投资预防的收益大于成本时，企业将主动进行工伤预防，公式表达如下：

$$C' - C < (P' - P) \times C'' \qquad (3-1)$$

其中，C'表示企业进行技术创新而且改良生产环境，预防投入的成本；C表示企业未进行技术创新而改良生产环境下，预防投入的成本；P'表示企业进行技术创新而且改良生产环境下，事故发生率；P表示企业未进行技术创新而改良生产环境下，事故发生率；C''代表企业职业伤害的待遇补偿标准。提取工伤预防费用开展预防项目主要影响$C' - C$项，工伤保险费率机制的间接市场激励主要影响$P' - P$项，而事后工伤预防管制通过工伤认定与劳动能力鉴定主要影响C''。可见，提取工伤预防费用开展预防项目、工伤保险费率机制与事后工伤待遇补偿，三者相互补充、共同作用才可以达到企业与政府共赢的目标。

然而，实践中提取工伤预防费用促进企业职业安全卫生的培训、教育作用未完全发挥；工伤保险费率机制中风险行业与浮动费率档次太少，偏向于风险共济；现行行业分类表中列举行业不全面，差别费率档次少，与工作实际有些脱节。通过与德国、日本、美国工伤保险费率档次对比，本书发现美国行业风险划分档次高达600多类，德国行业基本费率档次达700多类，而日本行业基本费率浮动档次最大幅度可以达到40%。可见，我国目前9个基础费率档次，最高基本费率与最低基准费率相差仅1.7%的费率机制无法与企业实际的工伤风险相联动。事前工伤预防管制无法取得理想效果，使得工伤预防管制工作偏向于事故待遇补偿。

目前阶段性的降低费率政策，从工伤保险基金结余大的角度看，在牺牲劳动者充分安全保障的前提下，该策略暂时是可行的。但长远来看，完善费率机制激发事前工伤预防管制的作用才是可持续的措施。

第四节 工伤预防管制改革的问题成因

中国工伤预防管制采取政府完全干预的管理模式，通过严格的工伤预防监督与管理，以期实现劳动者安全的最佳保障。然而，工伤预防管制的不完备立法、混乱且非独立的组织设置、不适宜的实施力度、单一性的监督机制，造成了基金支出机构失衡与激励机制失效，大量工伤预防费用没有真正落实，使得道德风险突出，最终导致了目前工伤预防管制政策不仅忽略企业自身经济发展需求，而且也未达到预期良好的职工安全保障效果。

一、不完备的工伤预防管制立法

（一）立法层次低

2003年国务院颁布的《工伤保险条例》明确提出工伤保险费率机制与风险挂钩，促进工伤预防。为了进一步降低企业工伤事故，维护劳动者健康与安全生产环境，2010年12月政府修订了《工伤保险条例》，提高生活不能自理和鉴定伤残等级的劳工待遇水平，简化工伤处理程序，调整工伤认定范围等，进一步加强事后工伤管制。同时，明确提出提取工伤预防费用作为工伤预防的专项资金，推进事前工伤预防管制。此外，国家安全生产监督管理局监控企业工伤事故和卫生部职业病管理局防控企业职业病，共同促进企业安全生产状况。2002年6月，国务院颁布《中华人民共和国安全生产法》，并于2011年9月、2014年8月进行法案修订。2001 年 10 月，全国人民代表大会常务委员会通过并颁布《中华人民共和国职业病防治法》，并先后于 2011 年 12 月、2016 年 7 月和 2017 年 11 月共进行三次法案修订。《工伤保险条例》与《中华人民共和国安全生产法》《中华人民共和国职业病防治法》专项法案相比，属于行政法规，立法层次比较低，修改完善的次数少，无法根本落实工伤预防管制的强制性。

（二）立法设置模糊，欠缺明确定位

事后工伤预防管制主要通过工伤认定与劳动能力鉴定获得工伤待遇补偿进行工伤康复。因此，清晰而明确的工伤认定与劳动能力鉴定有利于事后工伤预防管制作用的发挥。首先，《工伤保险条例》中对于工伤认定的情形规定模糊，其中以第十四条第七款关于其他工伤的鉴定争议最大①。不清晰的政策规定导致各地人力资源和社会保障行政部门无法形成统一的工伤认定结果，加之各地企业与职工的劳动关系认定标准的差异性，使得工伤争议案件居高不下。截至 2016 年底，全国共发生工伤争议 90870 件，比 2003 年增加了 89123 件，涉及劳动者 111.24 万人②。地区之间劳动能力鉴定程序与标准的差异，进一步加剧了工伤争议的发生，势必影响受伤劳动者事后及时医疗与康复。其次，《工伤保险条例》未对因第三者侵权造成工伤所需待遇补偿的情形进行规定，使得诉诸法院的企业与受伤职工常因彼此责任推诿导致受伤职工获得工伤赔偿面临困境。劳动关系双方信任降低，由于法律偏向弱者，企业常常受到道德谴责。

（三）缺乏工伤预防管制的配套实施细则

2017 年，人力资源和社会保障部会同财政部、卫生计生委、安全监管总局发布了《工伤预防费使用管理暂行办法》（以下简称《暂行办法》）。该政策规定工伤预防费用的提取比例提高为上一年统筹地区工伤保险基金收入的 3%，并发布了预防管理办法与工伤预防项目开展的具体流程。《暂行办法》中特别强调了，人社部会同卫计委、安监总局定期分析并互通企业层面的职业安全健康状况③。但文件中并未对三大部门何时、何地、何种方式、怎样配合来开展工作，

---

① 《工伤保险条例》第十四条第七款规定“法律、行政法规规定应当认定为工伤的其他情形”。

② 2017 年《中国劳动统计年鉴》。

③ 其中第十六条规定“统筹地区人力资源社会保障、卫生计生、安全监管等部门应分别对工作场所工伤发生情况、职业病报告情况和安全事故情况进行分析，定期相互通报基本情况”。

导致预防企业事故依然笼统停留在各个管理部门的管辖职能之内。由于工伤预防管制缺乏具体实施细则，该规定无法将开展工伤预防项目的结果进行整合，及时调整企业工伤保险费率，共寻工伤事故源头等。

二、不科学的工伤预防管制组织设置

（一）职能交叉，权责不清

工伤预防管制主要涉及人力资源和社会保障部、卫生部职业病管理局和国家安全监管总局。三个管理部门的职能交叉一直是理论与实践中争论的焦点。2005年1月，卫生部与国家安监总局联合发布了《关于职业卫生监督管理职责分工意见的通知》，明确将卫生部原承担对作业场所职业卫生监督检查职能移交给安全监管部门。至此，职业病的管理与监督职能分开，形成了国家安全监管总局统筹监管安全生产及职业安全。其中，设置安全监督管理与职业安全健康监督管理共计5个司，制定多达17项安全生产及职业安全的职责，并一直开展安全建设项目。例如，2012年国家安全生产监督管理投入18.44万元用于安全生产监管，占当年总支出的49.17%[①]。然而，人力资源和社会保障部在2013年正式明确按照工伤保险基金收入比例提取工伤预防费用，开展工伤预防项目，并且规定卫生部职业病管理局、国家安全监管总局及财政部共同协作。该政策并未明确规定哪个部门主导，协调运作易出现责任推脱，行政效率不佳。值得注意的是，开展工伤预防项目中工伤预防费用属于社会保险基金，而国家安全监管总局开展的安全建设项目属于财政资金。如何划分社会保险基金与财政资金，充分发挥预防作用可能成为难点。

（二）组织间互联性低，信息流通不畅

一个完整有效的工伤预防管制应当包括三个步骤，主导方政府的行为成为影响工伤预防管制效果的主要因素。具体步骤为：第一，卫生部、国家安监总局与人力资源和社会保障部通过开展安全检查、职业病防治与教育宣传等，降低事故与职业病的发生率。第二，在此基础上制定工伤保险费率，激发企业进一步提高安全生产环境。第三，受伤职工通过人力资源和社会保障部获得工伤补偿待遇，

① 国家安全生产监督管理总局官网，http：//www. mofcom. gov. cn.

加强事后工伤预防。显然，事前与事后工伤预防管制需要政府组织间无障碍的流通与信息的及时共享。若行业整体安全环境好，就应当及时调整企业遵循的保险费率，同时，企业本身工伤预防信息也要及时反馈给相关部门，以便政府组织调整工伤预防管制的方式与力度。事实上，卫生部、国家安监总局与人力资源和社会保障部都有各自相对独立的管理与预算机构，安全信息流动不畅，且缺乏披露企业安全预防的管理部门，这也是造成目前工伤预防管制效率低的一个重要原因。

三、不适宜的工伤预防管制实施力度

面临经济发展缓慢，产业结构调整与企业支付乏力的现状，政府开始放松严格的工伤预防管制。2015 年 10 月，政府将能集中体现政府管制强度的企业平均工伤保险费缴费率，在原则上要控制在职工工资总额的 1.0% 左右下调为 0.75%。根据基金累计结余的情况，2018 年 5 月与 2019 年 5 月，再次下调 20% 或 50% 的工伤保险费率。根据 2017 年 9 月国际劳工组织公布的全球工伤保护项目（GEIP）研究显示，全球通过公共基金的社会保险来实行工伤预防管制的共 99 个国家，其企业平均工伤保险缴费率的变动范围为 0 ~ 8.4%①，可见，我国政府管制强度已经实行世界较低水平。

事实上，国家通过财政资金与社会保险基金，逐渐加大了对安全生产投入的直接干预力度，使得企业本身安全生产投入具有下降的趋势，而政府实施阶段性降低工伤保险费率的措施无疑会加剧这种现象，削弱依靠市场激励的动力，不利于激发企业安全技术创新。一般来说，我国企业职业安全投入主要体现为相关技术改造的支出。表 3 - 5 显示，主营业务年收入为 2000 万元及以上的大、中、小工业企业总的安全投入比例范围在 0.26% ~ 0.51%，且呈现逐年递减的趋势。企业用于技术改造的职业安全投入过低，可能是造成每年频发的工伤事故率与新增职业患病率的重要原因。

表 3 - 5　　2011 ~ 2016 年规模以上工业企业职业安全投入

年份	总产值（亿元）	安全投入（亿元）	安全投入比例（%）	人均安全投入（千元）
2011	844268.79	4293.7	0.51	0.4684
2012	909797.17	4161.8	0.46	0.4350

① 国际劳工组织官网，具体见附表 6 - 2。

续表

年份	总产值（亿元）	安全投入（亿元）	安全投入比例（%）	人均安全投入（千元）
2013	1019405.3	4072.1	0.40	0.4159
2014	1092197.99	3798.0	0.35	0.3807
2015	1104026.7	3147.6	0.29	0.3220
2016	1151950.07	3016.6	0.26	0.3184

注：从2011年起，规模以上工业企业的统计范围从年主营业务收入为500万元及以上的法人工业企业调整为年主营业务收入为2000万元及以上的法人工业企业。

资料来源：根据2012~2017年《中国统计年鉴》与《中国工业统计年鉴》计算而得。

然而，阶段性降低保险费率可能不仅无法改变严峻的工伤风险现状，而且会造成企业用于技术改造的职业安全投入减少。只有改变工伤保险费率的风险行业与行业基本费率的设定，使得企业风险与企业事故发生率真正关联起来，才能激发企业主动改善职业安全健康环境。目前风险行业与行业基本费率只有8类，行业基本费率的最大差距仅为1.7%，行业与行业之间的“风险互济”过大。例如，煤炭行业的基本费率为1.9%，而金融服务业的基本费率为0.2%。煤炭行业的工伤事故与职业病的发生率远大于金融服务业，而共同缴纳的工伤保险基金中提取的工伤预防费用大多被用于像煤炭这样的高危行业进行安全改造，同时，此类行业也是最频繁使用基金来支付工伤待遇赔付的行业。行业基本费率的差距过小，而阶段性降低保险费率，使得企业间风险“搭便车”的现象可能更加严重。

四、单一的工伤预防管制效率评估

社会性工伤预防管制监督的核心是工伤事故与职业病发生率的控制，即预防的安全效应。我国规定行业协会和大中型企业可自行开展和评估工伤预防项目，小型企业由政府部门负责实施及验收，并主要通过采购法和招投标的方式选择第三方来进行。但是，本书通过工伤预防试点的实际调研发现，无论大中型企业还是小型企业的工伤预防项目，都是由政府主导开展的，且评估报告均呈现以业绩为导向的评估结果，例如教育培训完成后培训人员数量、技能提升、发生事故率等。显然，这种管理与监督一体的管制评估对大型企业更有效，小型企业因样本太少无法得出关于企业安全生产的精确结论。

工伤预防管制体制建立之初，政府偏重于社会安全效益的业绩评估，使得全国安全事故频发的现状得到了改善。然而，在市场经济进入缓慢发展的新常态下，职业风险加剧与工伤待遇刚性增加，使得工伤预防管制涉及巨大的成本，导致管制效率低。因此，社会性管制效率评估应当综合考虑管制成本和收益。在此基础上，通过调整工伤预防管制的设置，可以达到最佳工伤预防管制，获得最大净收益。目前国际广泛应用成本—收益方式来评估政府管制效率，我国工伤预防管制的评估机制也应以管制绩效为导向呈现评估结果。以管制绩效为基础的评估，可以帮助我国快速达到工伤预防管制国际领先水平，使得本国市场对国际资本具有更大的吸引水平，也可以为国民经济的快速发展奠定基础。此外，国外更加注重工伤预防监测系统的建立，以便精确评估工伤预防管制效率，对工伤保险费率机制与职业安全健康的项目从直接成本、间接成本与收益的衡量进行严谨的论证，在此基础上来调整工伤预防政策。因此，以工伤预防管制绩效来评估工伤预防管制的效率，必须建立在数据共享平台基础上，否则将难以精确调整工伤预防管制。

第五节　本章小结

中国工伤预防管制改革伴随着社会经济体制的转变及市场化经济的深化而推进，以通过工伤保险费率、开展工伤预防项目、工伤补偿待遇为主进行事后与事前预防管制，并采取工伤预防试点地区经验推广模式，呈现出在探索中发展、在发展中探索的演进轨迹。经过 40 多年的努力，全国事故发生率与绝对死亡人数持续下降，已取得巨大的社会安全效益。

然而，本章研究发现：（1）统筹层次低与覆盖范围窄，使得现有的工伤预防管制体制面临更加严峻的工伤风险，造成职工与企业道德风险突出，限制了企业预防的积极性；（2）“重补偿，轻预防”的工伤保险基金支出结构加剧了企业不情愿预防的现象；（3）不精确的工伤预防激励机制设置，降低了企业工伤预防的激励动力；（4）事前工伤预防与事后工伤预防管制脱离不利于激发企业安全技术创新，造成目前偏向于社会安全效益而忽略了企业自身经济发展需求的管制现状。其原因可能来自以下几方面：工伤预防管制的立法层次低，条例设置模糊与缺乏明确定位；组织设置存在职能交叉与权责不清，组织间互联性低与信息流通不畅；工伤预防管制的实施力度不合理；工伤预防管制缺乏管制成本—收益的效率评估。

基于上述分析，本书得到以下启示：通过工伤预防管制的政策梳理发现，工伤预防管制的立法、组织设置、激励机制设置等都会影响政府管制强度，最终影响劳动者的安全权益与企业的经济绩效，并通过工伤保险费率来体现。此外，如果降低保险费率的政策不是基于成本和收益的管制绩效评估所制定的，那么短期内政府将难以实现更高的管制目的。

第四章

基于安全效应视角中国工伤预防管制改革的效率评估

政府面临经济发展缓慢、产业结构调整与企业支付乏力的现状，采取放松严格的工伤预防管制策略，继 2015 年 10 月和 2018 年 5 月后，于 2019 年 5 月再次延长了阶段性下调工伤保险费率的期限，帮助企业降低生产成本，增加其保护劳动者安全的动力。然而，阶段性降低保险费率的措施，可能加剧了企业间“风险搭便车”的现象。降低费率后，各地区低风险行业相比于高风险行业需承受较高的保险费率，在风险行业划分档次少的现状下，如果对高风险行业进行安全补贴，结果就可能导致越来越多的高风险企业削弱其主动进行工伤预防的动力。那么，在工伤保险待遇刚性增加的政策下，是以减少劳动者安全效应换取企业的短期经济效应，还是企业经济效应与劳动者安全效应同时提高？

为此，本书尝试将工伤保险费率机制的事前工伤预防管制与工伤待遇补偿机制的事后工伤预防管制结合起来，以政府管制强度作为门槛值，基于不同管制费率水平，评估了工伤保险待遇对于降低工伤事故率而取得安全效应的效率问题，探讨了工伤保险待遇、企业预防动机、安全效应三者间的关系。较高的管制费率可以充分保障劳动者安全，但可能产生过高的经济成本，使得企业发展动力不足；而管制费率偏低时，企业预防积极性高但劳动者安全可能受损；若政府工伤预防存在以最低的工伤保险待遇投入获得最佳安全效应的临界点，那么适宜的管制费率会带来企业与劳动者的双赢。

现阶段中国工伤预防管制选择了工伤保险费率的间接市场干预手段与提取工伤保险预防费用开展预防项目的直接干预措施，通过工伤保险费率与工伤保险待遇机制发挥企业事前与事后的内在动力，并辅助奖惩与政府监督机制激励企业进行安全事故预防，且政府每 1 ~3 年根据事前与事后工伤预防管制的效果，调整下一个评审年度内的企业工伤保险费率。因此，工伤保险费率的高低代表着企业整体的职业安全健康生产环境的好坏，可以成为政府管制强度的代理变量（见图 4 -1）。

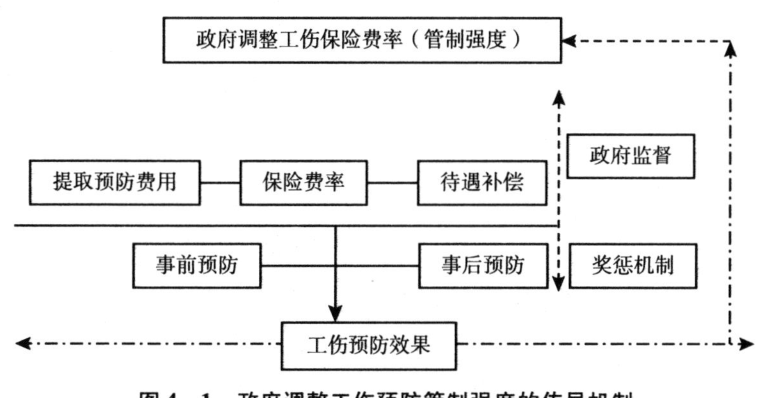

图 4 -1 政府调整工伤预防管制强度的传导机制

第一节 门槛模型构建

一、门槛模型选择依据

早期经济学家伯顿和伯科威茨（Burton & Berkowitz，1971）提出工伤保险待遇不仅具有调节受伤劳工的收入再分配的作用，还具有降低工伤事故的预防功能。基普和泽克豪瑟（Kip & Zeckhauser，1979）进一步指出，工伤保险待遇联立风险评估下的工伤保险费率机制能更有效地促进企业工伤事故预防。随着保险费率的增加，工伤保险待遇的提升将使得企业工伤事故率呈现先下降后上升的“U”形关系。政府工伤预防管制存在以最低的工伤保险待遇投入获得最佳的安全水平的临界点。然而，由于不够细化的工伤保险行业差别费率，工伤保险费率不能完全反映不同规模企业的工伤事故状况。工伤保险待遇提升将使得预期收益上升的劳动者增加工伤索赔的申请，与此同时，企业会采取措施阻止该类申请以减少赔付，从而引发事前道德风险；另一方面，劳动者还可能会延长工伤恢复期来获取收益，而作为博弈方的企业则会督促劳动者尽快重返工作岗位以减少成本损失，从而形成事后道德风险（Biddle & Roberts，2003；Ellen et al.，2012；Boden & Galizzi，2016）。伯顿和切里乌斯（Burton & Chelius，1997）、巴登和鲁泽（Baden & Ruser，2003）、布鲁姆和伯顿（Blum & Burton，2006）的研究证实了上述观点，他们指出，当工伤保险费率一定时，工伤保险待遇每增10%，就会使得事前工伤索赔率或事后申请率提高1到10个百分点。不难看出，由于道德风险的存在，工伤保险待遇对企业工伤事故率的影响具有不确定性（Bronchetti & McInerney，2012），此时将难以准确评估工伤保险待遇水平与真实工伤事故率的临界点。

严格的政府监管与差异化的保险费率机制相结合将能有效减少道德风险（DeJoy，2005；Kirsh，Slack，King，2012），一般情况下，政府会为工伤事故频发的企业制定更高的工伤保险费率。此外，有研究指出，企业规模达到一定程度时，继续扩大企业规模将能有效减少企业的工伤事故率（Oi，1974）。为此，鲁泽提出了“企业规模越大工伤保险费率越高”的假设，并采用企业规模作为工伤保险费率的代理变量，按企业人数将保险费率划分为100～249，250～499，500+三个等级进行论证，结果发现工伤保险待遇对降低工伤事故率的作用在规模较大或保险费率较高的企业中更为显著（Ruser，1985，1993）。托马森和波泽邦（Thomason & Pozzebon，2002）基于企业微观数据研究发现，随着企业劳动者人数或保险费率增加，工伤保险待遇对工伤事故率的消减作用呈现减缓的趋势。朗加涅（Lengagne，2016）将企业规模分为4个层级，超过200人的企业中，提高工伤保险待遇将增加工伤事故率，而200人以下的企业，工伤保险待遇对降低工伤事故率的作用并不显著。显然，既往在不同费率机制下关于工伤保险待遇与工伤事故预防的相关研究仍未形成一致的结论。可能原因在于，一是用企业规模作为保险费率的代理变量而确定的划分等级，难以全面反映保险费率变动情况，可能会遗漏某种企业规模或保险费率情形下工伤保险待遇对工伤预防的作用。二是鲁泽（1985）假设条件是否具有约束前提，依据奥伊（Oi，1974）观点，只有企业超过一定规模时，才会呈现规模越大事故率越低的情形，主观划分企业规模代理工伤保险费率等级，可能导致估计偏误。

为了全面了解不同经营风险企业的安全预防投资行为，本书按照数据本身的特征采用门槛面板模型自动划分样本，估计工伤保险待遇的提升对工伤事故率的影响变化情况。具体而言，以中国各省（区、市）面板数据及不同行业的工伤保险费率构建综合保险费率，将其作为政府管制程度的代理指标，采用门槛值模型估计高福利的工伤保险待遇对工伤事故率的安全激励作用。

二、门槛值选择

（一）门槛回归基本模型

赫克曼（Heckman，2000）提出的门槛（门限）回归为评估工伤保险费率机制与工伤待遇补偿机制相结合对于企业安全效应的非线性关系提供了更加精准的划分标准。同一年份不同地区的安全效应因企业工伤预防工作差异而不同，工伤保险待遇不包含工伤事故率的滞后值，那么单一固定效应的门限回归基本模型为：

$$\begin{cases} IR_{it} = \alpha_0 + \alpha_1 EB_{it} + \alpha_3' X_{it} + \mu_{it}, & g_{it} \leqslant m \\ IR_{it} = \alpha_0 + \alpha_2 EB_{it} + \alpha_3' X_{it} + \mu_{it}, & g_{it} > m \end{cases} \quad (4-1)$$

其中，IR_{it}为不同年份不同地方的工伤率，EB_{it}为不同年份不同地区的预期工伤保险待遇，X_{it}为其他影响工伤的控制变量集合，β_i 为相应估计系数，μ_{it}为独立分布的扰动项，g_{it}为不同地区不同年份的工伤保险费率，m 为需要确定的门槛值。在 $g_{it} < m$ 和 $g_{it} > m$ 情况下，提高待遇水平对于工伤率具有差异性的影响。

（二）门槛效应（threshold effect）的存在

1. 门槛效应存在的原理

因为样本为 31 个省（区、市），时间跨度为十年，故大样本的渐近理论基于 $n \to \infty$ 开展。定义 $\alpha = \begin{pmatrix} \alpha_1 \\ \alpha_2 \end{pmatrix}$，$EB_{it}(m) = \begin{cases} EB_{it} * 1 \ (g_{it} \leqslant m) \\ EB_{it} * 1 \ (g_{it} > m) \end{cases}$，则式（4－1）可进一步简化为：

$$IR_{it} = \alpha_i + \alpha' EB_{it}(m) + \mu_{it} \quad (4-2)$$

针对所有个体，对式（4－2）两边的时间求平均为：

$$I\bar{R}_i = \alpha_i + \alpha' E\bar{B}_i(m) + \bar{\mu}_i \quad (4-3)$$

上式中，$I\bar{R}_i = \frac{1}{T}\sum_1^T IR_{it}$，$E\bar{R}_i(m) = \frac{1}{T}\sum_1^T ER_{it}(m)$，$\bar{\mu}_i = \frac{1}{T}\sum_1^T \mu_{it}$。将式（4－2）减去式（4－3），得到离差形式为：

$$IR_{it} - I\bar{R}_i = \alpha'[EB_{it}(m) - E\bar{B}_i(m)] + (\mu_{it} - \bar{\mu}_i) \quad (4-4)$$

令 $IR*_{it} = IR_{it} - I\bar{R}_i$，$EB*_{it}(m) = EB_{it}(m) - E\bar{R}(m)_i$，$\mu*_{it} = \mu_{it} - \bar{\mu}_i$，则：

$$IR*_{it} = \alpha' EB*_{it}(m) + \mu*_{it} \quad (4-5)$$

用 OLS 估计上式，得到无约束的残差平方和 $SSR(\hat{m})$。当 H_0：$\alpha_1 = \alpha_2$ 时，存在门槛效应，模型转化为 $IR_{it} = \alpha_i + \alpha' EB_{it} + \mu_{it}$，并将其转化为离差形式，然后用 OLS 来估计，得到有约束的残差平方和 $SSR*$。$[SSR* - SSR(\hat{m})]$ 越大，加上约束条件后使得 SSR 增大越多，则越趋向于拒绝 H_0：$\alpha_1 = \alpha_2$，不存在门槛效应（陈强，2014）。

2. 门槛效应存在的检验

若不存在门槛值，则不存在门槛效应，将无法使用门槛模型去评估工伤预防管制的安全效应。因此，本书通过自助法（bootstrap）和 F 检验考察 g_{it} 在 2006 年 ~2016 年期间的单门槛效应，在平均法定工伤保险费率为 1% 和平均实际工伤保险费率为 0.9% 及平均法定工伤保险费率为 0.75% 情况下①，式（4-1）中 α_1 是否等于 α_2 并确定门槛值的个数。表 4-1 为不同工伤保险费率下的单门槛效应。

表 4-1　　不同工伤保险费率下的单门槛效应

g_{it}	1%	0.9%	0.75%
原假设	H_0：$\alpha_1 = \alpha_2$	H_0：$\alpha_1 = \alpha_2$	H_0：$\alpha_1 = \alpha_2$
单门槛效应	F = 334.31	F = 334.31	F = 334.31
	P = 0.0000	P = 0.0000	P = 0.0000
双门槛效应	F = 13.56	F = 13.56	F = 13.56
	P = 0.5867	P = 0.5967	P = 0.5400
单个门槛值	0.02%	0.02%	0.02%
95% 的置信区间	[0, 0.02%]	[0, 0.02%]	[0, 0.02%]

表 4-1 第 2 列单门槛效应检验中 F 统计量值为 334.31，P 值为 0.0000，因此，接受“至少存在一个门槛”的备选假设而拒绝“线性模型”的原假设。结合第 2 列双门槛效应检验中 F 统计量为 13.56，P 值为 0.5867 的结果，从而接受

① 平均工伤保险费率为 0.75% 是在 2015 年后进行费率调整，而本书是基于 2006 ~2016 年的安全事故数据，在此想验证一下，若不调整工伤预防管制相关结构，只降低费率对于工伤预防管制效率的影响。

“仅存一个门槛”的原假设并拒绝“至少存在两个门槛”的备选假设。此时门槛值为0.02%；95%的置信区间为［0，0.02%］。本书判定在平均法定工伤保险费率为1%情况下，选择单门槛模型回归。

表4－1第3列单门槛效应检验中F统计量值为334.31，P值为0.0000，因此，接受“至少存在一个门槛”的备选假设而拒绝“线性模型”的原假设。再结合第3列中双门槛效应检验中F统计量为13.56，P值为0.5967的结果，从而接受“仅存一个门槛”的原假设并拒绝“至少存在两个门槛”的备选假设。此时门槛值为0.02%；95%的置信区间为［0，0.02%］。本书判定在平均实际工伤保险费率为0.9%情况下，也选择单门槛模型回归。

表4－1第4列单门槛效应检验中F统计量值为334.31，P值为0.0000，因此，接受“至少存在一个门槛”的备选假设而拒绝“线性模型”的原假设。结合第3列中双门槛效应检验中F统计量为13.56，P值为0.5400的结果，从而接受“仅存一个门槛”的原假设并拒绝“至少存在两个门槛”的备选假设。此时门槛值为0.02%；95%的置信区间为［0，0.02%］。本书判定在平均法定工伤保险费率为0.75%情况下，同样也选择单门槛模型回归。

表4－1结果说明在1%、0.9%、0.75%的工伤保险费率情况下，均存在单个门槛值与单门槛效应，因此本书选择单门槛模型回归。

三、门槛回归具体模型

工伤保险待遇的提高对于规避工伤事故而提升安全水平的影响，会受到政府制定的工伤保险费率的制约。政府通过实施与风险挂钩的费率机制，可以促使企业主动维护职业安全生产环境，消除无效率成本性资源。工伤保险费率是政府工伤预防管制的集中体现，同时保障了提高工伤待遇对预防事故的效率。因此，本章在门槛（门限）回归基础上，借鉴大多数研究工伤待遇的安全效应所应用取对数策略，以消除模型中可能存在的异方差影响（Chelius，1982；Ruser，1985；Ruser，1993；Lengagne，2016），建立如下的基本模型：

$$\log IR_{it} = \alpha_0 + \alpha_1 \log EB_{it}(g_{it} < m) + \alpha_2 \log EB_{it}(g_{it} \geqslant m) + \alpha_3' X_{it} + \mu_{it} \quad (4-6)$$

其中，下标 i 和 t 分别代表第 i 个地区的第 t 年，α 是截距或回归系数，μ_{it} 是随机扰动项，IR_{it} 为不同地区不同年份的工伤率，EB_{it} 为不同地区不同年份的预期待遇水平（法律规定），g_{it} 为不同地区不同年份的工伤保险费率，m 为需要确定的门槛值。在 $g_{it} < m$ 和 $g_{it} > m$ 情况下，提高预期待遇水平对于工伤率具有差异性的影响。X_{it} 为控制变量，包括：反映劳工工伤成本的平均工资 $\log W_{it}$；反映行业特

征的建筑业占比 CR_{it}、采矿业占比 MR_{it}；反映员工特征的教育占比 ER_{it}、女性员工占比 WR_{it}、工会成员占比 UR_{it}；反映企业特征的国有企业占比 SER_{it}；反映工伤程度特征的一至四级伤残占比 SIR_{it}、五至六级伤残占比 MIR_{it}、七至十级伤残占比 $SLIR_{it}$；反映待遇调整管制的工伤鉴定占比 JJ_{it}。

依据前文理论分析框架，本章将工伤保险待遇区分为预期待遇水平（EB_{it}）和实际待遇水平（AB_{it}），去进一步验证，随着保险费率的变化，工伤待遇对工伤率的影响趋势。理论上法定待遇的安全效应成立，劳动者实际获得的待遇水平应该具有类似的结论，继而建立如下模型进行对比分析：

$$\log IR_{it} = \beta_0 + \beta_1 \log AB_{it}(g_{it} < m') + \beta_2 \log AB_{it}(g_{it} \geq m') + \beta_3' X_{it} + \varepsilon_{it} \quad (4-7)$$

第二节　变量选择与数据来源

一、变量选择

（一）工伤率与综合工伤保险费率

现有文献研究工伤保险待遇的安全效应问题，主要采取绝对伤亡人数、千人伤亡率或万人伤亡率、10 万工时伤亡率或 20 万工时伤亡率、工伤损失价值作为工伤率指标。由于绝对伤亡人数指标不利于观察与其他因素的相互影响作用，一般只存在于政府报告中。为了改进数据本身的限制，大多研究采取一段时间内每千/万职工因工伤事故所导致的伤亡人数。但鲁泽（1991）质疑千人伤亡率/万人伤亡率的精确性，他指出受伤劳动者因接受医疗救治而暂时难以继续工作，最终应该体现在工作时间安排上，所以提出 10 万工时伤亡率/20 万工时伤亡率。值得注意的是，若将因工伤事故所造成的不利后果折算成相应经济损失，将是最直观的表达方式。然而，现实中常常无法精确衡量其边际成本，使得该种工伤率指标饱受争议。因此，本章采用 20 万工时伤亡率的国际通用工伤事故统计指标来代表工伤率。

事实上，劳动者与企业因致命性伤害都将毫无益处，工伤待遇的提高不会影响发生工伤事故后企业与劳工的博弈行为，所以本章剔除死亡占比，改用 20 万工时伤残率。该指标假设每年职工平均工作2000小时，则每年每百职工的伤残率=总受伤人数/总人数/总工作时间/2000/100×100%，然后取对数。本章依据2003年《工伤保险条例》对不同风险行业制定不同的基准保险费率和我国行业平均工伤保险费率要控制在1%的原则上，并结合过去三年行业事故发生率，推算出各年不同行业的保险费率（见表4-2）。根据不同地区不同行业的产值占比计算出不同地区不同行业占比，再乘以相应地区不同行业的保险费率，得出不同地区的平均工伤保险费率。此外，依据实践中平均工伤保险缴费率控制在职工工资总额的0.9%及2015年平均法定工伤保险费率为0.75%的管制强度水平，本章构造不同的门槛值来自动划分样本组，进行对比验证。

表4-2　　2006~2016年不同行业工伤保险费估算值　　单位：%

各风险行业	2006年	2007年	2008年	2009年	2010年	2011年	2012年	2013年	2014年	2015年	2016年
采矿业	2.00	2.00	2.00	3.00	3.00	3.00	1.60	1.60	1.60	1.00	1.00
农、林、牧、渔业	1.00	1.00	1.00	0.50	0.50	0.50	0.50	0.50	0.50	0.50	0.50
制造业	1.00	1.00	1.00	1.00	1.00	1.00	0.50	0.50	0.50	0.50	0.50
电力、燃气及水的生产和供应业	1.00	1.00	1.00	1.00	1.00	1.00	1.20	1.20	1.20	1.20	1.20
建筑业	1.00	1.00	1.00	1.50	1.50	1.50	1.50	1.50	1.50	1.00	1.00
交通运输、仓储和邮政业	1.00	1.00	1.00	0.50	0.50	0.50	0.50	0.50	0.50	0.50	0.50
公共管理和社会组织	1.00	1.00	1.00	0.50	0.50	0.50	0.50	0.50	0.50	0.50	0.50
房地产业	1.00	1.00	1.00	0.50	0.50	0.50	0.50	0.50	0.50	0.50	0.50
水利、环境和公共设施管理业	1.00	1.00	1.00	0.50	0.50	0.50	1.50	1.50	1.50	1.50	1.50
批发和零售业	0.50	0.50	0.50	0.50	0.50	0.50	0.50	0.50	0.50	0.50	0.50
住宿和餐饮业	0.50	0.50	0.50	0.50	0.50	0.50	0.50	0.50	0.50	0.50	0.50
金融业	0.50	0.50	0.50	0.50	0.50	0.50	0.50	0.50	0.50	0.50	0.50
科学研究、技术服务和地质勘查业	0.50	0.50	0.50	0.50	0.50	0.50	0.50	0.50	0.50	0.50	0.50

续表

各风险行业	2006年	2007年	2008年	2009年	2010年	2011年	2012年	2013年	2014年	2015年	2016年
教育	0.50	0.50	0.50	0.50	0.50	0.50	0.50	0.50	0.50	0.50	0.50
卫生、社会保障和社会福利业	0.50	0.50	0.50	0.50	0.50	0.50	0.50	0.50	0.50	0.50	0.50
文化、体育和娱乐业	0.50	0.50	0.50	0.50	0.50	0.50	0.50	0.50	0.50	0.50	0.50

注：根据2006～2016年《中国安全生产年鉴》中先计算出不同行业的伤害率，然后依据前三年费率实施的预防效果向下调整费率的50%和80%或向上调整费率的120%或150%，且保持1%的管制费率水平，估算各年份的不同行业费率；这里仅披露了1%管制费率下的估算结果，基于篇幅不再披露0.9%、0.75%管制费率下的类似估算结果。

（二）预期与实际工伤保险待遇

本章借鉴郭和伯顿（Guo & Burton，2010）构造预期工伤保险待遇的做法，首先根据工伤保险待遇政策中相应等级伤残待遇=系数×本人工资+一次伤残补助金=系数×本人工资+月数×本人工资=(系数+月数)×本人工资的规定，计算出一至四级、五至六级、七至十级伤残人均待遇水平，通过加权不同伤残等级的待遇水平，得出预期工伤保险待遇并取对数，其中，对本人工资进行以2006年为基期的不同行业劳动者实际工资指数平减。实际工伤保险待遇用伤残的工伤保险基金支出除以享受伤残待遇人数表示，并进行以2006年为基期的消费价格指数平减，然后取对数。为了与工伤率的度量相统一，预期工伤保遇、实际工伤保险待遇与平均工资分别做了每百职工的处理，单位统一为万元/百人。

（三）控制变量

本章构造劳动者层面、企业层面、行业层面、工伤程度、工伤认定的变量反映工伤率的一些重要特征。具体为，选用平均工资、教育占比、女性员工占比、工会成员占比反映劳动者层面特征（Waehrer & Miller，2003；Forouzanfar et al.，2016）。(1) 工资控制变量反映了劳动者承担的工伤风险因获得工伤保险待遇的差异而不同，一般认为工资越高，工人受伤成本越高，本章以2006年为基期进行劳动者实际工资指数平减并取对数。然而，工资对于工伤率的影响可能存在道德风险，使得工伤待遇与事故率的关系不确定。(2) 受教育的工人易掌握生产技能，教育程度越高，掌握复杂工作程序越容易，工作中受伤的概率就降低。

(3) 大量文献披露了女性相对男性为风险规避者，不愿选择高风险工作，所以男性更易在工作中受伤。例如：古普塔（Gupta et al.，2005）基于行为经济学，发现女性更喜欢选择风险相对小的支付方式。同样，吉斯特（Dahlguist，1994）也发现美国和英国的女性更喜欢相对安全的工作。然而，一些研究认为女性通常更加感性，情绪波动比较大，男性更不易在工作中受伤（赵永生，2013）。女性与男性因生理与心理上的差异，并无法确定哪个更容易发生工伤。(4) 在劳动关系中，工会组织一直作为集体协商的力量帮助成员争取权益，所以工会对于降低工伤率应当具有显著影响。

此外，选用国有企业占比反映企业层面特征，国有企业一般为大型企业，能够内部化更大比例的待遇费用，职业安全健康环境一般良好（Barrett et al，2014）；选用建筑业占比、采矿业占比反映行业特征，生产风险高且劳动力密集的产业，更易发生工伤事故（Lehtola et al.，2008；Lenné et al.，2012）；选用一至四级伤残占比、五至六级伤残占比、七至十级伤残占比反映工伤程度（Ruser，1993）；最后选用 1 -（工伤确认人数/工伤申请人数）反映工伤认定的管制程度，认定的难易直接体现受伤率的高低。

二、数据来源与分析

工伤保险涉及政府、企业、劳动者不同的利益主体，通过实施不同行业的工伤保险费率来控制企业的安全行为，最终工伤保险待遇的发放途径还必须经过劳动者申请、企业上报事故报告、工伤认定与劳动能力鉴定等主要环节。因此，本章分析主要建立在由国家安全生产监督管理局发布的《全国安全生产事故报告》《中国安全生产年鉴》《中国统计年鉴》《中国劳动统计年》《中国工业统计年鉴》《中国卫生统计年鉴》《中国教育统计年鉴》《中国信息统计年鉴》《中国房地产统计年鉴》《中国科技统计年鉴》《中国基本单位统计年鉴》数据库上。为了保证数据口径的一致性，选用 2006 ~ 2016 年 31 个省份的相关指标。同时，工伤保险费率政策在此时期内未发生改变，保障了门槛值选择的一致性。此外，采用线性插值法对缺失数据进行补足，保证面板门槛模型的平衡数据要求。在此基础上，利用相关原始数据信息构造了工伤率与综合工伤保险费率、预期与实际待遇变量，并以劳动者、企业、行业、工伤程度、工伤认定来描述控制变量的特征。

具体而言，因为《中国安全生产年鉴》只披露了全国各工商贸行业的工伤事故，只能估算出各工商贸行业的 20 万工时伤害率。按地区行业占比加总各地区各行业的20万工时伤害率，以此估算出全国各地区20万工时伤害率，其关键在于求出各行业的地区占比。为了保证各年鉴中行业统计口径的一致，按照《国民经济行业分类》（2002）标准，本章选取如下三类行业：一类风险行业，选取批发和零售业，住宿和餐饮业，金融业，科学研究、技术服务和地质勘查业，教育，卫生，社会保障和社会福利业，文化、体育和娱乐业；二类风险行业，选取农、林、牧、渔业，制造业，电力、燃气及水的生产和供应业，建筑业，交通运输、仓储和邮政业，公共管理和社会组织，房地产业，水利、环境和公共设施管理业；三类风险行业，选取煤炭、石油、有色金属采矿业。同时，在各工商贸行业的20万工时伤害率的估算基础上，按照我国企业平均工伤保险费率要控制在1%的原则，实际运行中平均工伤保险费率为0.9%及2015年下调平均工伤保险费率要控制在0.75%的原则，分别估算不同行业的保险费率，再根据各行业的地区占比，最终计算出综合保险费率。

依据上述分析，本章构建了一个以31个省份为截面单元、时间跨度在2006～2016年的平衡面板数据集，具体全样本统计描述呈现在表4-3中。

表4-3　　主要变量的统计描述

变量名称	变量	均值	标准差	最小值	最大值
工伤率	$\log IR_{it}$	2.0648	0.9138	-2.4956	6.3377
预期待遇水平	$\log EB_{it}$	5.9355	1.4421	0.3934	8.3966
实际待遇水平	$\log AB_{it}$	5.4649	0.7731	3.3990	8.9790
平均工资	$\log W_{it}$	5.4118	1.5037	4.2888	11.6454
建筑业占比	CR_{it}	0.3230	0.0311	0.0004	0.1392
采矿业占比	MR_{it}	0.0322	0.0318	0.0001	0.1513
教育占比	ER_{it}	0.2670	0.1311	0.0100	0.7961
女性员工占比	WR_{it}	0.3391	0.0603	0.2020	0.5861
工会成员占比	UR_{it}	0.9168	0.2565	0.2726	1.6542
国有企业占比	SER_{it}	0.3090	0.1194	0.0040	0.6037
一至四级伤残占比	SIR_{it}	0.1297	0.0911	0.0054	0.6353
五至六级伤残占比	MIR_{it}	0.1183	0.1482	0.0008	0.8344
七至十级伤残占比	$SLIR_{it}$	0.3094	0.1901	0.0003	1.0000

续表

变量名称	变量	均值	标准差	最小值	最大值
工伤鉴定占比	JJ_{it}	0.1678	0.1231	-0.3079	0.8325
工伤保险费率	g_{it}	0.0040	0.0027	0.0002	0.0120
工伤保险费率2	g_{it2}	0.0036	0.0024	0.0020	0.0110
工伤保险费率3	g_{it3}	0.0030	0.0020	0.0002	0.0091

注：工伤保险费率指1%，工伤保险费率2为0.9%，工伤保险费率3为0.75%。

第三节 预期待遇的安全效应实证分析

一、1%管制强度下预期待遇的安全效应

表4-4为企业平均缴纳工伤保险费率要控制在1%情况下，提高的工伤保险待遇对于工伤率影响的门槛面板模型回归结果。其中，第1栏为单门槛回归结果，门槛值为0.02%。平均工伤保险费率在［0，0.02%）时，安全效应系数为负且在1%检验水平下显著；在区间［0.02%，1）时，安全效应系数为负且不显著。第2栏为双门槛回归结果。门槛值分别为0.02%和0.15%。平均工伤保险费率在［0，0.02%）时，安全效应系数为负且在1%检验水平下显著，预期工伤保险待遇每提高1%，工伤率就下降0.5959个百分点；在区间［0.02%，0.15%）时，安全效应系数为正且不显著；在区间［0.15%，1）时，安全效应系数为负且不显著。

表4-4　　预期工伤保险待遇的安全效应（1%）

变量	(1)	(2)
Threshold	$m_1=0.02\%$	$m_1=0.02\%$，$m_2=0.15\%$
$[0, m_1)$	-0.6913^{***} (-8.75)	-0.5959^{***} (-7.03)

续表

变量	(1)	(2)
(m_1, m_2)	-0.0318 (-0.58)	0.0758 (1.16)
$(m_2, 1]$		-0.0402 (-0.75)
$\log W_{it}$	0.0549 (0.96)	0.0564 (1.00)
CR_{it}	9.0651* (1.73)	9.1141* (1.76)
MR_{it}	-5.5171** (-2.26)	-5.7706** (-2.58)
ER_{it}	0.4472 (0.81)	0.3836 (0.70)
WR_{it}	-2.0110** (-2.91)	-1.5845** (-2.27)
UR_{it}	0.4323** (2.26)	0.3917** (2.07)
SER_{it}	0.1679 (0.23)	0.2447 (0.34)
SIR_{it}	0.1145 (0.30)	-0.1598 (-0.41)
JJ_{it}	-0.0331 (-0.15)	-0.0370 (-0.17)
Constant	1.6624 (2.62)	1.5447 (2.46)
Observations	341	341
R-squared	0.0002	0.0405
F-test	36.17***	31.87***
Year fixed effects	Y	Y
Individual fixed effect	Y	Y

注：*、**、*** 分别表示在10%、5%、1%水平上显著，括号中为t值。

二、0.9%管制强度下预期待遇的安全效应

表4－5为企业平均缴纳工伤保险费率为0.9%情况下，提高的预期工伤保险待遇对于工伤率影响的门槛面板模型回归结果。其中，第2列为单门槛回归结果，门槛值为0.02%。平均工伤保险费率在［0，0.02%）时，安全效应系数为负且在1%检验水平下显著；在区间［0.02%，1）时，安全效应系数为负且不显著。第3列为双门槛回归结果。门槛值分别为0.02%和0.13%。平均工伤保险费率在［0，0.02%）时，安全效应系数为负且在1%检验水平上显著，预期工伤保险待遇每提高1%，工伤率就下降0.6067个百分点；在区间［0.02%，0.13%）时，安全效应系数为正且不显著；在区间［0.13%，1）时，安全效应系数为负且不显著。

表4－5　　预期工伤保险待遇的安全效应（0.9%）

变量	(1)	(2)
Threshold	$m_1=0.02\%$	$m_1=0.02\%$，$m_2=0.13\%$
$[0, m_1)$	−0.6913*** (−8.75)	−0.6067*** (−7.23)
(m_1, m_2)	−0.0318 (−0.58)	0.0602 (0.95)
$(m_2, 1]$		−0.0401 (−0.74)
$\log W_{it}$	0.0549 (0.96)	0.0566 (1.00)
CR_{it}	9.0651* (1.73)	9.2737* (1.79)
MR_{it}	−5.5171** (−2.44)	−5.6868** (−2.54)
ER_{it}	0.4472 (0.81)	0.4290 (0.79)

续表

变量	(1)	(2)
WR_{it}	-2.0109** (-2.91)	-1.7678** (-2.57)
UR_{it}	0.4323** (-2.26)	0.3974** (2.10)
SER_{it}	0.1679 (0.23)	0.2345 (0.33)
SIR_{it}	0.1145 (030)	-0.0371 (-0.10)
JJ_{it}	-0.0331 (-0.15)	-0.0350 (-0.16)
Constant	1.6624 (2.62)	1.5812 (2.52)
Observations	341	341
R-squared	0.0002	0.0302
F-test	36.17***	31.31***
Year fixed effects	Y	Y
Individual fixed effect	Y	Y

注：*、**、***分别表示在10%、5%、1%水平上显著，括号中为t值。

三、0.75%管制强度下预期待遇的安全效应

表4-6为企业平均缴纳工伤保险费率为0.75%情况下，提高的预期工伤保险待遇对于工伤率影响的门槛面板模型回归结果。其中，第2列为单门槛回归结果，门槛值为0.02%。平均工伤保险费率在［0，0.02%）时，安全效应系数为负且在1%检验水平下显著；在区间［0.02%，1）时，安全效应系数为负且在10%检验水平下显著。第3列为双门槛回归结果。门槛值分别为0.02%和0.11%。平均工伤保险费率在［0，0.02%）时，安全效应系数为负且在1%检验水平上显著，预期工伤保险待遇每提高1%，工伤率就下降0.8996个百分点；

在区间［0.02%，0.11%）时，安全效应系数为正且不显著；在区间［0.11%，1）时，安全效应系数为负且在5%检验水平上显著。

表4-6 预期工伤保险待遇的安全效应（0.75%）

变量	(1)	(2)
Threshold	$m_1=0.02\%$	$m_1=0.02\%$，$m_2=0.11\%$
$[0, m_1)$	-0.9969*** (-13.42)	-0.8996*** (-11.50)
(m_1, m_2)	-0.0904* (-1.92)	0.0191 (0.34)
$(m_2, 1]$		-0.0996** (-2.15)
$\log W_{it}$	0.0385 (0.78)	0.0406 (0.84)
CR_{it}	7.8915* (1.75)	7.9284* (1.80)
MR_{it}	-5.8992** (-3.03)	-6.1524*** (-3.22)
ER_{it}	0.1125 (0.24)	0.0442 (0.09)
WR_{it}	-0.9628 (-1.60)	-0.5281 (-0.87)
UR_{it}	0.3776** (2.29)	0.3371** (2.08)
SER_{it}	-0.2385 (-0.38)	-0.1625 (-0.26)
SIR_{it}	-0.0687 (-0.21)	-0.3508 (-1.05)
JJ_{it}	0.0546 (0.30)	0.530 (0.29)

续表

变量	(1)	(2)
Constant	2.0237 (3.70)	1.9058 (3.55)
Observations	341	341
R-squared	0.0016	0.0399
F-test	52.29 ***	47.13 ***
Year fixed effects	Y	Y
Individual fixed effect	Y	Y

注：*、**、*** 分别表示在10%、5%、1%水平上显著，括号中为t值。

四、不同管制强度下预期待遇的安全效应比较

基于表4-4、表4-5、表4-6的实证结果，研究发现随着工伤保险费率的提高，工伤预防的安全效应逐渐降低直至不显著；政府实施低管制费率情况下，工伤保险待遇降低工伤事故率的程度更大。此外，不同管制强度下都存在以下共同变化趋势：预期待遇的提高对于建筑业与采矿业效果显著；女性职工的增加显著降低了工伤害率。其中，本章实证结果反驳了赵永生（2013）提出女性雇员参与率的提高增加了工伤风险的观点。

从表4-7的结果可知，2015年5月、2018年10月及2019年5月施行的阶段性连续下调工伤保险费率是有效的激励手段，且0.75%的管制强度下，低门槛区间［0，0.02%）的安全系数比在0.9%及1%的管制费率下，提高预期工伤保险待遇对降低工伤率的下降程度增加约0.2个百分比。但若将工伤保险待遇的预防事故的激励作用考虑在政策调整范围内，那么仍然有进一步下调空间。

表4-7　　不同管制强度下预期工伤保险待遇的安全效应

类型	0.75%	0.9%	1%
低门槛区间	［0，0.02%）	［0，0.02%）	［0，0.02%）
低门槛安全效应	-0.8996 *** (-11.50)	-0.6067 *** (-7.23)	-0.5959 *** (-7.03)

续表

类型	0.75%	0.9%	1%
中门槛区间	[0.02%，0.11%]	[0.03%，0.13%]	[0.03%，0.15%]
中门槛安全效应	0.0191 (0.34)	0.0602 (0.95)	0.0758 (1.16)
高门槛区间	(0.11%，1]	(0.13%，1]	(0.15%，1]
高门槛安全效应	-0.0996** (-2.15)	-0.0401 (-0.74)	-0.0402 (-0.75)

注：**、***分别表示在5%、1%水平上显著，括号中为t值。

第四节　实际待遇的安全效应实证分析

一、1%管制强度下实际待遇的安全效应

表4-8为企业平均缴纳工伤保险费率要控制在1%情况下，实际工伤保险待遇的提高对于工伤率影响的门槛面板模型回归结果。其中，第2列为单门槛回归结果，门槛值为0.02%。平均工伤保险费率在［0，0.02%）时，安全效应系数为负且在1%检验水平下显著；在区间［0.02%，1）时，安全效应系数为正且在10%检验水平下显著。第3列为双门槛回归结果。门槛值分别为0.02%和0.15%。平均工伤保险费率在［0，0.02%）时，安全效应系数为负且在1%检验水平下显著，实际工伤保险待遇每提高1%，工伤率就下降0.2580百分点；在区间［0.02%，0.15%）时，安全效应系数为正且在5%检验水平上显著，实际工伤保险待遇每提高1%，工伤率就增加0.1413百分点；在区间［0.15%，1）时，安全效应系数符号为正且不显著。与1%管制强度下预期工伤保险待遇的安全效应类似，仅存在一个门槛值，但是预期工伤保险待遇对于工伤事故率下降的影响更加明显。

表 4-8　　实际工伤保险待遇的安全效应（1%）

变量	(1)	(2)
Threshold	m_1 = 0.02%	m_1 = 0.02%，m_2 = 0.15%
$[0, m_1)$	-0.2967*** (-4.60)	-0.2580*** (-3.80)
(m_1, m_2)	0.0985* (1.87)	0.1413** (2.45)
$(m_2, 1]$		0.0719 (1.16)
$\log W_{it}$	0.0625 (1.07)	0.0690 (1.18)
CR_{it}	7.9407 (1.48)	8.2922 (1.55)
MR_{it}	-5.4453** (-2.36)	-5.5932** (-2.43)
ER_{it}	0.6863 (1.22)	0.6150 (1.09)
WR_{it}	-1.7262** (-2.39)	-1.6046** (-2.22)
UR_{it}	0.4254** (2.18)	0.3881** (1.99)
SER_{it}	[illegible] (0.32)	0.2714 (0.37)
SIR_{it}	0.0021 (0.01)	-0.1276 (-0.35)
JJ_{it}	-0.0721 (-0.33)	-0.0445 (-0.20)
Constant	0.8700 (1.47)	0.9116 (1.54)

续表

变量	(1)	(2)
Observations	341	341
R-squared	0.0010	0.0205
F-test	34.50***	28.78***
Year fixed effects	Y	Y
Individual fixed effect	Y	Y

注：*、**、*** 分别表示在10%、5%、1%水平上显著，括号中为t值。

二、0.9%管制强度下实际待遇的安全效应

表4－9为企业平均缴纳工伤保险费率要控制在0.9%情况下，实际工伤保险待遇的提高对于工伤率影响的门槛面板模型回归结果。其中，第2列为单门槛回归结果，门槛值为0.02%。平均工伤保险费率在［0，0.02%）时，安全效应系数为负且在1%检验水平下显著；在区间［0.02%，1）时，安全效应系数为正且在10%检验水平下显著。第3列为双门槛回归结果。门槛值分别为0.02%和0.13%。平均工伤保险费率在［0，0.02%）时，安全效应系数为负且在1%检验水平上显著，实际工伤保险待遇每提高1%，工伤率就下降0.2570百分点；在区间［0.02%，0.13%）时，安全效应系数为正且在5%检验水平上显著，实际工伤保险待遇每提高1%，工伤率就增加0.1404百分点；在区间［0.13%，1）时，安全效应系数符号为正且不显著。与0.9%管制强度下预期工伤保险待遇的安全效应类似，仅存在一个门槛值，进一步证明提高待遇对于降低事故具有预防作用。

表4－9　　实际工伤保险待遇的安全效应（0.9%）

变量	(1)	(2)
Threshold	$m_1=0.02\%$	$m_1=0.02\%$，$m_2=0.13\%$
$[0, m_1)$	−0.2967*** (−4.60)	−0.2570*** (−3.78)
(m_1, m_2)	0.0985* (1.87)	0.1404** (2.45)

续表

变量	(1)	(2)
$(m_2, 1]$		0.0754 (1.40)
$\log W_{it}$	0.0625 (1.07)	0.0689 (1.18)
CR_{it}	7.9407 (1.48)	8.3637 (1.56)
MR_{it}	-5.4453 ** (-2.36)	-5.5490 ** (-2.41)
ER_{it}	0.6863 (1.22)	0.6431 * (1.15)
WR_{it}	-1.7262 ** (-2.39)	-1.7020 ** (-2.36)
UR_{it}	0.4254 ** (2.18)	0.3906 ** (2.00)
SER_{it}	0.2366 (0.32)	0.2676 (0.36)
SIR_{it}	0.0021 (0.01)	-0.6615 (-0.18)
JJ_{it}	-0.0721 (-0.33)	-0.0446 (-0.20)
Constant	0.8700 (1.47)	0.9147 (1.55)
Observations	341	341
R-squared	0.0010	0.0237
F-test	34.50 ***	28.39 ***
Year fixed effects	Y	Y
Individual fixed effect	Y	Y

注：*、**、*** 分别表示在10%、5%、1%水平上显著，括号中为t值。

三、0.75%管制强度下实际待遇的安全效应

表4-10为企业平均缴纳工伤保险费率要控制在0.75%情况下，实际工伤保险待遇的提高对于工伤率影响的门槛面板模型回归结果。其中，第2列为单门槛回归结果，门槛值为0.02%。平均工伤保险费率在［0，0.02%）时，安全效应系数为负且在1%检验水平下显著；在区间［0.02%，1）时，安全效应系数正且不显著。第3列为双门槛回归结果。门槛值分别为0.02%和0.11%。平均工伤保险费率在［0，0.02%）时，安全效应系数为负且在1%检验水平下显著，实际工伤保险待遇每提高1%，工伤率就下降0.3687百分点；在区间［0.02%，0.11%）时，安全效应系数为正且在1%检验水平上显著，实际工伤保险待遇每提高1%，工伤率就增加0.1651百分点；在区间［0.11%，1）时，安全效应系数符号为正且不显著。与0.75%管制强度下预期工伤保险待遇的安全效应类似，也仅存在一个门槛值，不过预期待遇对事故发生率下降的影响程度更大。

表4-10　　　实际工伤保险待遇的安全效应（0.75%）

变量	(1)	(2)
Threshold	$m_1=0.02\%$	$m_1=0.02\%$，$m_2=0.11\%$
$[0, m_1)$	-0.4251*** (-7.22)	-0.3687*** (-6.14)
(m_1, m_2)	0.0916 (1.95)	0.1651*** (3.26)
$(m_2, 1]$		0.0452 (0.94)
$\log W_{it}$	0.0638 (1.23)	0.0733 (1.14)
CR_{it}	7.0159 (1.47)	7.5882* (1.62)
MR_{it}	-5.7055** (-2.78)	-5.9989** (-2.98)

续表

变量	(1)	(2)
ER_{it}	0.4485 (0.89)	0.3184 (0.65)
WR_{it}	-0.6840 (-1.05)	-0.3922 (-0.61)
UR_{it}	0.3850** (2.22)	0.3149* (1.84)
SER_{it}	-0.1086 (-0.16)	-0.0653 (-0.10)
SIR_{it}	-0.3316 (-1.03)	-0.5682 (-1.75)
JJ_{it}	0.0421 (0.22)	-0.0902 (0.47)
Constant	0.8100 (1.53)	0.8800 (1.69)
Observations	341	341
R-squared	0.0001	0.0470
F-test	46.10***	40.16***
Year fixed effects	Y	Y
Individual fixed effect	Y	Y

注：*、**、*** 分别表示在10%、5%、1%水平上显著，括号中为t值。

四、不同管制强度下预期与实际待遇的安全效应比较

由表4-11可见，无论在1%、0.9%还是0.75%的管制强度下，预期工伤保险待遇的提高对于降低工伤率的激励作用都远超过实际待遇的安全效应，且下降程度超过近1个百分点。与预期工伤保险待遇的安全效应相比，在不同管制费率下，实际待遇的提高对于采矿业效果显著，女性职工占比的增加显著降低了工伤事故率，且降低程度均小于预期待遇下的安全效应。但是教育占比的提高增加了工伤率，建筑业占比也与工伤率呈正比的关系，且工资成本效应不显著。合理

的解释是：第一，集中大量农民工的建筑行业，因农民工主观预防意识不强，工伤率依然严峻。第二，刚性增加的工伤保险待遇水平没有受伤医疗成本的增速快，可能是造成劳动者工资与事故率关系不显著的原因。第三，由于道德风险的存在，教育可能增加了受伤劳动者获取更高待遇水平的投机机会。

表 4－11　　不同管制强度下预期与实际待遇的安全效应比较

类型	预期工伤保险待遇的安全效应			实际工伤保险待遇的安全效应		
	0.75%	0.9%	1%	0.75%	0.9%	1%
低门槛区间	[0，0.02%)	[0，0.02%)	[0，0.02%)	[0，0.02%)	[0，0.02%)	[0，0.02%)
低门槛安全效应	-0.8996*** (-11.50)	-0.6067*** (-7.23)	-0.5959*** (-7.03)	-0.3687*** (-6.14)	-0.2570*** (-3.78)	-0.2580*** (-3.80)
中门槛区间	[0.02%，0.11%]	[0.03%，0.13%]	[0.03%，0.15%]	[0.02%，0.11%]	[0.03%，0.13%]	[0.03%，0.15%]
中门槛安全效应	0.0191 (0.34)	0.0602 (0.95)	0.0758 (1.16)	0.1651*** (3.62)	0.1404** (2.45)	0.1413** (2.45)
高门槛区间	(0.11%，1]	(0.13%，1]	(0.15%，1]	(0.11%，1]	(0.13%，1]	(0.15%，1]
高门槛安全效应	-0.0996** (-2.15)	-0.0401 (-0.74)	-0.0402 (-0.75)	0.0452 (0.94)	0.0754 (1.40)	0.0719 (1.16)

注：**、*** 分别表示在5%、1%水平上显著，括号中为t值。

综合预期待遇与实际待遇的安全效应实证结果可知，随着工伤保险费率的提高，工伤预防的安全效应逐渐降低直至不显著，且当政府实施低费率时，工伤保险待遇降低工伤事故率的程度相比于实施高费率时更大。在相同的费率口径内，实际工伤保险待遇与工伤事故率呈现“U”形变动关系。那么，中国工伤预防在实际执行过程中是否已经达到最佳安全效应的临界点？实际工伤保险待遇相比预期工伤保险待遇的样本取值而言，政府提供的预期工伤保险待遇大于劳动者实际获得的待遇水平，提高了劳动者的预期收益，这可能会引发索赔率增加，表现出虚高的工伤事故率。同时，企业可能为了降低控制工伤风险的成本，缩短劳动者享受待遇的期限，造成了实际工伤保险待遇小于预期工伤保险待遇水平。若道德风险存在，那么实际工伤保险待遇与工伤事故率呈现的“U”形右侧的变动关系将不成立。

在不同费率口径内，政府实施过低水平的工伤保险费率时，工伤预防管制将降低企业进行工伤预防的动力。企业通过优化安全健康管理系统、开发员工培训以及增加教育项目等来改善安全工作环境，显著增加了生产成本，会诱发转移或降低安全投入成本等主观不重视工伤预防的现象，使得劳动者承受事故成本相对增加，特别是易发生工伤事故的采矿业和建筑行业（O'Toole，2002；Fernández - Muñiz et al.，2009；Yu et al.，2017）。此时，劳动者安全权益得不到保障，会增加其为了获得补偿而采取延长工伤恢复期的行为。政府实施工伤保险费率过高时，预期工伤保险待遇的提高对于工伤事故率的影响不显著，且出现安全系数符号转为正的情形。这可能归因于企业无法通过提高生产效率来降低改善安全工作环境所需的生产成本（Ambec et al.，2013）。此时，劳动者安全权益得到充分保障，企业为规避高生产成本，可能出现降低上报事故率的行为，最终会诱发道德风险。

第五节　低安全效应的内在作用机理

一、机理分析与模型构建

基于前述理论与实证结果分析，在高水平的工伤保险费率下，劳动者或企业的行为可能引发的道德风险是造成工伤保险待遇提高，进而使取得的预防事故安全效应逐渐下降直至不显著现象的主要原因。巴特勒和沃拉尔（Butler & Worrall，1991）提出在工伤保险费率一定的情况，如果预期保险待遇水平提高10%，实际保险待遇水平也相应提高10%，工伤率和索赔期限没有增加，存在均衡安全水平；如果预期保险待遇水平提高10%，工伤率和索赔期限发生变化，使得实际保险待遇水平没有同比例增加，则存在道德风险，降低安全效应。

高水平的保险待遇福利意味着事故成本的降低，一方面，劳动者愿意承受一定风险成本时，工伤事故将引发不同程度的工伤，导致真实工伤率上升；另一方面，劳动者愿意受伤的倾向程度被增大，结果索赔申请频率或延长受伤待遇补偿期限被提高，导致名义工伤率上升（Card & McCall，2009）。此外，预期工伤保险待遇的提高意味着企业预防事故的成本上升，企业可能拒绝劳动者的保险待遇申请，导致名义伤害率下降。同时，企业严控受伤劳动者保险待遇申请的口径，可能将真实工伤保险待遇申请者遗漏或缩短劳动者享受保险待遇的补偿期限，导致真实伤害率上升（Dionne & St - Michel，1991；Biddle，2003）。

据此，本章借鉴郭和伯顿（2010）提出的道德风险存在的判断标准并建立预期工伤保险待遇与实际工伤保险待遇的关系如下：

$$AB = IR \times D \times EB \quad (4-8)$$

其中，AB 为实际工伤保险待遇，IR 为工伤率，D 为工伤保险待遇补偿期限，EB 为预期工伤保险待遇。两边取对数并对 EB 求偏导得：

$$\frac{\partial \ln AB}{\partial \ln EB} = \frac{\partial \ln IR}{\partial \ln EB} + \frac{\partial \ln D}{\partial \ln EB} + 1 \quad (4-9)$$

令$\frac{\partial \ln AB}{\partial \ln EB} = \varepsilon_b$，$\frac{\partial \ln IR}{\partial \ln EB} = \varepsilon_{ir}$，$\frac{\partial \ln D}{\partial \ln EB} = \varepsilon_d$，则式（4-9）可以表达如下：

$$\varepsilon_b = \varepsilon_{ir} + \varepsilon_d + 1 \quad (4-10)$$

其中，ε_b 为工伤收益边际弹性，ε_{ir}为工伤率边际弹性，ε_d 为工伤期限边际弹性。如果 $\varepsilon_{ir} > 0$，$\varepsilon_d > 0$ 且 $\varepsilon_b > 1$，就证明主要存在劳动者道德风险。如果 $\varepsilon_{ir} < 0$，$\varepsilon_d < 0$ 且 $\varepsilon_b < 1$，则证明主要存在企业道德风险。三个弹性如果出现其他情况，将无法判定道德存在与否。因此，根据机理的分析建立如下评估模型，此时的控制变量 X_{it}不包括保险费率变量：

$$\log IR_{it} = \theta_0 + \theta_1 \log EB_{it} + \theta_3' X_{it} + \eta_{it} \quad (4-11)$$

$$\log AB_{it} = \lambda_0 + \lambda_1 \log EB_{it} + \lambda_3' X_{it} + \gamma_{it} \quad (4-12)$$

二、低安全效应的估计方法

表4-12为对式（4-11）和式（4-12）进行组间异方差、同期相关以及组内自相关的检验结果。从表4-12中可知，式（4-11）和式（4-12）不存在组间异方差、同期相关，但存在组内自相关，此时采用OLS回归会使得估计偏误。为了提高估计效率，同时克服普通面板模型中可能存在的组间异方差、同期相关以及组内自相关的情形，本章采取全面FGLS方法进行估计。

表4-12　　组间异方差、同期相关以及组内自相关的检验结果

类型	项目	组间异方差	组内自相关	组间同期相关
	检验方法	Wald test	Wooldridge test	Friedman's test
式（4-11）	原假设	H_0：$\delta_i^2 = \delta^2$ $(i=1, \cdots, n)$	H_0：$Cov(\varepsilon_{it}, \varepsilon_{is}) = 0$ $(t \neq s)$	H_0：$Cov(\varepsilon_{it}, \varepsilon_{jt}) = 0$ $(i \neq j)$

续表

类型	项目	组间异方差	组内自相关	组间同期相关
	检验方法	Wald test	Wooldridge test	Friedman's test
ε_{ir}	结果	chi2(31) = 2070.22 Prob > chi2 = 0.0000	F(1, 30) = 395.993 Prob > F = 0.0000	F = 11.021 P = 0.9994
式（4－12）	检验方法	Wald test	Wooldridge test	Friedman's test
ε_b	原假设	$H_0: \delta_i^2 = \delta^2$ $(i = 1, \cdots, n)$	$H_0: Cov(\varepsilon_{it}, \varepsilon_{is}) = 0$ $(t \neq s)$	$H_0: Cov(\varepsilon_{it}, \varepsilon_{jt}) = 0$ $(i \neq j)$
结果		chi2(31) = 847.23 Prob > chi2 = 0.0000	F(1, 30) = 29.004 Prob > F = 0.0000	F = 8.557, P = 1.0000

注：基于篇幅，本章仅披露了主模型式（4－11）与式（4－12）的 FGLS 估算结果。

三、企业事前与事后道德风险的边际弹性

表4－13为工伤率边际弹性的估计结果。第2列为不加任何控制变量的回归估计结果。第3、4、5列加入控制变量并将反映工伤程度的指标依次变为一至四级伤残占比、五至六级伤残占比及七至十级伤残占比进行回归，且均在1%检验水平下显著①。工伤率边际弹性系数基本一致，约为－0.2，但随着工伤程度的减弱，弹性系数越来越大。即预期待遇的提高对于预防最严重工伤等级的安全效应显著。采矿业与建筑业的工伤率因预期工伤保险待遇的提高显著下降；中部与西部地区相对东部地区，高风险行业占比大，预期工伤保险待遇对于预防事故效果依然是积极的。

表4－13　　工伤率边际弹性（ε_{ir}，$\log IR_{it}$）

变量	(1)	(2)	(3)	(4)
$\log EB_{it}$	－0.1727*** (0.0177)	－0.1619*** (0.0173)	－0.1615*** (0.0211)	－0.1874*** (0.0232)
$\log W_{it}$		0.1611 (0.2369)	0.1388 (0.2351)	0.1479 (0.2169)

① 一级伤残为最严重的工伤，依次递减，十级伤残为最轻的工伤。

续表

变量	(1)	(2)	(3)	(4)
CR_{it}		-14.2596*** (2.1390)	-14.1285*** (1.9931)	-14.0305*** (1.8900)
MR_{it}		-10.1868*** (1.0017)	-9.5089*** (1.0357)	-8.2479*** (0.9722)
ER_{it}		-0.9065 (0.5524)	-0.5966 (0.0598)	-0.7160 (0.5146)
WR_{it}		-0.2492 (1.0078)	0.1201 (0.9781)	-0.4413 (0.8485)
UR_{it}		0.4043** (0.1725)	0.4223** (0.1725)	0.4333** (0.1529)
SER_{it}		-3.0232*** (0.6492)	-2.8238*** (0.6916)	-2.8738*** (0.6564)
SIR_{it}		1.0979** (0.3974)		
MIR_{it}			0.3164 (0.3886)	
$SLIR_{it}$				1.0462*** (0.3081)
JJ_{it}		-0.9461** (0.4372)	-0.8778* (0.4521)	-0.6722 (0.4693)
Areadummy2	-0.1955*** (0.0467)	-0.2973*** (0.892)	-0.2687** (0.0898)	-0.1956** (0.0887)
Areadummy3	0.5549*** (0.0300)	0.2001*** (0.0618)	0.2526*** (0.0624)	0.2872*** (0.0539)
Constant	2.4442 (0.9166)	3.7782 (1.1691)	3.7454 (1.1993)	3.5813 (1.1317)
Observations	341	341	341	341

续表

变量	(1)	(2)	(3)	(4)
Wald chi2(P)	480.21 (0.0000)	1803.87 (0.0000)	1668.67 (0.0000)	1724.40 (0.0000)
Year fixed effects	Y	Y	Y	Y
Individual-fixed effect	Y	Y	Y	Y

注：*、**、*** 分别表示在 10%、5%、1% 水平上显著，括号中为稳健性标准差。

表 4－14 为工伤收益边际弹性的估计结果。第 2 列为不加任何控制变量的回归估计结果。第 3、4、5 列加入控制变量并将反映工伤程度的指标依次变为一至四级伤残占比、五至六级伤残占比及七至十级伤残占比进行回归，且在 1%、1%，5% 检验水平下显著。工伤收益边际弹性系数基本一致，约为 －0.1，但随着工伤程度的减弱，弹性系数越来越大。预期工伤保险待遇与实际工伤保险待遇未同比例增长。工伤认定变量均在 1% 的检验水平下显著。其中，工伤认定的难易对实际工伤保险待遇具有积极影响，说明政府在工伤认定与劳动能力鉴定环节的管理会影响受伤劳动者的实际收益。

表 4－14　工伤收益边际弹性（ε_b，$\log AB_{it}$）

变量	(1)	(2)	(3)	(4)
$\log EB_{it}$	－0.0818*** (0.0176)	－0.1111*** (0.0176)	－0.1075*** (0.0202)	－0.1333*** (0.0221)
$\log W_{it}$		0.0685 (0.1386)	0.0640 (0.1351)	0.0776 (0.1358)
CR_{it}		－3.6648** (1.4918)	－3.6946** (1.4747)	－3.5500** (1.4748)
MR_{it}		1.1595 (1.2555)	1.1175 (1.2477)	2.1593* (1.2532)
ER_{it}		1.3952*** (0.3291)	1.3833*** (0.2820)	1.3534*** (0.2777)
WR_{it}		0.6960 (0.6590)	0.7462 (0.6327)	0.4254 (0.6939)

续表

变量	(1)	(2)	(3)	(4)
UR_{it}		−0.3788** (0.1580)	−0.3834** (0.1563)	−0.3643** (0.1549)
SER_{it}		0.6653* (0.3927)	0.7074* (0.4253)	0.6016 (0.4050)
SIR_{it}		0.0486 (0.4049)		
MIR_{it}			−0.1727 (0.3622)	
$SLIR_{it}$				0.7377** (0.2635)
JJ_{it}		0.3427*** (0.2157)	0.3255 (0.2088)	0.5134** (0.2448)
Areadummy2	−0.1538*** (0.0302)	−0.0981** (0.0470)	−0.1027** (0.0464)	−0.0387 (0.0541)
Areadummy3	−0.2129*** (0.0408)	0.2084** (0.0773)	0.2048** (0.0746)	0.2416*** (0.0729)
Constant	5.1290 (0.9599)	4.4455 (0.7718)	4.4523 (0.7745)	4.3191 (0.7817)
Observations	341	341	341	341
Wald chi2(P)	342.08 (0.0000)	553.75 (0.0000)	509.21 (0.0000)	610.45 (0.0000)
Year-fixed effects	Y	Y	Y	Y
Individual-fixed effect	Y	Y	Y	Y

注：*、**、*** 分别表示在 10%、5%、1% 水平上显著，括号中为稳健性标准差。

基于机理分析的判定标准，工伤率边际弹性（ε_{ir}）在表 4－13 中模型 2、模型 3 和模型 4 中系数均小于 0，工伤收益边际弹性（ε_b）在表 4－14 中模型 2、模型 3 和模型 4 中系数均小于 1。根据式（4－10），相应的工伤期限边际弹性均小于 0，则推断在高水平的保险费率下，工伤保险待遇的提升主要会引发以企业为主导的道德风险。该结果与郭和伯顿（2010）研究中工伤收益边际弹性相似，都显著小于1，但安全效应可能抵消真实的受伤率，使得其伤害率边际弹性不显著，而本章中工伤率边际弹性显著小于0，结果说明企业的事前道德风险无法消除企业事后道德风险，慷慨的工伤保险待遇政策可能使得真实工伤事故发生率上升（见表4－15）。

表4－15　企业主导的事前与事后道德风险

伤残等级	ε_b	ε_{ir}	ε_d
一至四级	－0.111	－0.162	－0.949
五至六级	－0.106	－0.162	－0.944
七至十级	－0.133	－0.187	－0.946
	$\varepsilon_b<1$	$\varepsilon_{ir}<0$	$\varepsilon_d<0$
	企业道德风险		
总企业道德风险 $[(-\varepsilon_{ir})+\varepsilon_d]$		企业事前道德风险 (ε_{ir})	企业事后道德风险 (ε_d)
－0.787		－0.162	－0.949
－0.782		－0.162	－0.944
－0.759		－0.187	－0.946

企业道德风险的存在被证实，表明上一节实证分析中实际工伤保险待遇与工伤事故率的“U”形右侧的变动关系不成立。依据理论分析得出，目前中国工伤预防呈现“重补偿，轻预防”的现状，造成偏重于关注劳动者受伤后的效用，而忽略企业安全生产状况和安全管理投入的改善，结果导致企业和劳动者最低总规避事故成本增加，工伤保险待遇与工伤事故率的变动关系位于“U”形左侧。如果政府下调的工伤保险费依然在基普和济科豪瑟（Kip & Zeckhauser，1979）提出的最佳安全水平临界点的保险费率之上，则以企业为主导的道德风险将依然存在。因为政府实施严格的工伤保险费率与刚性增加的待遇政策，在改善劳动者安全工作环境后，增加了企业生产成本。若预防政策依然偏重于工伤保险待遇的补偿效应，则现阶段生产率增速下降的中国工业企业将无法通过技术创新内部化其管制成本（胡务等，2017）。

第六节　本章小结

本章采用2006～2016年省级行业及地区面板数据，通过构建综合工伤保险费率指标，使用门槛模型评估了工伤保险待遇对于降低工伤率而取得的安全效应。研究发现：随着政府管制程度的加深，高福利的工伤待遇对于预防事故的安全效应逐渐下降，当保险费率超过0.15%时，安全激励系数不再显著，甚至出现符号相反的情况。根据均衡安全水平理论，进一步建立FGLS模型，从企业和工人行为所引发的道德风险探究安全效应低的内在作用机理。研究进一步发现：工伤率边际弹性小于0、期限边际弹性小于0且收益边际弹性小于1时，主要存在企业道德风险，工伤待遇的安全效应只在一定程度上抵消真实受伤效应。企业道德风险降低了工伤保险待遇预防事故的安全效率，事前名义道德风险不仅无法消除事后真实道德风险，反而加剧了企业道德风险程度，造成实际工伤率上升。研究结论：在阶段性降低保险费率的背景下，工伤保险待遇刚性增加的政策使得企业存在以减少劳动者安全效应换取短期经济效应的行为。

基于以上发现，本章针对企业工伤预防内在激励动力进行进一步讨论。依据工伤预防管制的发展轨迹，随着政府工伤预防管制进一步强化，企业提升职业安全环境的成本增加，其获取经济效应的空间随之降低，企业会希望放松工伤保险费率管制。目前中国也进入降低工伤保险费率、增大企业预防动力的调整阶段。然而，相比于不同风险行业，无论是基本费率还是浮动费率，若划分档次不够细化，就会使得高费率等级企业的工伤预防工作更多表现为“搭便车”。因为相同工伤保险待遇的增加，只增大了低费率等级企业控制工伤率的激励动力。若无其他配套措施，仅依靠降低工伤保险费率的政策，在工伤保险待遇刚性增加的政策下，短期内将难以解决企业安全预防激励动力不足的问题。

通过工伤保险待遇的安全效应评估，本章得到以下启示：

遏制企业主导的道德风险的根本途径是：完善工伤预防管制机制，激发企业进行安全技术创新，降低企业缴纳工伤保险费与补偿受伤工人待遇构成的企业工伤保险成本；降低工伤保险费率帮助企业减少劳动力损失和生产成本，促进企业经济发展。如果下降幅度过大，工伤保险待遇就起不到预防效用，而下降幅度过小，又会扭曲企业安全投资行为。适宜的工伤保险费率结合适宜的工伤保险待遇水平才能获得最佳的安全水平。除了降低保险费率之外，完善工伤保险待遇制度尤为重要。特别是工伤待遇的前置程序的管理。因此，在不完全信息与预防资源约束下，首先应划分好各主体责任，通过制定科学的工伤保险费率机制，形成规避企业道德风险的内部激励动力；其次，从规避企业道德风险的外部环境出发，构建适宜的监管组织机构来完善工伤预防管制；最后，加强企业安全技术革新，从根本上规避企业道德风险，如建立数据共享平台，加强部门之间协作，强化事故调查与工伤认定管理等，这关系着发展经济与预防事故中的社会效益与公平，进而促进工伤保险制度可持续发展。

第五章

基于经济效应视角中国工伤预防管制改革的效率评估

工伤预防作为激励企业保护职工健康和维护安全生产环境的经济手段，被认为是迄今为止最具影响力的政府管制（Viscusi，1996）。2003 年中国政府颁布《工伤保险条例》至 2017 年，全国伤亡事故减少 91.1 万起，死亡人数减少 7.8 万人①；覆盖范围从 0.46 亿人扩大到 2.27 亿人，待遇享受人数从 32.9 万人增加至 162.8 万人②，职业安全健康工作取得一定成效。然而，在我国经济增长速度放缓、产业结构调整和发展方式转变的新常态下，面对越来越多企业抱怨严格管制造成经济负担，政府在强调职业安全健康改善的社会安全效益的同时，兼顾企业当前支付能力的考虑，先后在 2015 年 10 月、2018 年 5 月、2019 年 5 月连续三次阶段性下调了工伤保险费率，帮助企业降低生产成本。那么，采取放松严格工伤预防管制策略是否可以改变企业支付乏力的现状，严格的政府管制对于工业企业经济运行成本、生产效率以及工业化进程是否有不利影响？关于这些问题的争论未曾停过，其中，对“波特假说”讨论最为激烈。

传统经济学家指出，政府实施的职业安全健康管制对于改善职工健康是有益的，但对企业的经济增长是一种负担。由于来自政策的压力，企业将生产性资源的分配比例向改善安全与卫生方面倾斜，从而降低企业的生产率和市场竞争力

① 2003～2017 年《全国安全生产事故通报》。

② 2003～2017 年《中国统计年鉴》。

(Stigler, 1971; Peltzman, 1976)。而波特(1991)提出严格且适宜的管制能够引发技术创新进而达到经济增长、改善安全环境的“共赢”局面。例如，企业通过改善安全生产技术，降低伤亡事故则意味着节省劳动力资源，可能会促进生产率的增加。阿什福德(1985, 1993, 1997)的研究进一步证实了波特的观点，并强调采用传统成本—收益的方法来评估企业技术创新，可能会低估管制所带来的收益与高估保护工人的成本。然而，新古典经济学家对管制促进经济增长的路径提出质疑，认为职业安全健康和环境管制加强了非生产性的投资(R&D 资源)且管制只会拖累技术创新(Jaffe et al., 1995)。他们提出正是 R&D 资源的转移，促进了经济的增长。因为在管制过程中技术常常发生变化(Giuri et al., 2007)，技术创新所带来的收益是不确定的，所以管制引发的技术创新是非必须的(Crain & Crain, 2010; Francisco & Juan, 2010)。此外，企业对于新管制的回应增加了额外成本，这些成本来自向相关机构进行报备而产生的记录和报告，减少了在非生产性资源上的投资(Andrew Hale et al., 2015)。面对这些争论，阿姆贝克(2013)通过梳理20年多年关于“波特假说”理论与经验研究，否定了上述认为“波特假说”不可信的研究。他认为这些研究没有考虑到“波特假说”理论实现的五大前提条件。如果理论的五大前提条件被满足，严格且适宜的管制就可以达到双赢局面。

为此，本章采用工伤保险费率作为政府管制程度的代理指标，评估现阶段政府管制强度对于工业企业全要素生产率的影响，不仅可以帮助澄清管制经济效应理论上的分歧，且可以为降低保险费率而进行工伤保险供给侧改革提供新视角。

第一节　双重差分模型构造

一、双重差分模型选择依据

自从可以将工作相关风险的不良后果用货币量化，评估政府实施的安全健康管制政策效果后，学者展开了大量职业安全健康管制和企业全要素生产率增长的定量研究。克里斯廷森和哈夫曼(Christainsen & Haveman, 1981)通过选取累积的立法量、管制过程的真实花费及从事管制活动的全职人数作为管制程度指标，发现制造业的劳动生产率下降超过10%。鲁滨孙(1995)将管制遵从成本纳入，投入变量来构造生产力指数，发现严格的管制会使生产率降低，并且得出环境和安全健康管制对生产率具有类似定性的影响。有趣的是，杜富尔（Dufour，1998）分析了职业安全健康和环境管制对全要素生产率（TFP）增长的影响，发现职业安全与卫生的预防政策导致产业生产率增长速度降低，而强制性预防计划和违反职业安全与卫生规则的罚款导致生产率增速的增加。近期的研究改进了管制指标与数据，道森（Dawson，2007）将联邦管制立法页数作为估计变量加入估计模型中，发现管制对于企业经济绩效（以私人公司产出、劳动服务部门时间、私人资本服务为衡量）存在负效应，使得生产率下降 0.24%。道森和西特（Dawson & Seater，2013）进一步改进了测量联邦管制程度的时间序列模型，同样加入了联邦管制立法的页数变量并采用跨国数据，发现管制导致产出和全要素生产率的增长率大幅度下降。

通过上述职业安全健康管制和生产率之间关系的理论和实证分析，本章提出中国工伤预防管制和企业全要素生产率增长之间也应当呈现负相关关系的假设。值得注意的是，评估工伤预防管制和企业全要素生产率增长的大多数实证研究是从如何测量管制所引起的成本与收益角度展开的，可是实际中难以直接获得工伤预防管制的成本与收益测量值，而且管制对经济效率的测算选取指标也可能存在偏差和遗漏，比如市场经济下医疗服务价格的不统一，使得工伤事故率或职工患病率降低的经济价值测算没有统一标准。于是，选取一个合适的工具来评估管制对经济的影响至关重要，本章选用双重差分模型（Rajan et al.，1998）来评估工伤预防管制与企业全要素生产率增长之间的相关关系，优点在于它克服了计量经济学中遗漏变量和不利因果关系的问题，在应用经济学中被广泛使用。

二、双重差分基本模型

企业生产率若因 2011 年中国《工伤保险条例》（WRII2011）的修订而提高，就说明工伤预防管制已实现企业经济增长，若企业生产率因 2011 年中国《工伤保险条例》（WRII2011）的修订而降低，就说明工伤预防管制造成了企业经济负担。WRII2011 前后，企业生产率的变化为本章研究提供了一个随机自然实验。为此，建立以下两组模型：

$$tfpgrowth_{it} = \alpha + \gamma D_t + \beta x_{it} + \mu_i + \varepsilon_{it},\ i=1,\ \cdots,\ N,\ t=1,\ 2 \qquad (5-1)$$

其中，D_t 为 2007～2014 年期间的虚拟变量，$D_t=1$，$t=1$ 表示 WRII2011 修订之后的时期（2011～2013 年）；$D_t=0$，$t=1$ 表示 WRII2011 修订之前的时期（2008～2010 年），μ_i 为不可观测的个体特征，WRII2011 修订的虚拟变量为：

$$x_{it}=\begin{cases}1, & 若\ i\in 实验组，且\ t=2\\0, & 其他\end{cases} \tag{5-2}$$

当 $t=1$（2008～2010 年），实验组与控制组没有差异，x_{it} 均为零。当 $t=2$（2011～2013 年），实验组 $x_{it}=1$，而控制组为零。如果 WRII2011 前后企业生产率的变化未能完全的随机化，x_{it} 就可能 μ_i 相关，使得 OLS 估计不一致。因此，将式（5－1）进行一阶差分（即第 2 期减去第 1 期），以消掉 μ_i 的估计影响：

$$\Delta tfpgrowth_i=\gamma+\beta x_{i2}+\Delta\varepsilon_i \tag{5-3}$$

此时 OLS 估计就可以得到一致的估计结果。同理可知：

$$\begin{aligned}\hat{\beta}_{OLS}&=\Delta tfpgrowt\bar{h}_{treat}-\Delta tfpgrowt\bar{h}_{control}\\&=(tfpgrowt\bar{h}_{treat,2}-tfpgrowt\bar{h}_{treat,1})-(tfpgrowt\bar{h}_{control,2}-tfpgrowt\bar{h}_{control,1})\end{aligned} \tag{5-4}$$

为了更直观表达 WRII2011 修订政策对企业生产率的影响，见图 5－1。其中，为了简化图形，令 $y=tfpgrowt\bar{h}$。$\hat{\beta}_{DD}$ 是双重差分估计量，反映了 WRII2011 的修订对于工伤风险高的企业生产率增长率的平均影响。

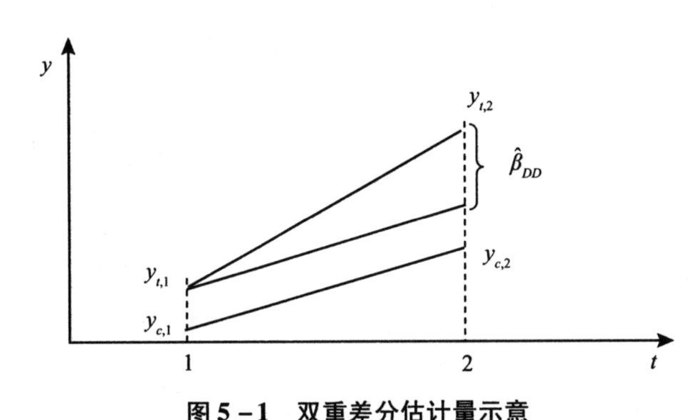

图 5－1　双重差分估计量示意

三、微观经济全要素生产率趋势

企业层面全要素生产率作为微观活动反映宏观层面因技术进步的经济效率研究越来越得到重视。一方面，政府实施不同管制政策可能会造成企业间全要素生产率差异化的影响。施震凯等（2018）研究发现改善交通基础设施提高了企业当前全要素生产率。而钱雪松等（2018）利用沪深 A 股上市公司数据，发现实施产业政策却降低了当前企业全要素生产率。因国别政策差异，谢菲和克罗（Hsieh & Klenow，2009）发现中国企业平均全要素生产率的增速是印度的 5 倍之多。此外，管制政策还造成了企业当期全要素生产率与滞后一期全要素生产率的差异。若考虑政策当期与滞后的叠加效应，企业间全要素生产率的增长最大可造成1.92倍的差距（Syverson，2004；Haltiwanger & Syverson，2008）。另一方面，企业管理能力、技术运用、人力资本和外部监管都与企业生产率增长之间存在因果关系，也是企业间全要素生产率存在差异的原因（Bartelsman & Doms，2000）。总之，从相关研究可见，影响企业内部与外部的因素，被认为是造成企业层面全要素生产率差异化的主要原因。

西弗森（Syverson，2004，2011）进一步提出企业间的全要素生产率存在着巨大的差异，且这种差异并不会随着时间而消减，并呈现持续且永久的状态。西弗森通过建立实证模型检验竞争性的市场结构是美国高需求生产力市场比低需求生产力市场具有更高平均生产率的原因。在高需求生产力市场中，工厂规模更大，且拥有更多的客户，需要更多的生产服务商。在一个相对大且固定的市场区域内，完善的具体设施导致了更多可替代性产出的买家。高替代性和激烈的竞争压力使得低效率的工厂无法盈利，迫使更换供应商。绩效不佳的生产商由于无生产能力，被迫停业甚至导致工厂停产。因此，从长期均衡产量分布可以得出，在更大规模的竞争市场中，生产力分散程度较低，拥有较高平均生产力的工厂占据更大的市场份额。

然而，简泽（2011）与简泽和段永瑞（2012）基于斯密—阿罗的逃离竞争效应与熊彼特假说的创新租金的消散理论，提出产业层面的因素是推动企业间全要素生产率收敛的重要力量，认为中国工业企业生产率存在很大差异，但是，这种差异并不持久而表现出收敛的特征。根据简泽等披露的数据显示，1998～2007年，中国制造业企业全要素生产率增速基本保持在12%，并呈现负偏与长尾特征，且随着时间的推移逐渐形成标准的正态分布。进一步通过Galton－Markov回归，他们发现几乎所有平均滞后一期的全要素生产率的估计系数全都在1%水平上显著小于1，即中国制造业企业全要素生产率呈现β收敛趋势（见表5－1）。

表5－1　制造业企业全要素生产率的分布

年份	企业全要素生产率的分布			企业全要素生产率的方差	正态分布检验
	均值	方差	偏度	产业内方差	偏态建议（P值）
1998	5.32	1.97	-0.78	1.43	0.000
1999	5.44	1.94	-0.79	1.42	0.000
2000	5.52	1.82	-0.74	1.35	0.000

续表

年份	企业全要素生产率的分布			企业全要素生产率的方差	正态分布检验
	均值	方差	偏度	产业内方差	偏态建议（P值）
2001	5.63	1.67	-0.67	1.35	0.000
2002	5.76	1.59	-0.62	1.26	0.000
2003	5.88	1.50	-0.61	1.23	0.000
2004	5.81	1.45	-0.33	1.17	0.000
2005	6.02	1.36	-0.19	1.08	0.000
2006	6.13	1.34	-0.09	1.08	0.000
2007	6.26	1.32	-0.07	1.07	0.1044

资料来源：简泽，段永瑞. 企业异质性、竞争与全要素生产率的收敛［J］. 管理世界，2012（8）：15-29.

四、重新构造双重差分模型

基于上述分析，可知在经济活动的微观层面上，中国工业企业间全要素生产率存在很大的差异，但是这种差异并不持久而表现为收敛。为了使估计WRII2011的修订对于中国工业企业全要素生产率增长率的影响更加符合实际，本章把这种差异考虑在研究中。因此，本书的实证框架建立在拉詹和津盖尔斯（Rajan & Zingales，1998）提出的双差分模型和简泽和段永瑞（2012）提出的一个标准β条件收敛的框架上，具体的估计分为如下几步：

为了考证微观事实框架的成立，即企业全要素生产率具有β条件收敛，建立如下估计模型：

$$tfpgrowth_{it}=\alpha_0+\alpha_1 tfp_{it-1}+\alpha_2' x_{it}+\mu_{it},\ i=1,\ \cdots,\ n,\ t=1,\ \cdots,\ T \quad (5-5)$$

其中，下标i和t分别代表第i个行业的第t年，α是截距或回归系数，μ_{it}是随机扰动项，$tfpgrowth_{it}$是不同企业不同年份的全要素生产率增长率，tfp_{it-1}是不同企业滞后一期的全要素生产率。企业层面的一些特征变量，包括年龄（log*age*）、财务状况（*roe*）、总资产收益率（*roa*）、盈利水平（*p*）、平均工资（log*w*）。

测量WRII2011的修订对于中国工业企业全要素生产率增长的影响时，往往政策效果要过一段时间才能呈现，而我们关心的正是中国工业企业全要素生产率增长在修订前后时期的变化。为此，将工伤风险高的企业作为处理组，工伤风险低的企业作为对照组，再根据 WRII2011 修订年份的前后，将样本分为（2008～2010 年）和（2011～2013 年）两个时期。建立如下非平衡面板双差分估计模型：

$$tfpgrowth_{it} = \theta_0 + \theta_1 du_{it} + \theta_2 dt_{it} + \theta_3 du_{it} \times dt_{it} + \varepsilon_{it}, \quad i = 1, \cdots, N, \; t = 0, 1 \tag{5-6}$$

其中，分组虚拟变量 $du=1$ 表示为处理组；分组虚拟变量 $du=0$ 表示为对照组。时间虚拟变量 $dt=1$ 表示 WRII2011 修订之后时期（2011～2013 年）；$dt=0$ 表示 WRII2011 修订之前时期（2008～2010 年）。当 $du \times dt$ 取 1 时表示实施 WRII2011 修订，企业 i 在两个时期的全要素生产率增长率的变化；当 $du \times dt$ 取 0 时表示不实施 WRII2011 修订，企业 i 在两个时期的全要素生产率增长率的变化。$du_{it} \times dt_{it}$ 系数 OLS 估计值 $\hat{\theta}_3$ 是双重差分估计量，反映了 WRII2011 的修订对于工伤风险高的企业全要素生产率增长率的平均影响。

基于式（5－5）和式（5－6），得到一个在标准的 β 条件收敛的框架下的双差分回归模型：

$$tfpgrowth_{it} = \beta_0 + \beta_1 tfp_{it-1} + \beta_2 du_{it} + \beta_3 dt_{it} + \beta_4 du_{it} \times dt_{it} + \beta_5' x_{it} + \gamma_{it}, \quad i = 1, \cdots, N, \; t = 0, 1 \tag{5-7}$$

这里值得注意的是，在式（5－7）的右边，解释变量中出现了滞后一期的全要素生产率 tfp_{it-1}，所以，模型的最小二乘估计可能存在内生性问题。借鉴阿雷拉诺和邦德（Arellano & Bond，1991）的方法，本章采用广义矩方法，通过 tfp_{it-1} 一阶差分的两期和三期滞后项当作 tfp_{it-1} 的工具变量来估计这个模型。

第二节　工业企业全要素生产率的测算

一、TFP 测算方法选择

索洛（Solow，1957）提出用经济增长核算法来估算全要素生产率，即以新古典经济理论为基础（Lucas，1988），剔除投入要素的贡献而测算 TFP 的一种指数方法，包括拉氏指数法和索洛残差法[1]。其中，拉氏指数法中假设总投入只包括劳动和资本，全要素生产率被表示为产出指数/各要素投入加权指数；根据希克斯（Hicks，1932）和鲍莫尔（Baumol，1986）提出的中性 C－D 生产函数具有稳态的理论，索洛残差法的全要素生产率增长被表示为技术进步率。经济增长核算法随后迅速被大量应用在测算 TFP 研究中，中国学者史清琪等（1986）、陈时中和桑庚陶（1986）首次采用索洛经济增长核算法，测算出 1964～1982 年中国工业企业的年平均 TFP 增速为 1.82% 或 2.23%。随后，李京文等（1998）《中国生产率分析前沿》、王小鲁等（2000）《中国经济增长的可持续性》的出版和张军等（2003）《中国的工业改革与效率变化》的发表，标志着索洛经济增长核算法测算中国工业生产率的研究进入成熟阶段。

然而，索洛经济增长核算法因所考虑的因素少且粗糙的特点，同时，无法与特定国家的实际经济运行情况紧密结合，TFP 估算值的准确性常被质疑（易刚等，2003）。随着计量经济学的发展，以经济计量模型或工具提高 TFP 测算值的精确性成为可能。该方法能够较为全面地考虑各种因素的影响，而不需要过多的前提条件。其中，前沿生产函数法及其衍生方法被广泛应用，包括参数随机前沿分析和非参数数据包络分析，此时全要素生产率基本通过技术效率提升和技术进步率来进行表达，具体如下：

$$R_{y,t} = R_{TP,t} + \Delta CR_t + R_{yx,t} \tag{5-8}$$

其中，$R_{y,t}$、$R_{TP,t}$、ΔCR_t、$R_{yx,t}$ 分别指总产出增长率、技术进步率、技术效率提升、投入要素增长率。则全要素生产率可以表达为：

$$R_{TFP,t} = R_{TP,t} + \Delta CR_t \tag{5-9}$$

进一步基于新经济地理学理论，区域间经济发展的互相影响也应该考虑在全要素生产率的估算中（Legendre，1993；Anselin，2013），使得借助状态空间模型来估计全要素生产率的隐性变量法，其估算结果更加可靠。汉密尔顿（Hamilton，1986）是最早将隐性变量法应用在经济领域的学者，随后各国学者针对本国国情展开了大量研究，主要集中在真实全要素生产率与潜在全要素生产率的差距、全要素生产率的收敛性、市场的供求与需求估计、经济市场结构是否对称等方面（Babetskii，Boone，Maurel，2004；Adrian，Cowan，Frederick，2006；Fatih & Ozkaya，2007；Özlale & Metin－Özcan，2007）。

---

[1] 具体推导过程详见：郭庆旺，贾俊雪．中国全要素生产率的估算：1979—2004［J］．经济研究，2005（6）：51－60.

二、状态空间具体模型

基于以上考虑，本章选择隐性变量法，在规模报酬不变的柯布—道格拉斯生产函数基础上，建立状态空间模型去估计全要素生产率。测量方程为：

$$y_t = tfpgrowth_t + \alpha k_t + (1-\alpha) l_t + \varepsilon_t,\ t=1,\ \cdots,\ T \tag{5-10}$$

其中，$tfpgrowth_t$ 为全要素生产率的增长率，α 是资本的弹性系数，$(1-\alpha)$ 是劳动的弹性系数，ε_t 为随机扰动项。若 $tfpgrowth_t$ 存在一个隐性变量、遵守一阶自回归过程，则状态方程为：

$$tfpgrowth_t = \rho tfpgrowth_{t-1} + \nu_t,\ t=1,\ \cdots,\ T \tag{5-11}$$

其中，ρ 为自回归系数且满足 $|\rho|<1$，υ 为白噪声序列，把全要素生产率视为一个独立的参数，从而将全要素生产率从残差中分离出来，可以剔除掉一些影响TFP估算的测算误差，同时避免了数据非平稳带来的伪回归（Sascha，2009；刘洪，昌先宇，2011）。

第三节 数据来源与变量选择

一、数据来源

本章分析建立在Wind数据库上，进行了3个方面调整：第一，为保证工伤保险费率（反映工伤预防管制指标）一致性，选取2007～2014年制造业、电力行业、建筑行业及制造业共243家上市公司财务报告数据。第二，其中，伟星股份、浔兴股份、首钢股份、天茂集团、万丰奥威、天兴仪表、一汽夏利、云内动力、青岛双星、飞马国际及A、南京中北、深圳机场、天邦股份、南风化工、广州浪奇、新乡化纤、深桑达及A、康强电子、厦门信达、超声电子、大族激光、苏州固锝、金路集团、华昌化工、久联发展、大东南这28家企业在2007～2014年内披露的年度财务报告因不可获得或数据不合逻辑，将其删除，最终选取215家企业年报数据。第三，根据企业股票代码对企业进行编码，并将企业按照不同所有制进行分类。在此基础上，利用数据库提供的原始信息，构造一些企业层面的重要变量，并在这些变量的基础上核算出企业层面的全要素生产率与工伤保险管制指标。

二、变量选择

（一）产出—投入变量

首先，本章采取收入法[①]对相关数据计算得出工业增加值（y），把以2007年为基期对各工业行业出厂价格指数进行调整后的工业增加值作为各个企业净产出水平的测度值。其次，l、k 表示企业的劳动投入和资本投入。工业上市公司财务报告披露了各个企业的年底就业人数，这里把它作为企业劳动投入的度量。对于企业的资本投入量，选用财务报告中固定资本存量作为衡量指标[②]。具体以2007年为基期将各企业各年的固定资产总值折算为实际值作为企业的资本存量。选取隐性变量法，在规模报酬不变的柯布—道格拉斯生产函数基础上，建立状态空间模型去估计全要素生产率，该方法克服了增长核算法（包括拉氏指数法和索洛残差法）中因素少且粗糙的缺陷，较为全面地考虑各种因素的影响，而不需要过多前提条件。

（二）企业层面的一些重要变量

本章构造企业所有制、资产负债率状况、资本收益情况、企业年龄、人力资本质量（Benhabib，1994；Lin et al.，2009；Moser & Voena，2012）等变量反映企业的一些重要特征。具体来说，构造国有企业、私有企业或外资企业的虚拟变量来度量各个企业所有制特征，以反映不同企业制度结构上的差异。用财务状况（roe）、总资产收益率（roa）、盈利水平（p）[③] 反映企业的负债与收益状况。每家企业的年龄依据财务报告中注册的时间进行推算。本章把企业的平均工资[④]当作衡量人力资本的质量指标并以2007年为基期，用各年的消费价格指数折算成实际值。

---

① 收入法：工业增加值 = 固定资产折旧 + 劳动报酬总额 + 生产税净额 + 营业盈余。

② 财务报告中固定资本存量的计算基于目前广泛被应用的永续盘存法（Goldsmith，1951）。

③ roe = 企业负债总计/资产总计；roa = 净利润/资产平均余额；p = 企业营业利润/主营业务收入。

④ 平均工资 = 总工资/总人数，工资包含了人均工资、人均福利费以及企业为每个员工支付的公积金、失业保险和医疗保险。

（三）工伤预防管制强度的指标选取

按照风险期望效益理论，风险补偿工资保费代表工人工作风险的价值，因此，用不同企业缴纳工伤保费的差别来表示该企业职工面临不同程度的工伤风险。我国行业工伤保险平均缴费率原则上要控制在职工工资总额的1%。因此，当企业工伤缴费率高于1%时，被认为是工伤风险高（职业安全健康环境差）的企业；当企业工伤缴费率小于1%时，被认为是工伤风险低（职业安全健康环境好）的企业。文件中规定，根据上一年度企业安全卫生状况和工伤事故、职业病的保险费用支出情况调整企业下一年度工伤保险费率，发现在实际中，工伤保险费平均缴费率是控制在职工工资总额的0.9%①。因此，本章构造不同的工伤预防管制强度指标来划分不同的控制组与处理组，进行管制强度的对比性测试。

三、变量统计描述

依据上述分析，构建了一个以215家企业为截面单元、时间跨度在2007～2014年之间的非平衡微观面板数据集，共计1290个观察值。每个观察值都包含了企业所有制、资产负债状况、资本收益情况、企业年龄、人力资本质量等方面的变量。同时，为了详细了解样本间的差异，依据不同的企业工伤缴费率水平、不同的企业所有制进行划组来描述样本。

表5-2为总样本主要变量的统计描述，1290个企业样本平均全要素生产率的增长率为0.0018，最高增速达1.1862，而运营最差的企业按照-1.5943的平均全要素生产率增长率下降。平均全要素生产率的水平值保持在0.0101，所有企业的运营时间超2年以上，平均负债率为0.46，资产收益率最大差距达0.87，而盈利水平更是相差高达6倍。

表5-2　　总样本主要变量的统计描述

变量名称	变量	观察样本	均值	标准差	最小值	最大值
平均全要素生产率增长率	$tfpgrowth_{it}$	1290	0.0018	0.1715	-1.5943	1.1862
全要素生产率水平值	tfp_{it-1}	1290	0.0101	0.3556	-1.7904	1.9942
企业年龄	$(logage)_{it}$	1290	2.6540	0.3747	0.0000	3.5264

① 2015年中国人力资源和社会保障部官网公布的工作报告。

续表

变量名称	变量	观察样本	均值	标准差	最小值	最大值
财务状况	$(roe100)_{it}$	1290	0.4619	0.2013	0.0071	1.3916
总资产收益率	$(roa100)_{it}$	1290	0.0474	0.0615	-0.3095	0.5607
盈利水平	$(p100)_{it}$	1290	0.1071	0.3149	-1.0981	4.9450
平均工资	$(\log w)_{it}$	1290	1.8628	0.8228	-7.3243	6.3699

将总样本按照1%平均缴费率的工伤预防管制强度分为处理组与对照组。表5-3反映了两组样本的统计描述，高于1%平均工伤缴费率的有216个样本，低于1%平均工伤缴费率的有1074个样本。平均全要素生产率增长率在处理组与对照组中明显不同，即缴纳低于1%平均工伤缴费率的企业平均全要素生产率增长率均值为0.0064，而缴纳高于1%平均工伤缴费率的企业平均全要素生产率增长率均值为-0.0213，初步推断当前政府管制可能造成了大部分企业经济负担加重。

表5-3　处理组与对照组的统计描述（1%的工伤预防管制强度）

变量名称		变量	观察样本	均值	标准差	最小值	最大值
处理组	平均全要素生产率增长率	$tfpgrowth_{it}$	216	-0.0213	0.2053	-1.5943	0.6532
	全要素生产率水平值	tfp_{it-1}	216	0.0538	0.3352	-0.8885	1.6626
	企业年龄	$(logage)_{it}$	216	2.6235	0.3089	1.3863	3.2581
	财务状况	$(roe100)_{it}$	216	0.5122	0.2025	0.0798	1.3916
	总资产收益率	$(roa100)_{it}$	216	0.0282	0.0609	-0.3095	0.2397
	盈利水平	$(p100)_{it}$	216	0.0119	0.1226	0.6598	0.6826
	平均工资	$(\log w)_{it}$	216	1.8234	0.8726	-5.0066	3.3366
对照组	平均全要素生产率增长率	$tfpgrowth_{it}$	1074	0.0064	0.1636	-1.5344	1.1862
	全要素生产率水平值	tfp_{it-1}	1074	0.0013	0.3590	-1.7904	1.9942
	企业年龄	$(logage)_{it}$	1074	2.6602	0.3864	0.0000	3.5264
	财务状况	$(roe100)_{it}$	1074	0.4517	0.1996	0.0071	1.0000
	总资产收益率	$(roa100)_{it}$	1074	0.0513	0.0609	-0.2617	0.5607
	盈利水平	$(p100)_{it}$	1074	0.1202	0.3393	-1.0981	4.9450
	平均工资	$(\log w)_{it}$	1074	1.8707	0.8127	-7.3243	6.3699

按照实际中0.9%平均缴费率的工伤预防管制强度，将总样本重新分为处理组与对照组。表5-4反映了两组样本的统计描述，高于0.9%平均工伤缴费率有270个样本，低于0.9%平均工伤缴费率有1020个样本。与表5-3的结果类似，缴纳低于0.9%平均工伤缴费率的企业平均全要素生产率增长率均值为0.0057，缴纳高于0.9%平均工伤缴费率的企业平均全要素生产率的增长率均值为-0.0132，同样可以初步推断当前政府管制强度可能造成了大部分企业经济负担加重。

表5-4　　　处理组与对照组的统计描述（0.9%的工伤预防管制强度）

变量名称		变量	观察样本	均值	标准差	最小值	最大值
处理组	平均全要素生产率增长率	$tfpgrowth_{it}$	270	-0.0132	0.1968	-1.5943	0.6532
	全要素生产率水平值	tfp_{it-1}	270	0.0401	0.3073	-0.8885	1.6626
	企业年龄	$(logage)_{it}$	270	2.6710	0.3267	1.3863	3.4340
	财务状况	$(roe100)_{it}$	270	0.5265	0.1998	0.0798	1.3916
	总资产收益率	$(roa100)_{it}$	270	0.0306	0.0583	-0.3095	0.2397
	盈利水平	$(p100)_{it}$	270	0.0431	0.1118	-0.6598	0.6826
	平均工资	$(logw)_{it}$	270	1.8125	0.8196	-5.0066	3.3366
对照组	平均全要素生产率增长率	$tfpgrowth_{it}$	1020	0.0057321	0.1640	-1.5344	1.1862
	全要素生产率水平值	tfp_{it-1}	1020	0.0021607	0.3670	-1.7904	1.9942
	企业年龄	$(logage)_{it}$	1020	2.649526	0.3865	0.0000	3.5264
	财务状况	$(roe100)_{it}$	1020	0.444752	0.1983	0.0071	1.0000
	总资产收益率	$(roa100)_{it}$	1020	0.0519136	0.0615	-0.2617	0.5607
	盈利水平	$(p100)_{it}$	1020	0.1240035	0.3475	-1.0981	4.9450
	平均工资	$(logw)_{it}$	1020	1.876118	0.8236	-7.3243	6.3699

按照不同企业所有制形式，本章将1290个样本分为国有企业、私有企业与外资企业。其中，国有企业的样本量为690个，私有企业的样本量为600个，而外资企业的样本量只有168个。值得注意的是，样本容量最少的外资企业平均全要素生产率增长率均值最大，达0.0129；样本容量最多的国有企业平均工资待遇最高，而平均全要素生产率增长率均值最小，为-0.0018。从企业平均全要素生产率增长率的弹性分析，私有企业具有最大的平均全要素生产率增长率，高达1.1862（见表5-5）。

表 5－5　　国有企业、私有企业与外资企业的统计描述

	变量名称	变量	观察样本	均值	标准差	最小值	最大值
国有企业	平均全要素生产率增长率	$tfpgrowth_{it}$	690	-0.0018	0.1727	-1.5943	0.8895
	全要素生产率水平值	tfp_{it-1}	690	0.0160	0.3791	-1.7904	1.9942
	企业年龄	$(\log age)_{it}$	690	2.7221	0.3387	0.6931	3.5264
	财务状况	$(roe100)_{it}$	690	0.4953	0.2111	0.0071	1.3916
	总资产收益率	$(roa100)_{it}$	690	0.0427	0.0553	-0.2194	0.3256
	盈利水平	$(p100)_{it}$	690	0.1230	0.4078	-0.6598	4.9450
	平均工资	$(\log w)_{it}$	690	2.0440	0.8516	-5.4001	6.3699
私有企业	平均全要素生产率增长率	$tfpgrowth_{it}$	600	0.0059	0.1701	-1.5344	1.1862
	全要素生产率水平值	tfp_{it-1}	600	0.0033	0.3266	-1.0082	1.8045
	企业年龄	$(\log age)_{it}$	600	2.5757	0.3984		3.3673
	财务状况	$(roe100)_{it}$	600	0.4234	0.1821	0.0355	1.0000
	总资产收益率	$(roa100)_{it}$	600	0.0529	0.0675	-0.3095	0.5607
	盈利水平	$(p100)_{it}$	600	0.0887	0.1467	-1.0981	1.0696
	平均工资	$(\log w)_{it}$	600	1.6544	0.7358	-7.3243	3.3963
外资企业	平均全要素生产率增长率	$tfpgrowth_{it}$	168	0.0129	0.1424	-0.4275	0.5029
	全要素生产率水平值	tfp_{it-1}	168	0.0510	0.3679	-0.8134	1.6626
	企业年龄	$(\log age)_{it}$	168	2.6899	0.4870	0.6931	3.5264
	财务状况	$(roe100)_{it}$	168	0.4294	0.1748	0.0478	0.7750
	总资产收益率	$(roa100)_{it}$	168	0.0777	0.0592	-0.0948	0.2516
	盈利水平	$(p100)_{it}$	168	0.1973	0.5564	-0.2085	4.9450
	平均工资	$(\log w)_{it}$	168	1.8146	0.9746	-5.0066	4.5999

第四节　经济效应的实证分析

一、自然实验性质的检验结果

采用双重差分法对 $\hat{\theta}_3$ 进行估计的前提条件是不实施 WRII2011 的修订，工伤

风险高（职业安全健康环境差）的企业与工伤风险低（职业安全健康环境好）的企业全要素生产率增长率趋势应当相同，这就要求选择的样本分组具有随机性。否则，估计结果可能具有偏误性。例如，在现实中，工伤风险高的企业因工伤所造成的经济损失比较大，会更加积极响应政策从而选择一个对自己有利的分组。

通常检测双重差分模型样本共同趋势的标准步骤为画图、比较各年的交互项系数和加入时间趋势且带有控制变量的系数来鉴定可能存在的趋势差异（Dougherty et al.，2011；Moser & Voena，2012；Tanaka，2015）。本书中样本容量为1290个企业样本，画图法无法显示。因为不加任何控制变量的不变交互项系数的检验条件要比加了控制变量的不变交互项系数检验条件要求更高，所以其检验结果更加可信。这里我们考虑加入时间虚拟变量且不加任何控制变量去做一个T检验。本章假设，如果在未实施安全管制时间内，工伤风险高企业（处理组）与工伤风险低企业（对照组）[①] 的全要素生产率在WRII2011这次修订前后的平均全要素生产率增长率的趋势应当相同。

表5-6结果显示，接受原假设，可以通过评估工伤风险高企业与工伤风险低企业的生产率在WRII2011修订前后的差异，来捕捉中国工伤预防管制改革对企业全要素生产率增长率的影响。

表5-6　分组企业全要素生产率增长率的共同趋势T检验

变量	对照组	处理组
企业平均全要素生产率增长率	$U_1 = 0.0239$	$U_2 = 0.0091$
观测值	1074	216
原假设	H_0：$U_1 = U_2$	
P值	0.5133	
F值	0.6083	

二、1%管制强度下模型估计结果

根据上述定义的策略与估计的框架，我们给出了工伤预防管制改革对于企业

① 本书将企业工伤缴费率高于1%的企业认定为工伤风险高（职业安全健康环境差）的企业，企业工伤缴费率小于1%的企业认定为工伤风险低（职业安全健康环境好）的企业。

全要素生产率增长率平均影响的结果。在表 5 – 7 中，第 2 列是式（5 – 5）的结果，滞后 1 期全要素生产率的回归系数，在 5% 水平上显著小于 1，说明企业的全要素生产率具有 β 条件收敛。第 3 列是式（5 – 6）的结果，不加任何控制变量的简单双重差分回归结果，$du_{it} \times dt_{it}$的回归系数在 10% 的显著水上平上为负，说明工伤预防管制改革降低了平均企业全要素生产率增长率。第 4 列是双重差分模型放在 β 条件收敛的框架下回归的结果。tfp_{it-1}的回归系数仍然在 5% 的水平上显著，$du_{it} \times dt_{it}$的系数在 1% 的显著水平上为负，可见工伤预防管制改革降低了企业平均全要素生产率增长率。第 3 列与第 4 列中 $du_{it} \times dt_{it}$系数变化近 2 倍，其原因为第 3 列中采取的 OLS 方法并未考虑内生性，结果可能有偏。第 4 列中控制了企业层面的特征变量，采用广义矩方法，通过 tfp_{it-1}一阶差分的 2 期和 3 期滞后项当作 tfp_{it-1}的工具变量，避免了解释变量内生性以及异方差和序列相关的干扰，能得到一致性的结果。

WRII2011 的修订主要是对工伤风险高的企业行为产生约束，因此，WRII2011 的修订对工伤风险高与工伤风险低的企业全要素生产率增长率影响是具有明显的差异。表 5 – 7 结果说明 WRII2011 的修订显著降低了工伤风险高的企业的全要素生产率增长率，使得工伤风险高的企业全要素生产率的年均增速降低了 9.47%。这意味着实施严格的工伤预防管制改革，在提高安全生产环境的同时降低了中国工业企业全要素生产率增长速度。

表 5 – 7　WRII2011 的修订影响企业层面的全要素生产率的结果（1%）

变量	(1)	(2)	(3)
tfp_{it-1}	-0. 641 ** (0. 269)		-0. 597 ** (0. 271)
$(logage)_{it}$	[illegible] (0. 124)		0. 196 (0. 125)
$(roe100)_{it}$	-0. 113 * (0. 0632)		-0. 111 * (0. 0627)
$(roa100)_{it}$	0. 736 *** (0. 171)		0. 716 *** (0. 173)
$(p100)_{it}$	-0. 0304 (0. 0266)		-0. 0345 (0. 0266)

续表

变量	(1)	(2)	(3)
$(\log w)_{it}$	0.0536 ** (0.0235)		0.0503 ** (0.0234)
du_{it}		0.177 (0.124)	0.00358 (0.0876)
dt_{it} ($t >= 2011$)		-0.00682 (0.0163)	0.0270 (0.0284)
$du_{it} \times dt_{it}$		-0.0517 * (0.0307)	-0.0947 *** (0.0257)
Constant	0.533 (0.378)	-0.0689 (0.0470)	0.464 (0.353)
Observations	860	1290	860
R-squared	0.523	0.086	0.523
Hansen's J-test	1.7635 (0.1842)		1.4722 (0.2250)
Year fixed effects	Y	Y	Y
Individual fixed effect	Y	Y	Y

注：*、**、*** 分别表示在10%、5%、1%水平上显著，括号中为稳健性标准差。

三、1%管制强度下的滞后效应

如果管制对生产率具有滞后效应，那么严格的管制往往会引发企业的技术创新，这种技术创新所带来的收益会平衡管制成本，可以增加企业生产效率（Ambec et al.，2011）。也就是说，严格的工伤预防管制促使企业主动采取工伤预防措施，来克服企业自身的惰性（风险规避型），如通过优化安全健康的管理系统（O'Toole，2002；Fernández－Muñiz et al.，2009），开发员工培训与教育的项目（Yu et al.，2017）等改善安全工作环境。一方面，职业事故和疾病的成本可以被降低，这些改进使得生产率增长（Ahonen，1995），直接为公司财务方面带来积极的影响。另一方面，根据社会交换理论，职工相信企业是真正关心他们的健康，他们是受益于企业采取的安全措施。职工出于感激，将会更加努力工作并提高服务和产品质量。员工增加的积极性，将会减少返工、降低操作费用（Kaplan & Norton，2007），同时也降低了缺勤率（Cucchiella et al.，2014）与员工辞职的风险（Michael et al.，2005），间接地提升了企业的生产率与市场竞争力。可见管制滞后效应的存在对于企业可持续发展具有重要影响。式（5－7）只捕捉到了WRII2011修订后（2011～2013年）相对于修订之前（2008～2010年），WRII2011的修订对工伤风险高的企业全要素生产率增长的平均影响，我们无法得出工伤预防管制改革是否对于企业全要素生产率增长率具有滞后效应。因此，将式（5－7）扩展为如下形式：

$$tfpgrowth_{it} = \beta_0 + \beta_1 tfp_{it-1} + \beta_2 du_{it} + \beta_3 dt_{it} + \beta_4 du_{ti} \times dt_{it} + \beta_5 tfp_{it-1} \times du_{it} \times dt_{it} + \beta_6' x_{it} + \gamma_{it},\ i=1,\ \cdots,\ N,\ t=0,\ 1 \quad (5-12)$$

其中，β_5 的系数表示WRII2011的修订对于滞后一期工伤风险高的行业企业全要素生产率增长率的影响。结果在表5－8中，第2列中不加入任何一个控制变量，控制了个体效应与时间效应，发现 β_1 在5%水平上显著，β_4 在1%水平上显著，但是 β_5 不显著。第3列中加入企业层面的控制变量，同样也控制个体效应与时间效应，发现 β_1 与 β_5 仍然在5%与1%水平上显著，β_5 不显著。第4列与第2列不同点在于，只控制了个体效应，考察是否也存在时间滞后效应，发现 β_1 与 β_4 仍然在5%与10%水平上显著，β_5 不显著。第5列与第3列不同点在于控制个体效应。管制只影响了当期的企业全要素生产率的增长，但不支持管制影响滞后一期企业全要素生产率的增长。拉诺伊等（Lanoie et al，2008）发现管制对于生产率的影响具有负效应，同时发现管制对生产效率具有滞后效应。本章的结果显示管制对于生产率具有负效应，但不存在管制引发的滞后效应。管制成本挤占企业的资源，给企业造成的负担可能是直接的。

表5－8　　滞后效应的检验结果（1%）

变量	(1)	(2)	(3)	(4)
tfp_{it-1}	－0.617** (0.278)	－0.606** (0.237)	－0.609** (0.277)	－0.597** (0.235)
$du_{it} \times dt_{it}$	－0.0962*** (0.0293)	－0.0876*** (0.0258)	－0.0957*** (0.0292)	－0.0869*** (0.0259)
$tfp_{it-1} \times du_{it} \times dt_{it}$	－0.138 (0.124)	－0.162 (0.109)	－0.140 (0.124)	－0.167 (0.111)

续表

变量	(1)	(2)	(3)	(4)
Constant	-0.0226 (0.0753)	0.526 (0.335)	-0.0235 (0.0762)	0.286 (0.215)
Observations	860	860	860	860
R-squared	0.480	0.533	0.478	0.530
Hansen's J-test	0.6712 (0.4126)	0.7974 (0.3718)	0.6332 (0.4262)	0.7913 (0.3737)
Year fixed effects	Y	Y	N	N
Individual fixed effect	Y	Y	Y	Y

注：**、*** 分别表示在5%、1%水平上显著，括号中为稳健性标准差。

四、0.9%管制强度下模型估计结果

通过政策上的1%平均工伤保险缴费率和实际运行的0.9%平均工伤保险缴费率，为本章提供了两种策略来反映工伤预防管制的强度，以此构造新的管制强度指标来划分控制组与对照组（见表5-9）。

表5-9　1%和0.9%工伤预防管制强度的指标　　单位：家

指标	1%平均工伤缴费率		0.9%平均工伤缴费率	
处理组企业数	国企	25	国企	31
	私企	11	私企	14
	36		45	
对照组企业数	国企	89	国企	88
	私企	90	私企	82
	179		170	
企业数共计	215		215	

在0.9%平均工伤缴费率下，表5-10中给出了工伤预防管制改革对于企业全要素生产率增长率平均影响的结果。在表5-10中，第2列是式（5-5）的实证结果，滞后1期全要素生产率的回归系数，在5%水平上显著小于1，说明企业的全要素生产率具有β条件收敛。第3列是式（5-6）的实证结果，不加任何

控制变量的简单双重差分回归结果，$du_{it} \times dt_{it}$的回归系数在 10% 的显著水上平上为负，说明工伤预防管制改革降低了平均企业全要素生产率增长率。第 4 列是双重差分模型放在β条件收敛的框架下回归的结果。tfp_{it-1}的回归系数仍然在 5% 的水平上显著，$du_{it} \times dt_{it}$的系数在 1% 的显著水平上为负，说明在β条件收敛的框架下，WRII2011 修订显著降低了工伤风险高的企业全要素生产率增长率，使得工伤风险高的行业全要素生产率的年均增速降低了 8.77%。与表 5－8 中第 4 列的结果相比，工伤风险高的企业全要素生产率的年均增速增加了 0.7%。

表 5－10　WRII2011 的修订影响企业层面的全要素生产率的结果（0.9%）

变量	(1)	(2)	(3)
tfp_{it-1}	-0.641** (0.269)		-0.625** (0.269)
$(\log age)_{it}$	-0.213* (0.124)		-0.228* (0.125)
$(roe100)_{it}$	-0.113* (0.0632)		-0.107* (0.0620)
$(roa100)_{it}$	0.736*** (0.171)		0.723*** (0.171)
$(p100)_{it}$	-0.0304 (0.0266)		-0.0333 (0.0261)
$(\log w)_{it}$	0.0536** (0.0235)		0.0517** (0.0237)
du_{it}		0.175 (0.124)	-0.0123 (0.0887)
dt_{it} ($t>=2011$)		-0.00536 (0.0165)	0.0358 (0.0286)
$du_{it} \times dt_{it}$		-0.0483* (0.0270)	-0.0877*** (0.0211)
Constant	0.533 (0.378)	-0.0696 (0.0472)	0.543 (0.355)

续表

变量	(1)	(2)	(3)
Hansen's J-test	1.7635 (0.1842)		1.5465 (0.2137)
Observations	860	1290	860
R-squared	0.523	0.086	0.530
Year fixed effects	Y	Y	Y
Individual fixed effect	Y	Y	Y

注：*、**、*** 分别表示在10%、5%、1%水平上显著，括号中为稳健性标准差。

五、0.9%管制强度下的滞后效应

同样，本章也考察了在0.9%平均工伤缴费率下，WRII2011的修订是否对于企业全要素生产率具有滞后效应。结果在表5-11中，第2列中不加入任何一个控制变量，控制了个体效应与时间效应，发现β_1在5%水平上显著，β_4在1%水平上显著，但是β_5不显著。第3列中加入企业层面的控制变量，同样也控制个体效应与时间效应，发现β_1与β_5仍然在5%与1%水平上显著，β_5不显著。第4列与第2列不同点在于，只控制了个体效应，考察是否也存在时间滞后效应，结果发现β_1与β_4仍然在5%与10%水平上显著，β_5不显著。第5列与第3列不同点在于控制个体效应。管制只影响了当期的企业全要素生产率的增长，但不支持管制影响滞后一期企业全要素生产率的增长。不过相较表5-8的结果，$du_{it} \times dt_{it}$的系数下降得更小一些，可认为严格的工伤预防管制对于企业全要素生产率的增长是不利的。

表5-11　　滞后效应检验结果（0.9%）

变量	(1)	(2)	(3)	(4)
tfp_{it-1}	-0.638** (0.278)	-0.629*** (0.237)	-0.631** (0.278)	-0.618*** (0.236)
$du_{it} \times dt_{it}$	-0.0878*** (0.0238)	-0.0811*** (0.021)	-0.0875*** (0.0237)	-0.0799*** (0.021)

续表

变量	(1)	(2)	(3)	(4)
$tfp_{it-1} \times du_{it} \times dt_{it}$	-0.143 (0.126)	-0.17 (0.111)	-0.146 (0.126)	-0.176 (0.112)
Constant	-0.0219 (0.0765)	0.594* (0.337)	-0.0229 (0.0774)	0.302 (0.215)
Hansen's J-test	0.7303 (0.3928)	0.8639 (0.3527)	0.6897 (0.4063)	0.8597 (0.3538)
Observations	860	860	860	860
R-squared	0.484	0.539	0.482	0.536
Year fixed effects	Y	Y	N	N
Individual fixed effect	Y	Y	Y	Y

注：*、**、*** 分别表示在10%、5%、1%水平上显著，括号中为稳健性标准差。

六、不同工伤预防管制强度下经济效应比较

工伤保险管制强度从0.9%平均工伤缴费率上升为1%平均工伤缴费率相当于管制变紧，企业生产效率增速下降；反过来看，管制强度从1%平均工伤缴费率变为0.9%平均工伤缴费率，可视为放松管制，使得行业全要素生产率的年均增速增加0.7%（见表5-12），这些实证结果进一步支持了本章的研究假设。

表5-12　　不同管制强度下经济效应比较

变量	1%的工伤预防管制强度	0.9%的工伤预防管制强度
tfp_{it-1}	-0.597** (0.271)	-0.625** (0.269)
$du_{it} \times dt_{it}$	-0.0947*** (0.0257)	-0.0877*** (0.0211)
Constant	0.464 (0.353)	0.543 (0.355)

续表

变量	1%的工伤预防管制强度	0.9%的工伤预防管制强度
Hansen's J-test	1.4722 (0.2250)	1.5465 (0.2137)
R-squared	0.523	0.530
Observations	860	860

注：**、***分别表示在5%、1%水平上显著，括号中为稳健性标准差。

从不同管制强度下经济效应比较的实证结果可推断，工伤保险费率的下调必然会减少企业生产成本，促进企业全要素生产率的增加。然而，严格的工伤预防管制强度使得当前中国企业生产率增速下降一定是因为实施了过高的管制费率？表5－8和表5－11结果显示，工伤预防政策的实行并未形成预期生产效率的滞后效应。显然，表面上企业经济增速下行的趋势是因费率过高而造成的，实则企业无法形成相应的技术创新并从遵循工伤预防管制中获益是其根本原因。

第五节　稳定性检验

本章通过两个不同方面来验证，WRII2011的修订降低了企业层面的全要素生产率。第一种，考察不同所有制企业因WRII2011的修订是否使得企业层面的全要素生产率具有下降的效应；第二种，剔除人力资本对于企业全要素生产率的影响后，考察WRII2011的修订是否会降低企业层面的全要素生产率。

一、不同体制企业的全要素生产率趋势

即使没有实施严格的工伤预防管制，企业制度的不同可能也会引起企业全要素生产率本身随着时间发生变化。将这种情形加入双重差分模型中，构成一个三重差分模型。本章分别分析了在0.9%平均工伤缴费率和在1%平均工伤缴费率下，工伤预防管制对于企业全要素生产率增长率的平均影响。本章将企业分为私营企业、国有企业、外资企业三类，表5－9统计了215家上市国有与私营企业

具体情况（外资在结果中不显著，所以在表5－9中没有统计数值）。在对照组中，工伤风险低的企业中，国有企业占比为50%左右；在处理组中，工伤风险高的企业中，国有企业占比为70%左右。

表5－13结果显示，无论在1%还是0.9%的管制强度下，国有企业全要素生产率的增长率在1%显著水平上都降低，而私企与外企全要素生产率的增长率却不显著。一般国有企业相对于私企与外企来说是大型企业，大型企业职工具有相对低的工伤风险（Goffee R et al.，2015）。因为中小企业对追求经济利润更加紧迫，不太重视工作安全环境。为了节省用工成本，合同工、兼职人员或加班情况比较多，导致职业伤害和职业压力更大（Dwyer，1983）。

表5－13　WRII2011的修订影响不同所有制结构的企业全要素生产率的结果

变量	1%		0.9%	
	(1)	(2)	(3)	(4)
du_{it}	-0.0669 (0.0593)	0.0112 (0.0873)	-0.0679 (0.0589)	-0.0034 (0.0884)
*own*1	-0.00367 (0.0716)		-0.00179 (0.0719)	
dt_{it} ($t>=2011$)	0.0281 (0.0280)	0.0243 (0.0284)	0.0363 (0.0284)	0.0333 (0.02859)
$du_{it}\times dt_{it}$	-0.0105 (0.0346)	-0.0980*** (0.0268)	-0.0167 (0.03046)	-0.093*** (0.02245)
$du_{it}\times dt_{it}\times own1$	-0.128*** (0.0431)		-0.102*** (0.0375)	
*own*2		-0.0850 (0.0899)		-0.0912 (0.0905)
$du_{it}\times dt_{it}\times own2$		0.0741 (0.0787)		
Constant	0.478 (0.330)	0.430 (0.353)	0.5487 (0.333)	0.511 (0.355)
Hansen's J-test	1.1706 (0.2793)	1.6379 (0.2006)	1.4336 (0.2312)	1.7616 (0.1844)

续表

变量	1%		0.9%	
	(1)	(2)	(3)	(4)
Observations	860	860	860	860
R-squared	0.539	0.518	0.5360	0.5253
Year fixed effects	Y	Y	Y	Y
Individual fixed effect	Y	Y	Y	Y

注：*** 表示在1%水平上显著，括号中为稳健性标准差。

实施严格的管制对于工伤风险高的私企与外企的全要素生产率影响应该最大。但是，为什么结果显示，WRII2011 的修订对工伤风险相对低的国有企业全要素生产率的影响却是最大的呢？

通过评估中国企业的技术效率发现，不同所有制企业的技术效率差异明显。其中，国有企业的生产率在各类所有制企业中表现最差（Zheng et al.，1998）。林等（Lin et al，1998）认为造成国企效率低的根源在于政策负担。国有企业及其职工的安全是最早受工伤保险保障的，后来才将其他企业纳入工伤保障的范围内。国企的工伤保险制定运行更加稳定，相比其他企业少缴、滞缴工伤保费的现象少。另一种原因是管制会引发企业技术创新，以求减少成本，但是通常发现国有企业的创新效率最低（Jefferson et al.，2006）。钱和许（Qian & Xu，1998）和施莱弗（Shleifer，1998）从官僚主义与金融表现进一步论证，政府所有权下的企业管理者缺乏进行技术创新进而降低成本和改善质量的动力，因此，在技术创新被需要的领域，私人所有权企业通常优于政府所有权企业。

二、剔除人力资本的全要素生产率趋势

卢卡斯（Lucas，1988）提出人力资本作为生产率内生增长的核心因素，很好地诠释了区域经济与长期经济增长的差异。将人力资本纳入生产函数中量化经济增长，但因衡量人力资本方法与指标的差异常造成研究者估计结果的不一致（Mankiw，Romer & Weil，1992）。随着新经济增长理论的发展，学者逐渐采用教育资本代替人力资本，并得到人力资本推动经济增长一致的研究结论。若前文通过状态空间模型估算出的企业全要素生产率（tfp_{it-1}）自身含有人力资本的影响，那么 WRII2011 的修订对于企业全要素生产率增速的下降，会因人力资本上升使

得企业全要素生产率增长而降低了政策对于企业全要素生产率的下降程度，甚至可能出现 WRII2011 的修订形成企业全要素生产率增加的结果。为了强化计量结果的可信度，本章剔除企业全要素生产率（tfp_{it-1}）中人力资本因素的影响，得到新的企业全要素生产率（tfp_{4it-1}），同时采用前文所描述的估计方法进行回归，结果显示如表 5 - 14 所示。

表 5 - 14　WRII2011 的修订影响企业层面的全要素生产率的结果（0.1%，除去人力资本因素）

变量	(1)	(2)	(3)
tfp_{4it-1}	-0.998 (0.852)		-0.960 (0.850)
$du_{it} \times dt_{it}$		-0.0469* (0.0249)	-0.0754*** (0.0275)
Constant	1.841 (1.281)	0.0415** (0.0168)	1.759 (1.229)
Observations	860	1290	860
R-squared	0.523	0.115	0.536
Hansen's J-test	0.7896 (0.3742)		0.8937 (0.3445)
Year fixed effects	Y	Y	Y
Individual fixed effect	Y	Y	Y

注：*、**、*** 分别表示在 10%、5%、1% 水平上显著，括号中为稳健性标准差。

在表 5 - 14 中，第 2 列显示剔除人力资本的企业全要素生产率（tfp_{4it-1}）依然收敛；第 3 列显示在不加任何控制变量的情况下，基本的双重差分效应存在；第 4 列显示在 β 收敛的框架下，双重差分效应依然成立。WRII2011 的修订使得平均企业全要素生产率的增加率降低了 0.0754。值得注意的是，tfp_{4it-1} 的系数为 -0.998，近乎为 1。如果估算的 tfp_{4it-1} 存在单位根，那么估算的 tfp_{4it-1} 为非平稳的数列，回归结果可能是伪回归。因此，本章通过 ADF 回归并采用 Im - Pesarm - Shin 和 Levin - Lin - Chu 进行单位根检验，表 5 - 15 结果显示 tfp_{4it-1} 是平稳的。

表 5-15 tfp_{4it-1}时间序列的单位根检验结果

方法		*Im - Pesarm - Shin*		*Levin - Lin - Chu*
样本		215		215
ADF-regression		1 *lages*		1 *lages*
1. *Include Time Trend, Included Panel Means*	t	-62.5799	t^*	-1.0030
	p	0.0000	p	0.0000
2. *Included Panel Means, Not Include Time Trend*	t	-7.5285	t^*	-24.1452
	p	0.0000	p	0.0000
3. *Not Included Time Trend, Not Include Panel Means*	t	-4.6786	t^*	-0.8922
	p	0.0000	p	0.1862

注：t^* 为 t 的调整值。

第六节 本章小结

首先，本章采用工业行业上市公司的企业层面的数据并且使用 WRII2011 作为一次自然实验，在一个标准的 β 条件收敛的框架下去检查 WRII2011 的修订对于中国工业企业全要素生产率增长率的影响。在 WRII2011 修订之后，发现职业安全健康管制对于企业全要素生产率增长率有强烈的负效应。本章的实证结果不支持波特提出的“共赢”局面，这意味着政府实施严格的职业安全健康管制，在改善职业安全健康环境后，会增加企业生产成本并降低企业生产率和竞争力，从而降低中国的经济增长速度，延缓中国的工业化进程。其次，通过分析，本章发现引起了市场竞争环境变化的职业安全健康管制，促使了企业层面全要素生产率收敛。管制强度可能是决定企业层面全要素生产率收敛速度的重要因素，管制强度越高，全要素生产率的收敛速度就越快。西弗森的观点和熊彼特的“租金消散效应”都支持我们的发现。同时，许多文献中都证实了管制对于生产率具有滞后效益，严格的管制存在会引发企业的技术创新，这种技术创新带来的收益可能会平衡管制成本。但是本章的实证结果不支持管制具有滞后效益，安全管制成本挤占企业的生产资源，给企业造成的负担是直接的。此外，本章支持这一观点：相对于外资企业和私营企业，国有企业的效率是最低的。可能的原因为：第一，政策负担，工伤保险最初只保障国有企业的安全生产，后来才将其他企业纳入工伤保障的范围内，国企相对其他企业少缴、滞缴纳工伤保费的现象更少；第二，国有企业的创新效率最低，当所有权为政府所有时，企业经理通常没有进行降低成本和改善质量的创新投资的动力，因此，在需要创新激励和削减成本的领域，私人所有权企业通常优于政府所有权企业。

基于经济效应评估，得到以下启示：目前中国工伤预防管制强度的设定造成了政府管制目标与企业目标的异质性，不利于企业的技术革新或引发创新力度不足。提倡完善工伤预防管制体制构建，通过费率机制、奖惩机制与管理监督体制等调整政府管制强度。一方面，不仅能提高企业参保的积极性，有利于避免现实中企业逃避参保或退保的现象；另一方面，企业在承担社会责任的同时也可提高其生产率。当工伤预防管制与外部经济环境形成良好互动时，可促进工伤预防管制体制的可持续发展。

结合上一章安全效应评估，进一步得到以下启示：政府实施不合理的管制强度是造成当前劳动安全保障不完全，企业经济负担重的主要原因。不完善的工伤保险费率机制会扭曲企业工伤预防的最佳投资行为，政府实行低费率的工伤预防管制，使得费率机制偏向于风险共济。相同工伤保险待遇的提升，低费率企业的雇佣成本更大。工伤保险待遇的提升增大了低费率等级企业控制工伤率的激励动力。但其本身全要素生产率又因政府政策的实行而降低，且又无法通过进行安全技术创新降低企业缴纳工伤保险费与补偿受伤工人保险待遇构成的企业工伤保险成本。因此，企业为了降低直接生产成本，可能拒绝劳工的待遇申请，缩小享受补偿待遇的人数，最终导致名义伤害率下降。同时，企业为了控制生产间接成本，加强把控受伤劳动者保险待遇申请的口径，可能将真实工伤保险待遇申请者遗漏或缩短劳动者享受保险待遇的补偿期限，导致真实伤害率上升，引发企业道德风险。

第六章

典型国家工伤预防管制改革经验的比较与借鉴

工伤预防管制最终要通市场力量和行政手段才能实现政府的既定目标。政府实施过高的工伤预防管制强度，容易扭曲企业在市场中的安全投资行为，而实施过低的工伤预防管制强度，会造成工伤待遇资源的浪费，劳动者安全权益得不到最佳保障。可见，设定适宜的管制强度才能取得最佳工伤预防管制效果。本章通过前文理论分析与管制效率评估，发现现阶段中国实施不适宜的工伤预防管制强度，限制了工预防管制作用的发挥，降低了工伤预防管制效率，从而造成劳动保障不完全且企业经济负担重的现状。

由于中国工伤预防管制起步晚，监管理论与实践经验缺乏，工伤预防管制的立法层次低、条例设置模糊、组织设置存在职能交叉与权责不清、组织间互联性低与信息流通不畅、工伤预防管制效率缺乏管制成本—收益评估等问题，引发了不适宜的工伤预防管制强度。因此，本章通过研究典型国家工伤预防管制模式、法律体系、激励机制、管理与监督体系的先进经验，探寻“波特假说”理论所阐述的在改善职业安全健康环境的同时，又提高企业经济绩效的共赢局面的实现条件，以期提高政府管制效率，完善中国工伤预防管制改革。

第一节　典型国家工伤预防管制模式

一、工伤预防管制的背景

市场经济运行初期，雇主奉行“生产效率至上”的理念（Nichols Theo，1997），忽视安全生产与卫生投入，打破了劳动与资本的平衡，造成生产要素资源配置偏失，因而带来大量职业伤害，激化了劳动者与雇主的矛盾。19 世纪下半叶到 20 世纪初，劳动者在马克思主义劳资关系理论的指导下（Callinicos，2012），自发建立工会组织开展以改善生产环境在内的工作和生活条件为目的的维权斗争运动。基于此，政府为了协调劳资关系，稳定国家政局，提出将劳动者个人承担的职业伤害损失转变为雇主生产成本的一部分，纳入社会必须支付的发展成本。政府以立法的形式规定，雇主有责任确保劳动者因意外工伤事故或职业病而遭受收入损失的补偿和获得必要医疗救治（涵盖医疗及辅助医疗服务，包括工伤康复）①。

雇主完全承担该义务的全部经济成本，并一般通过购买私人保险来分散其经营风险。在没有工伤保险制度情况下，劳动者发生工伤后获得预防补救的途径，只能单纯依靠法庭对于雇主作出的判决。例如，1864 年，英国建立工业法庭来帮助解决工伤中的劳资冲突。然而，根据夏特（Hyatt，1996）、比德尔和罗伯茨（Biddle & Roberts，2003）、弗朗等（Franche et al.，2005）的研究表明，法律上规定的这种工伤保险计划，其预防结果往往得不到最佳效果。因为，处理保险索赔需要劳动者提供有关证明资料并进行严格医疗评估，可能会严重拖延受伤劳动者获得治疗和赔付的期限。此外，雇员因为担心被辞退等风险，主观可能也不愿提出索赔。显然，雇主通过私人保险实施雇主责任的事后工伤预防管制效果不佳。

基于上述缺陷，为了进一步提高工伤预防管制效果，德国（1884 年）首先建立以社会保险为基础的预防机制，以此改善劳动者的保障水平。工伤保险制度的建立，将全社会分担工伤费用作为一个整体（至少在正式的劳动力市场中），

① 目前已建立工伤预防管制体制的国家中，该条规定成为其法律法规中最基本的保障准则。

扩大了“无过失雇主责任”原则。同时，按照国际劳工组织标准制定了一套特定的原则，保障劳动者补偿计划的有效性（见表6－1）。随后英国、日本等国家相继建立起工伤保险制度，以现金和实物形式补偿在工作中受伤的劳动者，并建立可预测和持续的工伤筹资机制及有效的资金管理机制，确保及时向受伤劳动者及其家属提供福利。此外，未以社会保险机制为基础而进行工伤保险计划的国家，为了应对上述缺陷，进一步扩大了工伤预防管制的目标。例如，美国工伤保险计划为受伤或生病的劳动者提供再就业机会，以及法律规定必须维持一定的工作场所安全健康水平。值得注意的是，无论在社会保障计划的各个部门之间，还是在这些部门和有关劳动市场、劳工监察和职业安全健康监管之间，政策只有在高度一体化的情况下才能有效地实现保障目标（Perez，1983）。

表6－1　　有效劳动者补偿计划的执行原则

序号	执行原则
1	“无过失”：在工作中受到职业伤害就具有资格，无须证明雇主的“过失”
2	共同分担责任
3	某个特定计划管理中，工伤福利权可建立在劳动者与企业签订合同关系之外
	1）适当和相关的医疗和护理
	2）定期现金支付的收入替代
	3）造成死亡的福利：定期现金支付和丧葬补助金，并支付给生还者（遗孀、儿童或其他亲属，视情况而定）

注：在这一框架内，大多数国家工伤规定的目的是满足因工伤或职业病而丧失工作能力的工人需求，或他们需要供养的家庭成员。

工伤事故发生，不仅造成劳动者受伤死亡等严重后果，且给企业带来大量生产损失。显然，事后补偿式的预防方式作用不足。据国际劳工组织最新统计，全世界每年平均发生3.74亿起工伤事故，死亡人数达278万人，每年因工伤事故损失的经济成本约占全球国内生产总值的3.94%[①]。其中，工伤事故与职业病给工业化国家造成的损失更加惊人。例如，美国制造业每年因工伤事故付出经济成本达1900亿美元，而德国每年造成560亿马克的经济损失[②]。为了获得社会安

① 国际劳工组织官网，https：//www. ilo. org/global/topics/safety－and－health－at－work/lang－－en/index. htm。

② 国际劳工组织官网，https：//www. ilo. org/global/lang－－en/index. htm。

全、公平再分配与经济发展，大多数国家逐渐意识到加强事前工伤预防管制的重要性。在社会保险机制中，政府设定工伤保险费率机制激励企业主动做好工作场所风险控制，同时开展各种职业安全项目提高工作场所的安全健康环境。因此，高效率的工伤预防管制必须依赖于有能力、治理良好和现代化的工伤保险制度，在提供可持续、足够和可负担得起的福利的同时，及时按照实际中工作风险变化进行动态调整，才能达到企业、政府、劳动者“共赢”的管制目标。

二、工伤预防管制模式的类型

工伤预防管制在政府实施工伤保险待遇制度，补偿受伤劳动者医疗和基本生活的基础上逐渐发展和完善起来。各国政府将工伤保险待遇补偿机制与企业安全生产和职业安全健康相结合，不仅可以大大降低事故发生率，且可以更好保护劳动者和促进企业经济发展。显然，工伤保险制度越完善，经济杠杆作用发挥越充分。根据2017年9月国际劳工组织公布的全球工伤保护项目（GEIP）[①] 研究显示，全球共166个国家和地区建立了工伤保险计划进行工作场所的工伤预防管制，其中管制类型分为三大类，第一大类为依托于公共基金的社会保险为主的预防管制[②]，共有99个国家和地区；第二类为依托于雇主责任制为主的预防管制[③]，共有41个国家和地区；第三大类为依托于公共基金的社会保险与雇主责任制的混合预防管制，共有6个国家和地区。由于第三大类是在第一、二类建立的基础上发展而来的，严格划分为依托于公共基金的社会保险为主的预防管制与依托于雇主责任制为主的预防管制两大类（见附表2）。目前各国政府基于公共基金的社会保险与雇主责任制进行工伤预防管制，因其工伤率低与经济水平发达的高效率管制效果，被学者广泛研究和相关国家多次借鉴，主要形成了以劳动者与企业雇主充分参与的典型德国模式、工伤保险与安全生产为一体的典型日本模式与联合私营与公共保障系统预防的典型美国模式。

---

① 为在工作场所的体面工作和社会保护提供保障（GEIP）：Contributing to Decent Work and the Social Protection Floor Guarantee in the Workplace。

② 凡参加工伤保险的企业或雇主，必须按照一定比例向社会保险机构缴纳工伤保险费建立工伤保险基金，当工伤事故发生时给付相关职业伤害津贴。劳动者几乎不用缴纳费用，但仍有少数国家基于国情，劳工需要承担部分费用。

③ 包括两者情况，一是受伤劳工直接向雇主进行索赔，若发生工伤争议，由国家相关机构进行裁定。二是雇主为雇员的工伤风险购买私人保险。保险公司基于各行业和企业的工伤风险程度和工伤事故发生率，征收工伤保险费。

（一）德国模式

1975年《社会法典》的颁布标志着德国工伤预防管制的正式开始。据国家科技技术部专题研究显示[①]（2006），德国是全球每单位生产总值事故数量极低的国家之一。截至2017年底，全国共250万家企业参加工伤保险，涉及近4000万职工，工伤保险的覆盖率达63.0%。其中，全国工业企业共发生工伤事故780起，千人受伤率为11.7%，死亡人数仅为252人（见图6-1）。

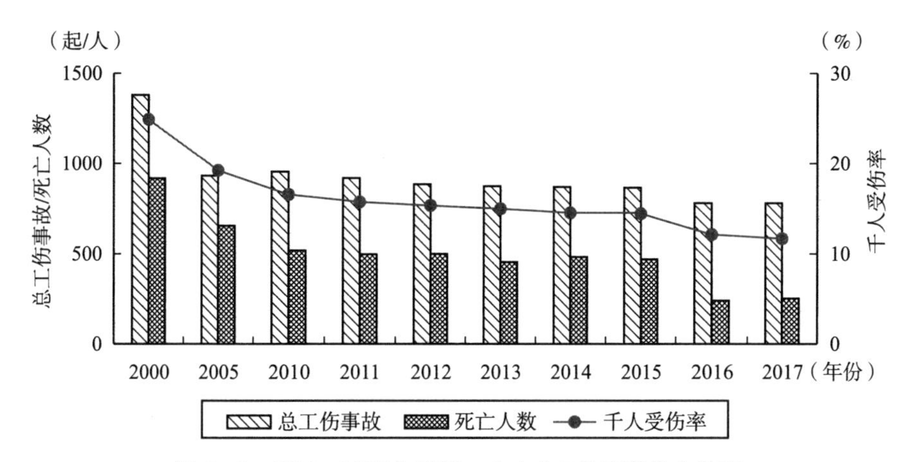

图6-1　2000~2017年德国工业企业工伤事故发生情况

资料来源：德国保险协会网站，https：//www. dguv. de/de/index. jsp。

完全依托于公共基金的工伤保险制度而建立的德国工伤预防管制，采取企业完全自我管理，政府负责对其行为进行监督的模式。企业通过建立同业公会的工伤预防管制组织（工商业同业工会、农业同业工会、公共部门同业工会），享有制定安全法规、预防职业病条例、产品安全标准等权力，并通过对各地区下属企业提供安全咨询、安全技术支持与展开安全检查进行预防工作。值得注意的是，工伤保险同业工会不是隶属于政府的组织机构，而是社会团体，其组织成员由50%的雇主与50%的雇员工构成。同业工会的企业基于评估行业风险等级，缴纳相应工伤保险费而建立工伤保险基金，基金管理亦属于同业工会，政府不承担任何费用，目前

① 科技技术部专题研究组．国际安全生产发展报告［M］．北京：科学技术文献出版社，2006：27-29.

企业平均缴纳保险费用为总工资水平的1.3%①。政府只向农业提供意外保险，向学生、日间护理机构的儿童及从事指定志愿活动的群体提供预防津贴。

（二）日本模式

日本凭借其法治化、统一化和科学化的工伤预防管理，成为工伤率和事故成本同时极低的国家之一，积极保护劳动力资源进而提高生产力，推动其经济增长（Smith et al.，2010）。1905年《矿业法》和1911年《工厂法》的出台，标志着日本开始了劳动保护。根据日本中央劳动灾害防止协会最新披露的数据显示，2000～2017年，企业平均缴纳保险费用为总工资水平的0.25%～8.8%，工伤保险覆盖率为85%②。全国死亡人数从1889人降低为972人，预防效果显著（见图6－2）。但是其年平均受伤人数一直保持在120030人，这与职业病人数居高不下、女性及边缘人员就业保护的歧视密切相关（Hayashi et al.，2007）。

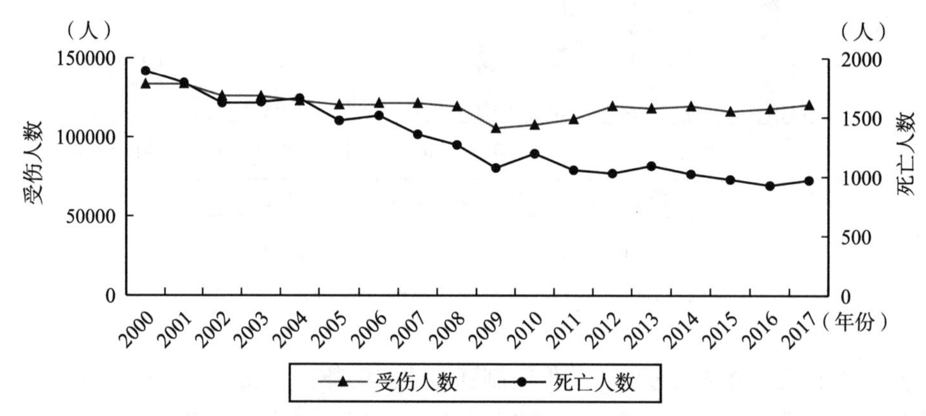

图6－2　2000～2017年日本工业企业的工伤事故情况

资料来源：中央劳动灾害防止协会官网，https：//www.jisha.or.jp/international/pdf/JISHA_Annual_Report_2018.pdf。

日本工伤预防管制是完全依托于公共基金的工伤保险制度建立起来的，采取政府与社会团体协调管理方式，将工伤保险与企业安全生产紧密结合，服务于国家经济发展。厚生劳动标准局负责工伤保险与安全生产，并在全国实行三级垂直机构监督管理（第一级为厚生劳动标准局，第二级为各都道府县劳动标准局，第

①② 国际劳工组织官网，https：//www.ilo.org/wcmsp5/groups/public/—ed_norm/—relconf/documents/meetingdocument/wcms_542955.pdf。

三级为厂或矿劳动标准监督署），具体负责制定不同等级风险行业的缴费率、收集工伤保费建立工伤保险基金，同时还负责受伤劳动者的工伤补偿与劳动鉴定。工伤预防费用主要由企业承担，政府按照需求提供补贴。此外，劳动安全卫生综合研究所、中央劳动灾害防止协会及文部科学省积极开展工伤预防研究、检查及专业人才培养，有效推动了日本安全生产。

（三）美国模式

作为全球经济科技最发达的国家，1909 年《劳工伤害赔偿法》的颁布，标志着美国才正式开始工伤预防管制。虽然比德国和日本起步晚，但其凭借严格且高度统一的政府管制，形成了比较完备的工伤预防管制体制。根据美国劳动统计局官方数据显示，1992～2010 年美国非死亡事故发生起数和发生率分别下降了 2.9 万起和 4.7%，预防效果显著。然而，因工伤事故导致死亡人数在长达 19 年时间内下降的幅度并不大，且 2000～2003 年死亡人数突然出现阶段性增多（见图 6－3）。海斯勒（Hasle，2006）和巴雷特等（Barrett et al.，2014）研究发现，非正规经济中的劳动者缺乏保障是造成美国死亡人数增多的主要原因，并提出改善劳动者的职业安全与健康，在提高全民工伤覆盖率的政府目标中应当包括非正规经济中的劳动者。因此，政府应加大对于非正式劳动者集中的私有行业的工伤预防管制程度。截至 2017 年底，私有行业的平均非致死千人事故发生率低于所有行业的平均值，从 2010 年的 3.5% 降为 2.8%，远低于制造、采矿与农林渔业的发生率（见图 6－4）[①]。

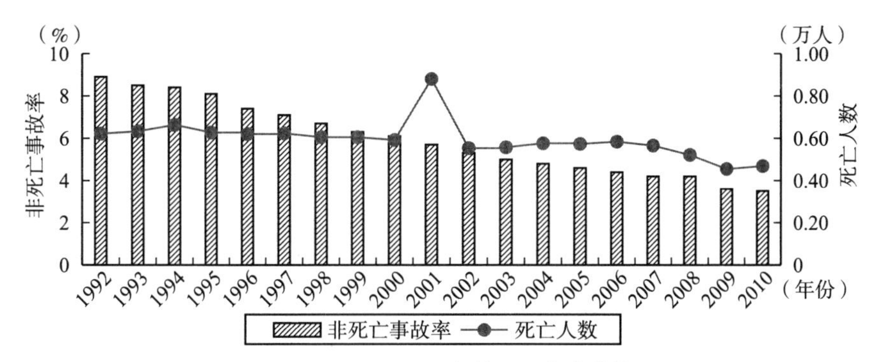

图 6－3　1992～2010 年美国工伤事故情况

资料来源：美国劳动统计局官网，https：//www.bls.gov/iif/oshcfoi1.htm。

① 国际劳工组织官网，https：//www.ilo.org/wcmsp5/groups/public/—ed_norm/—relconf/documents/meetingdocument/wcms_542955.pdf。

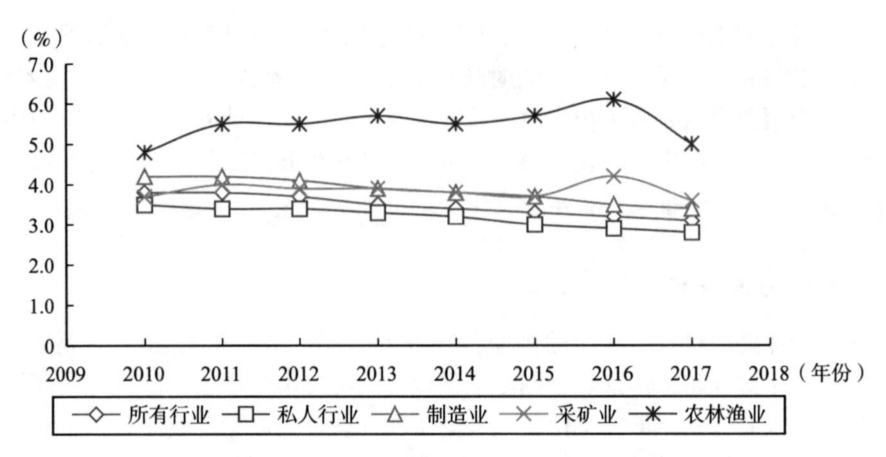

图6-4 2010~2017年美国各行业非死亡千人事故发生率

资料来源：美国劳动统计局官网，https：//www. bls. gov/news. release/archives/osh_11082018. pdf。

不同于德国与日本，美国的工伤预防管制主要依托于雇主责任制，联邦政府建立工伤保险制度只负责部分职业病和部分劳动者的保障。政府根据具体行业领域中出现的安全问题建立针对性的管理部门进行预防管制。美国有28个州在国家统一制度的安全要求下根据自身情况进行预防管理。其中，6个州建立了州工伤保险制度，制定工伤保险费率、缴费、赔偿等；22个州实行雇主责任制，为雇员购买私人保险。私人保险公司与客户的互动能及时调整工作场所风险，有利于减少工伤事故发生。目前不同风险类型企业缴纳的平均保险费用为总工资水平的1.34%，工伤保险覆盖率为84.8%。

第二节 典型国家工伤预防管制的法律体系

德国、日本及美国的工伤预防管制的法律体系都是基于国家宪法层次的职业安全保护法，阐明了工伤预防过程中企业与劳动者的权利与义务。企业必须做好工作场所的安全健康环境的事前预防，并承担工伤事故后的劳动者补偿与救治的全部责任。同时，也规定了劳动者有责任反映企业中存在不符合规定的安全标准和条件。在此基础之上，再通过由科学家、劳动者或管理人员组成的专业团体设置相关配套的职业安全健康的规章与标准。此外，相关配套的规章与标准还必须经劳动者、工业和学术代表的三方劳工标准委员会批准后才能颁布。根据管制经济学理论，各国政府对于工伤预防干预的程度形成了不同的政府管制形式。美国工伤预防管制的立法完全由政府制定，形成了完全政府工伤预防管制（传统的政府工伤预防管制）；德国工伤预防管制的立法是由政府与行业工伤事故保险协会的非政府组织共同制定的，形成了自我工伤预防管制；日本工伤预防管制的立法以政府制定为主，以中央劳动灾害防止协会为代表的非政府组织为辅助，形成了协同工伤预防管制。然而，政府采取哪种工伤预防管制形式更有效率在学术研究中一直存在争议（Coffee，1987；Langevoort，1992；Pulkkinen & Metzler，2013）。

一、"完全政府"工伤预防管制法律体系

（一）美国完全政府工伤预防管制的法律法规

1891 年，美国国会通过《联邦矿山安全管理条例》，规定了地下煤井最低的通风条件和禁止雇佣 12 岁以下童工的要求，首次进行职业安全预防管制立法。随着联邦政府和州政府对职业安全卫生的重视，1902 年美国公共安全部门开始研究职业安全规划，并于 1910 年建立了联邦矿业局与煤矿管理局。同时，各州在国会的支持下开始工伤保险立法的探索，工伤保险费率机制的建立推进了企业改善劳动者的职业安全健康环境。为了保障受伤劳动者事故后的基本生活，1916 年联邦政府颁布了《联邦工人补偿法》。

20 世纪 60 年代，因化学事故、职业伤害的数量迅速增加和危害程度的不断加深，每年工伤的直接和间接损失达十亿甚至上百亿美元①。为此，1968 年 1 月，约翰逊总统提出建立一个全面、综合和统一的职业安全健康法案，但由于行业和雇主的强烈反对，最终该法案并未通过。直到 1970 年，美国工伤事故与职业病的严重形势，迫使联邦政府通过全国统一的《职业安全与卫生法》。20 世纪 90 年代至今，职业安全和健康管理局发现以职业安全为核心的工伤预防效果并不显著，预防的重点开始转向职业健康，同时兼顾不断上升的工伤成本。为了提升工伤预防管制效率，美国工伤预防管制的法律法规主要以联邦政府颁布的《职业安全与卫生法》为主，在明确各职业安全与卫生的基本原则下，职业安全和健康管理局和矿山安全和健康管理局制定了严格且细致的各项标准及相关标准的行动指南，保证工伤预防管制的实施力度。

---

① 科技技术部专题研究组．国际安全生产发展报告［M］．北京：科学技术文献出版社，2006：27－29.

（二）美国完全政府工伤预防管制法律体系优缺点

美国的完全政府工伤预防管制是被研究最早的一种管制形式。政府围绕《职业安全与卫生法》，根据工伤预防管制规章和标准，并通过一系列裁决，强制干预企业的安全生产行为。企业在完全政府工伤预防管制中通常处于被动地位，一旦工伤预防管制法律法规生效，企业就必须遵照执行，违反政府法规的行为，将受到政府管制机构的制裁。显然，这种强制性的工伤预防管制优点在于易达成政府管制目标。而且，完全政府工伤预防管制有利于劳动者的职业安全健康。美国职业安全健康管理局与矿山安全健康管理局制定的决策从保障劳动者安全出发，相关立法机构、司法机构和评审机构负责监督其行为。然而，首先，完全政府工伤预防管制最大的缺陷是政府管制的行政成本高，因为法律法规的制定与裁决需要进行大量取证与反复检查。其次，由于信息不对称及决策视角的差异，工伤预防管制的法规容易忽略企业经济效应从而导致企业遵循工伤预防管制的成本偏高。最后，这种工伤预防管制缺乏灵活性与存在滞后性，无法随着工伤风险的变化及时作出调整，会阻碍企业的安全技术创新与进步。

二、“自我”工伤预防管制法律体系

（一）德国自我工伤预防管制的法律法规

为了保障劳动者受伤后能够及时接受医疗救治，不至于陷入贫困。1884 年，在俾斯麦发布《皇帝诏书》后，德国颁布了世界上第一部工伤保险法《工伤补偿法》，并强调工伤预防为先的工伤保险制度理念。1973 年，《劳动保护法》的出台推动了生产过程中预防工伤的重大进步。但随后，恶劣的生产环境导致劳动者的职业病频发，于是德国于 1974 年政府颁布了《职业安全卫生法》，满足日益高涨的立法需求。为了更好保护劳动者，1996 年联邦德国将《职业安全卫生法》与《劳动保护法》相融合，重新修订了《劳动保护法》。此次法案的修订明确了企业是劳动保护的主体，通过建立行业保护委员会，统筹管理各项安全事宜。

由于德国工伤预防管制采取双元化管理体制，行业协会（同业公会）同样具有制定事故预防立法的权力。其中，以采矿业的立法历史悠久，最早可追溯至 13 世纪。1980 年《联邦矿山法》等构成现行的德国矿业法律。《联邦矿山法》共12部多达178条，对保障矿山安全生产与矿工人身安全健康，从原材料、操作、生产流程等作了详细规定。此外，矿业协会根据行业工伤风险状况的变化，定时不断更新安全卫生规章和技术标准。值得注意的是，由联邦劳动部、工会、雇主协会、大企业和保险公司等组成德国安全标准研究院，以经济发展、普遍适宜性和国际标准为原则，从1983年开始先后制定了大约1500多项机械安全标准，为企业的安全生产提供了有效的保障（具体详见德国机械安全标准）[①]。

（二）德国自我工伤预防管制法律体系优缺点

与美国完全政府工伤预防管制恰好相反的德国自我工伤预防管制，主要由同业公会中的企业应对多发的工伤事故与大量经济损失，自行制定行业中安全规制、劳动者工作方式及发生工伤争议后的解决机制等。其优点在于：第一，企业对于自身安全状态最了解，因而可以快速找出不安全因素，降低企业工伤预防成本。同时，提高了企业参与积极性，减少管制者与被管制矛盾。第二，具有较大灵活性和适用性。企业能快速发现和解决行业中存在的危害源，针对新工伤风险变化能够及时作出有效规章和标准的调整，避免了传统工伤预防管制滞后的弊端。第三，降低了政府工伤预防管制行政成本。行业规章与标准从制定到监督都是由同业工会自行完成的，成本被分摊在行业成员中。其缺点为：第一，自我工伤预防管制是从行业利益视角出发的，容易同时对潜在进入者造成障碍。企业因利益最大化的目标，在未完全意识到安全效应的经济效益时，可能会与提高职业安全健康利益相冲突而降低了自我工伤预防管制的效率。第二，搭便车效应。有些企业可能会不遵循行业规章并从遵从者中获取利益，如果一个产业中广泛存在搭便车现象，那么工伤预防管制的目标不仅无法实现，甚至会出现管制失效。

三、“协同”工伤预防管制法律体系

（一）日本协同工伤预防管制的法律法规

1905年《矿山法》和1911年《工厂法》的颁布标志着日本政府以立法的

① 德国机械安全标准，http：//www. msckobe. com/links/safety_machine/din. htm。

形式保护劳动者的基本权利，主要对矿业劳动者的工作时间、作业形式及就业工种等进行了限制，但对其他高风险行业的劳动者安全健康未进行预防管制。为了扩大保护范围，1922 年，政府颁布了《雇员健康保险法》及随后的《劳动灾害扶助法》和《劳动者灾害扶助保险法》。然而，从 20 世纪 30 年代末开始，随着日本进入战争时期，政府将注意力从工人安全权利转移到军工动员的罢工预防、工资控制、劳动分配和其他措施上，工伤预防管制立法进入停滞时期（Garon，1984）。第二次世界大战后，1945 年的《工会法》和 1949 年《劳动基准法》的颁布保障了劳工组织、集体谈判和罢工的权利，明确企业负责劳动者的职业安全健康义务。同时，颁布了《劳动者灾害补偿保险法》，提高了劳动者待遇补偿。

一方面，为了更好地促进企业工伤预防，1967 年《劳动者灾害防止团体法》的颁布，代表以中央劳动灾害防止协会为代表的非政府组织，进行工伤事故调查、研究、经办等工伤预防工作的开始。另一方面，为了适应不断出现的工伤新问题，1972 年，日本政府颁布了《劳动安全卫生法》，要求政府必须定期制定劳动灾害防止计划，企业必须建立完整的安全与卫生管理体制。其中，政府指定劳动安全卫生负责人监督与指导企业的安全生产，并且配备企业医生，预防在职劳动者可能受到的危害，强化工伤事故源头的控制。此外，政府围绕《劳动安全卫生法》制定了《劳动安全卫生施行令》《铅中度预防》《特定化学物品等受预防规制》及《事务所卫生基准规制》等相关标准。至此，日本形成了以《劳动基准法》《劳动者灾害防止团体法》及《劳动安全卫生法》为主，具体且有力度的工伤预防管制法律体系。

（二）日本协同工伤预防管制法律体系优缺点

日本政府干预程度介于美国完全工伤预防管制与德国自我工伤预防管制之间的协同工伤预防管制，是在政府制定《劳动安全卫生法》下，行业自主制定并开展《劳动者灾害防止团体法》的相关规定。同自我工伤预防管制类似，协同工伤预防管制同样具有发挥企业的工伤预防专业知识和提高企业参与的动力，具有发挥灵活、适用性及降低政府工伤预防管制行政成本的较大优点。政府负责监督使得自我工伤预防管制不易出现降低工伤预防管制的安全效应，保障了劳动者安全健康；利用惩罚机制与更有效率的争议解决机制，改善了工伤预防管制中企业遵循的程度。其缺陷与自我工伤预防管制一样，存在搭便车效应。

值得注意的是，工伤预防管制法律体系是动态变化的，完全政府管制法律体系可以演变成协调管制法律体系，甚至自我管制法律体系。具体采取哪种工伤预防管制形式要根据具体国家定位与国情来选择，其目标都是建立企业、政府与劳动者间的信任与合作关系，以违规监测与惩罚为主要手段保障管制政策的强制执行，以协商为主、威慑为辅，激励企业主动改善职业安全生产环境，从而实现企业与劳动者共赢的管制目标。表6－2为德国、日本及美国的工伤预防管制的法律体系比较。

表6－2　　德国、日本及美国的工伤预防管制的法律体系比较

国家	政府管制强度	优点	缺点
德国	自我管制	(1) 充分发挥企业的工伤预防专业知识和提高企业参与的动力；(2) 具有较大的灵活性和适用性；(3) 降低政府的工伤预防管制行政成本	(1) 可能与提高职业安全健康利益相冲突；(2) 搭便车效应
日本	协调管制	(1) 充分发挥企业的工伤预防专业知识和提高企业参与的动力；(2) 具有较大的灵活性和适用性；(3) 降低政府的工伤预防管制行政成本	(1) 可能与提高职业安全健康利益相冲突；(2) 搭便车效应
美国	完全政府管制	(1) 易达成政府管制目标；(2) 有利于劳动者的职业安全与健康	(1) 政府管制的行政成本比较高；(2) 企业工伤预防管制的成本偏高；(3) 缺乏灵活性；(4) 存在滞后性

第三节　典型国家工伤预防管制的激励机制

相较于政府激励或者采取强制方式，企业自愿投资于事故预防是进行工伤预防的理想状态（Brody et al.，1990）。然而，以社会行为准则强制企业执行，基于经济上的无利可图，企业往往会扭曲其安全投资行为。基于第二章第三节工伤预防管制的激励路径界定，发现典型国家通行的做法是通过开展工伤预防项目进行政府外部干预，同时采取工伤保险费率机制（事前工伤预防管制）结合工伤保险待遇补偿机制（事后工伤预防管制）来激励企业主动进行工伤预防的内部动力，但是各种激励手段仍然有其局限性。

一、工伤保险待遇机制及其激励效应

（一）德国工伤保险待遇机制

1996 年颁布的《事故保险》是德国现行工伤保险法律，明确规定工伤保障群体包括企业工作人员，部分自雇人员，从事特定志愿活动的人员、学徒和学生，公务员和公共部门的员工，而大多数自雇人员不在保障范围之内。政府针对受伤劳动者的伤害程度，要求企业承担不同等级的工伤待遇水平，且规定工伤和职业病福利没有最低合格期限。具体主要包括暂时残疾待遇、永久残疾待遇和因工伤事故导致死亡的待遇，其中规定：暂时残疾待遇中 18 岁或以上的受保人，补助标准不得少于最低限额；每年 7 月根据抚恤金价值变化对永久残疾待遇水平进行调整且规定抚恤金绝对不允许下降。此外，调整公式还需考虑每年抚恤金领取人和缴费人之间比率变化；因工伤事故导致死亡的待遇中规定所有遗属福利加起来不得超过死者收入的 80%[①]。表 6－3 为德国现行雇员工伤保险待遇。

表 6－3　　德国现行雇员工伤保险待遇

<table>
<tr><th colspan="2">伤残等级</th><th>具体补助标准</th></tr>
<tr><td rowspan="2">暂时残疾</td><td>基本待遇</td><td>被保险人工资的 80%；期限为工伤或职业病致残之日起至康复日止</td></tr>
<tr><td>过渡福利</td><td>按照临时伤残抚恤金的 68% 支付，若被保险人有需要照顾的孩子则需要按 75% 支付；在大多数情况下，企业只需要支付前 6 周，如果预期无法康复，则需支付最长可达 78 周。</td></tr>
<tr><td rowspan="3">永久残疾</td><td>永久残疾抚恤金</td><td>在永久伤残开始前，按照被保险人年收入的 66.7%，用于支付全部伤残花费（100%）</td></tr>
<tr><td>部分残疾</td><td>根据收入能力亏损，超过 20% 的按全额抚恤金的一定比例支付</td></tr>
<tr><td>严重残疾</td><td>如果被保险人收入能力损失超过 50%，且没有工作或没有领取其他抚恤金，按照被保险人的伤残抚恤金的 10% 将多支付两年</td></tr>
</table>

① Social Security Administration. Social Security Programs Throughout the World：Europe，2016［M］. SSA Publication No. 13－11801，2016（9）：120－124.

续表

伤残等级		具体补助标准
因工死亡	配偶抚恤金	按照死者收入的30%支付给寡妇或其法律上的伴侣；支付最长24个月，抚恤金在其配偶再婚时停止发放
	较高的配偶抚恤金	按照死者最后收入的66.7%，在死亡之日起三个月内支付；此后如果寡妇年龄在47岁或以上、残疾或至少照顾一个孩子，按照死者最后收入的40%支付
	孤儿抚恤金	每名未满18岁的孤儿（如学生或正在接受培训的孤儿，年龄可为27岁）可领取死者收入的20%，完全意义上的孤儿可领取死者收入的30%
	配偶和孤儿补助金	如果生还者没有资格领取生还者抚恤金，且死者至少丧失了50%的收入，则一次性支付死者收入的40%，其补助金在幸存者中平均分配
	其他	其他符合条件的幸存者（经济状况检查）：按照死者收入的20%支付给单亲及祖父母一方，按照死者收入的30%支付给其父母

资料来源：根据国际社会保障管理局2016年公布的社保项目的调查报告整理而得。

（二）日本工伤保险待遇机制

日本与德国一样，工伤待遇补偿机制是国家级赔偿制度，政府扮演保险公司的角色，虽然规模很大的公司可自行投保或使用商业承运人提供额外保障，但日本超过85%的企业工人都覆盖在工伤保险体系内。其中，包括常规企业员工、农业与林业中自愿参保职工、公务员、部分自雇人员、工人不足五人的渔业企业及中小企业业主。根据1947年《劳动者灾害补偿保险法》，日本企业必须为不同等级受伤劳动者提供相应等级的工伤待遇水平，且规定工伤和职业病福利没有最低合格期限。其中，暂时残疾待遇中每日基本津贴依据受伤或疾病发生前最后三个月的工资来计算，因被保险人年龄的差异，每日最高保险金可达13037~25371日元（约798~1553元人民币），最低日津贴不能低于3930日元（约240元人民币），且每季度工资变动超过前一季度的10%时，待遇自动进行调整；永久残疾待遇中每日基本津贴也是依据受伤或疾病发生前最后三个月的工资来计算，且每年随着工资变动自动调整待遇水平；因工伤事故导致死亡的待遇中基本生活津贴根据死者生前最后三个月的工资来计算，采取每两个月支付一次的方式，并且每年待遇水平也根据工资变动自动调整①。表6-4为日本现行劳工工伤保险待遇。

① Social Security Administration. Social Security Programs Throughout the World: Asia and the Pacific, 2014 [M]. SSA Publication No. 13-11802, 2014 (3): 117-120.

表 6－4　日本现行雇员工伤保险待遇

伤残等级	具体补助标准	
暂时残疾	基本津贴	按照受伤雇员收益的 60% 支付每日基本津贴的 60%，且按受伤劳工收益的 20% 支付临时伤残特别津贴，在 3 天的等候期到康复前被支付（雇主须支付前 3 天平均每日工资的 60%）
	8～14 级轻微残疾	残疾第 19 个月起，轻微残疾人士可继续享有上述相同水平的福利，直至康复
	1～7 级严重残疾	已支付 19 月的更严重残疾人士，可以获得 245～313 天基本日常福利，直到恢复；根据残疾的程度，还可以获得一个特殊补充的雇员年度工资奖金
永久残疾	1～7 级严重残疾	残疾开始前的年抚恤金为每日基本抚恤金的 131～313 倍
	8～14 级轻微残疾	残疾开始前年抚恤金为每日基本津贴的 56～503 倍，一次性发放给予残疾程度较轻的人士
	持续护理津贴	1～2 级永久残人员可以获得 104290 日元护理津贴（如果家庭成员提供照料，可获得 56600 日元）；1～2 级永久残人员可以获得每月 52150 日元兼职护理（如果家庭成员提供保健，则获得 28300 日元），且福利按月发放
因工死亡	生还者抚恤金	根据生还者人数，每年领取基本生活津贴乘以 153～245 天的抚恤金
	符合资格	包括 60 岁或以上的寡妇、子女及孙辈（至子女年满 18 岁时终止）、60 岁或以上的父母及祖父母、兄弟姐妹（至子女年满 18 岁时终止）；或 60 岁或（年长的）在死亡时依赖已故工人的人；如果没有符合条件的生还者，被保险人死亡前三个月的平均日薪乘以 1000 天，一次性支付给无扶养关系的生还者
	丧葬补助金	死者去世前三个月的平均日薪乘以 60 天或 31.5 万日元加上 30 天工资，以较大者为准

资料来源：根据国际社会保障管理局 2014 年公布的社保项目的调查报告整理而得。

（三）美国工伤保险待遇机制

与德国、日本不同，美国是以雇主责任为主，社会保险系统为辅的工伤保险待遇机制，且大多数现行法律在 1920 年前后被颁布。雇主责任制度覆盖了大多数公共和私营部门雇员，不包括家庭工人、农业工人、一些小企业、临时工及个体经营者。雇主工伤待遇总成本（大多数州）或大部分成本是通过保费或自我保险随风险评估程度的不同而变化缴费率来支付的。社会保险系统主要承担 1973 年以后参加工作患尘肺病劳动者的全部费用，但排除了自由职业者。与德国、日本一样，美国受伤劳动者工伤保险待遇主要包括暂时残疾待遇、永久残疾待遇和因工伤事故导致死亡的待遇，其中规定：临时残疾福利中大约20%的州按照最大福利支付，在某些情况下是一次性支付，每周最大福利因州而异，且大约80%的州根据州工资的增长自动增加福利；因工致死的待遇中幸存者的符合条件（在一些州）还包括受扶养的父母、兄弟与姐妹①。此外，在某些情况下，用人单位或者保险公司停业，无法向矿工或者其符合条件的家属支付保险金时，劳动部门可以承担给付保险金的责任①。表6－5为美国现行劳工工伤保险待遇。

表6－5　　美国现行雇员工伤保险待遇

伤残等级	具体补助标准	
暂时残疾	临时残疾福利	在大多数州，收入的66.6%是在3～7天的等待期之后支付；如果残疾持续5天～6周，则可追溯领取津贴
永久残疾	临时残疾福利	收入的66.6%支付给残疾期间的全部残疾员工（在大多数州）
	临时残疾福利	根据受伤雇员收入能力损失的估计被支付，或在某些受伤时间较短的几周内按全额费率支付
	固定值勤补充	80%的州补贴金为终身或残疾期间支付；一些州只支付104～500周
	受养人补品	80%的州支付终身或残疾期间的补品；一些州只支付104～500周
	尘肺抚恤金	雇主每月支付638美元（2016年为644.50美元）；若有三名受扶养人，则每月支付1276美元（2016年为1289美元）
因工死亡	遗属抚恤金	死者收入的35%～70%支付给寡妇；60%～80%支付给其父母
	丧葬补助金	一次付清，具体数额因州而异
	遗属抚恤金（尘肺）	每月可领抚恤金638美元，若有三名受扶养人，每月可领抚恤金1276美元

资料来源：根据国际社会保障管理局2016年公布的社保项目的调查报告整理而得。

① Social Security Administration. Social Security Programs Throughout the World: The Americas, 2015 [M]. SSA Publication No. 13－11802, 2016 (3): 216－218.

（四）典型国家工伤保险待遇机制的激励效应

工伤保险待遇是一项重要的财政收入激励措施，雇主为其雇员工购买工伤保险代表了一种间接经济激励的政府管制形式。工人放弃起诉雇主的权利，以换取雇主的补偿保证，激励雇主维护工作场所安全（Guyton，1999；Howard，2002）。美国在20世纪的大部分时间里，工人补偿具有选择性。继1972年国家工人补偿法全国委员会建立之后，几乎每个州政府都通过了强制性的工人补偿法。工伤保险待遇补偿作为一种鼓励预防事故的机制，有效地削减了工作场所的伤亡。值得注意的是，美国工伤保险待遇是一个基于国家的制度，而日本与德国的工伤保险待遇是一个国家赔偿制度，其覆盖人群广与享受待遇项目丰富，构成了比较高的整体福利水平。从美国、日本与德国呈现的伤害数据分析，相对劳动者福利较低的美国，其工伤事故呈现最高的发生率。学者巴特勒和沃拉尔（Butler & Worrall，1991）的研究也支持较高的工伤补偿福利对死亡率和受伤率的下降具有显著影响。

日本与德国工伤保险待遇机制的优点是特别重视工会的力量，工会具有谈判延长补偿法合同的权力。如果劳动者没有获得相应补偿，劳动者可向委员会提出上诉，也可提起民事诉讼，且劳动者可使用政府在民事诉讼中的认证作为职业病的证据。然而同中国一样，原告面临各种潜在诉讼制度的障碍，使得受伤或患病的劳动者很难通过法院系统获得赔偿。此外，工伤保险待遇制度本身具有缺陷进一步加重了获赔的困难。制度规定职业病获赔需要说明与认证，因此，所需工作和程序的混乱，会导致难以收集职业病证据。特别是法律条款中未规定的疾病，劳动者因具有责任证明其职业病因，在实践中往往难以实现，同时雇主也倾向于激烈地争夺解释权。

二、工伤预防项目及其激励效应

（一）德国工伤预防项目

面临高昂的事后工伤保险待遇补偿，德国在1996年《社会法典》中明确规定各同业公会提取当年工伤保险基金的1%～5%作为工伤预防费用，且在经济下行时期提取5%和经济上行时期提取1%[①]，主要用于开展教育培训、咨询研究

---

① 冯英，康蕊．外国的工伤保险［M］．北京：中国社会出版社，2009：30－35.

等工伤预防项目，并要求工伤保险机构采取一切适当的手段，防止工作中的职业伤害。根据同业公会统计显示，从2004年起，德国每年从工伤保险基金中提取约7%的工伤预防费用已超过工伤赔偿和急救的支出（乔庆梅，2015），逐渐形成了目前以工伤预防为先的工伤保险制度。

德国一直保持低水平的工伤事故率源于其持续不断地开展教育培训，每年约37万人参加教育继续培训与约140万人参加急救培训，通过培养高素质的从业劳动者，从根本上提高了劳动者的安全防护意识和预防能力①。其中，每年围绕参保企业工作场所安全卫生而开展工伤预防项目，会所涉及近2200名技术型劳动监察员、安全代表达6万多人、职业安全卫生专职人员达8000多人②。此外，无论是政府的管理机构还是同业公会都将咨询研究作为工伤预防管制的首要任务。联邦劳动保护和专业性职业安全研究机构向相关行业和劳动者提供安全咨询，研究职业工作环境、安全标准与职业病防治现状等，力求从技术、设备与管理上找出工伤预防的解决办法，以减少劳动力的损失，提升参保企业的生产效率，最终降低企业成本。

（二）日本工伤预防项目

日本工伤预防以厚生劳动标准局管理为主，同时以劳动安全卫生综合研究所、中央劳动灾害防止协会及文部科学省协调管理。因为四大工伤预防管理部门均有不同的预防分工，所以各自具有独立的收支账户。其中，（1）在厚生劳动标准局管理下，企业按照工资总额的一定比例缴纳工伤保险费与政府财政津贴构成了工伤保险基金（劳灾保险账户），并按照一定比例提取工伤预防费用。基于特定的安全目标，厚生劳动标准局定期开展五年预防计划。为了促进微观经济发展、技术革新及工作方法转变，2018年日本进行《第十三个职业安全健康计划》（其中包括12大项，共计67小项工伤预防计划）③。（2）在劳动安全卫生综合研究所管理下，工伤预防费用除了来自工伤保险基金之外，受托费用和劳务费用也是其资金来源，主要针对工作场所的安全状况、机器设备及工作方式等进行调查研究。此外，还以书、期刊、研究报告及论文发布的形式进行安全健康的宣传活动。（3）在中央劳动灾害防止协会管理下，工伤预防费用的收与支要进行会计预

① 科技技术部专题研究组．国际安全生产发展报告［M］．北京：科学技术文献出版社，2006：27－29.

② 周永波．德国的工伤预防借鉴［J］．劳动保护，2014（12）：80－81.

③ 厚生劳动省劳动基准局官网，https：//www. jisha. or。

算、决算管理，主要来源于会费收入、事业收入、受托收入、国库补助金及杂收入①，主要用于开展全国性的安全生产活动，提高全民安全意识。例如，安全研讨会与全国安全运动纪念大会等；其次用于企业安全卫生人才的培养与指导。（4）在文部科学省的管理之下，工伤预防费用依靠财政的费用划拨，主要用来支持高校中工伤预防人才的培养。例如，日本建立了私立职业和环境卫生大学，培养工业（其他）医生，以及职业卫生护士和环境技术人员。

（三）美国工伤预防项目

由于美国大部分州采取私营保险计划和少数州建立州工伤保险基金开展工伤预防管制，因此部分州同时存在三种形式，而部分州只存在一种形式，所以美国工伤预防费用的来源比起德国与日本复杂一些。一方面，建立州工伤保险基金的，工伤预防费用由各州财政预算提供；而未建立州工伤保险基金的，工伤预防费用由联邦职业安全和健康管理局筹措资金。另一方面，雇主为达到《职业安全和健康法》中对工作场所安全的要求标准，自行投入相关费用，并未对提取比例作出强制要求。

据此，开展工伤预防项目也分为政府层面的项目与企业层面项目，并形成以政府层面的预防项目为主，企业层面的工伤预防项目为辅。其中，政府层面的预防项目包括制定职业安全标准的强制措施，详细且明确规定了相关工作领域的条件、应当采取的适宜预防标准。同时包括安全教育、咨询及提供安全健康信息服务并主要由职业安全和健康管理局来实施。此外，美国职业安全和健康管理局于1982年开展自愿防护计划、1998年开展战略伙伴计划及2002年开展联盟计划等，提倡与企业、劳动者与工会组织的自愿平等合作，相互协作与帮助，共同提高职业安全健康环境。企业层面的工伤预防项目主要是工作场所的相关器械设备的购置、改造及租赁，以达到职业安全和健康管理局规定的安全最低标准②。

（四）典型国家工伤预防项目的激励效应

事后工伤保险补偿不仅给企业带来沉重的成本负担，且因难以收集职业病证据、受伤劳动者面临各种潜在诉讼制度的障碍等，容易使得受伤劳动者陷入贫困状态。通过积极开展工伤预防项目，力求从源头消除风险，大大降低了企业和受伤劳动者两难的境况。对比图6－1、图6－2、图6－3和图6－4，美国比德国和

① 中央劳动灾害防止协会官网，https：//www.jisha.or.jp/about/public/pdf/5－pdf。

② 赵永生．国际视野下我国工伤预防机制创新研究［M］．北京：中国言实出版社，2014：80－92.

日本的工伤率要高很多。显然，德国和日本注重企业、劳动者参与性的工伤预防项目，可能是其取得良好管制效果的原因之一。美国工伤预防项目因面临着惩罚太低与无效安全标准的问题降低了企业预防的激励效应（Shapiro & Rabinowitz，2000；Powrie & Maloy，2003）。当违反工伤预防项目的罚款成本低于实施预防标准的成本时，完全理性的雇主并没有强烈的遵循动机。此外，若只注重物理标准，并不能有效地防止事故的发生，工作场所标准设计应当基于更好实现的性能标准。

三、工伤保险费率机制及其激励效应

（一）德国的工伤保险费率机制

德国按照一体式差别费率和浮动费率征缴工伤保险费，具体分为三个层次：第一个层次为行业费率，风险大的行业费率高，反之行业风险低缴费率也低；第二个层次为行业内风险等级差别费率，根据工伤事故发生率、职业病发生率及事故损失来制定风险等级表，且每个行业工会依据本行业具体情况进行制定，据此确定行业风险等级差别费率；第三个层次是风险等级内差别费率，同一风险等级内的企业可进一步分类，对处于不同风险等级的企业，依情况可给予相应的奖励或惩罚。第一层次与第二层次的费率设置将由个别雇主承担安全风险转向行业内所有雇主集体承担的责任机制，有效减轻了个别雇主负担，大大降低了因发生死伤工伤事故而导致个体雇主面临倒闭的风险。再结合第三层次的费率设置，最大化地激励企业降低自身经营风险。总之，德国工伤保险费率制定过程主要包括行业分类、行业分类的风险特征及增加附加费，并通过多种途径来降低单个企业的费率[①]。基于企业风险程度的评估，目前德国企业平均工伤保险缴费率为工资总额的1.3%[②]。

（二）日本的工伤保险费率机制

日本工伤保险费率机制采用全国统一的工伤保险费率制定标准，在统一制定的行业差别费率下，当符合一定标准后，企业费率可以实行浮动费率制度。即，

---

① 周慧文．德国工伤保险事故预防机制评价［J］．中国安全科学学报，2005（5）．

② Social Security Administration. Social Security Programs Throughout the World：Europe，2016［M］. SSA Publication No. 13－11801，2016（9）：120－124.

基于伤害风险存在的客观性和不同行业间风险程度差异的客观性制定行业差别费率，并结合各行业实际工伤事故发生率及其保险给付所需费用等因素调整企业浮动费率。首先，依据行业风险，工伤保险差别费率被划分为55个档次，并按照企业有连续事业和有期事业[①]分为一般保险费（劳灾保费）与特别保险费。特别保险费包括中小企业、特定行业与个体从业及国外从业的保险费。其次，企业浮动费率也是按照企业有连续事业和有期事业不同进行差别浮动（见图6－5、图6－6）。企业收支率在75%以下的降低费率，在75%～85%之间的不变，85%以上的提高费率，降低和提高费率的最大幅度为40%[②]。基于企业工伤风险程度的评估，目前日本参保企业平均工伤保险缴费率为工资总额的0.25%～8.8%，政府按照需要进行补贴[③]。

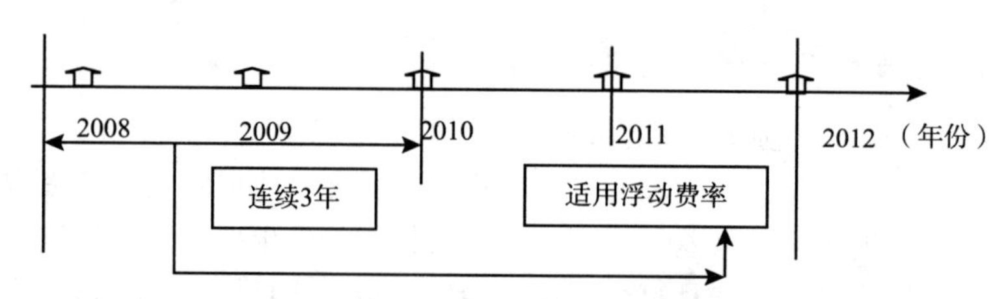

图6－5　日本连续性企业的浮动费率制

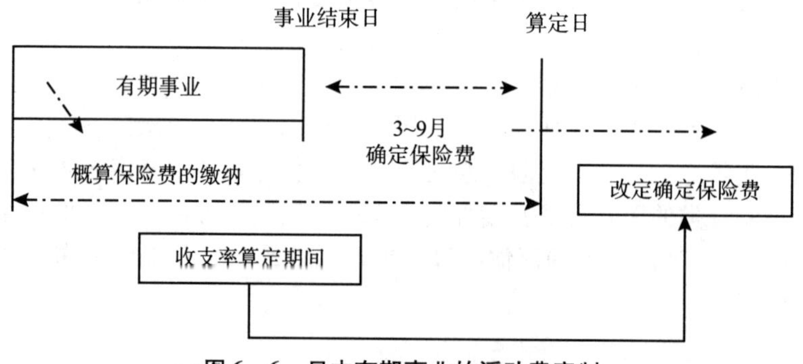

图6－6　日本有期事业的浮动费率制

① 连续性企业指一直从事同一种业务的企业，例如食品加工公司；有期事业企业指一段时间内从事一种业务的企业，例如建设项目公司。

② 张盈盈，葛晓萍．日本工伤保险制度概述［J］．劳动保障世界（理论版），2011（9）．

③ Social Security Administration. Social Security Programs Throughout the World：Asia and the Pacific，2014［J］. SSA Publication No. 13－11802，2014（3）：117－120.

（三）美国的工伤保险费率机制

美国与德国、日本不同，主要通过购买商业保险的方式实施雇主责任，因此，其工伤保险费率机制是通过国家统一制定手册费率，工伤保险提供商依据企业工伤事故率高低，调整企业经验费率。其中，工伤保险提供商包括私营保险机构（公司或非营利组织）、州立工伤保险基金以及雇主自我保障，且以私营保险机构为主。行业风险划分通常根据相应组织暴露风险程度的相似性进行归类，以方便按照相同风险情况确定保费。各档次基准费率的制定基于保险精算方式，遵循当期保费收入与当期损失之间的精算平衡。通常依据企业前三年的工伤事故数据、三年内相应行业保险公司的保险政策、雇员索赔信息与医疗费用损失情况等推算出新费率标准，以此调整每年相应行业分类的手册费率以及经验费率。通过评估企业风险程度，目前美国参保企业平均工伤保险缴费率为工资总额的1.34%①。图6－7为美国工伤保险费率浮动机制。

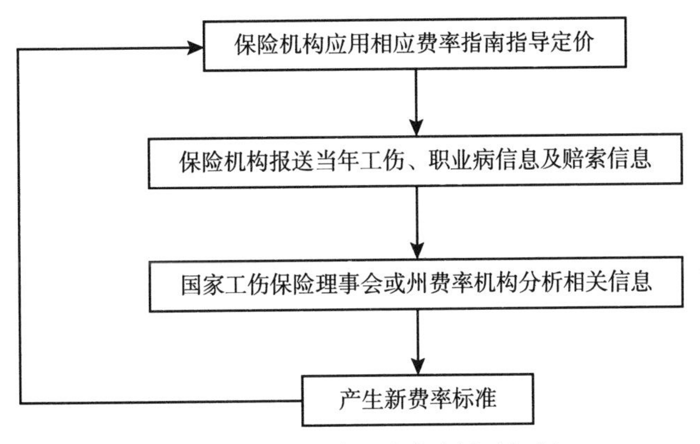

图6－7　美国工伤保险费率浮动机制

（四）典型国家工伤保险费率机制的激励效应

政府开展工伤预防项目因其有限的影响范围，始终存在不能提高安全性的盲区，导致其安全性较低且参保企业受处罚力度大的局面。德国和日本采取社会保险形式将政府当作最大的保险公司，而美国采取私人保险工伤运作模式，都是基

---

① Social Security Administration. Social Security Programs Throughout the World：The Americas，2015［M］. SSA Publication No. 13－11802，2016（3）：216－218.

于工伤保险费率杠杆通过保险合同来实现更大范围的安全预防管制。企业被要求定期公开工伤事故和索赔报告，若事故率的增加（假设伴随而来的索赔也增加）将导致企业保费增加，构成对不安全企业的经济威胁，就被视为一个巨大预防动机，因此企业能够维持一定的安全水平。可见，保险合同应作为一种有效工伤预防项目的替代。

然而，保险费率代表企业损失控制的最大影响成本，存在激励动力不足的缺陷。一方面，劳动者的补偿成本可能在公司运作过程中被降低（道德风险）；另一方面，保费对于小型企业预防激励效果不显著（Habeck et al.，1998；Chelius & Smith，1993）。德国与日本的工伤保险全国统筹有利于降低企业道德风险，通过细化行业风险档次（德国700多类）和针对小企业专门设立特别保险费率（日本中小企业保险费），可以有效促进小企业工伤预防。而美国采取私人保险工伤运作模式可能不利于道德风险的控制和小型企业预防激励，因为私人保险公司没有面临法律或财务检查的监督。通常，保险公司只会在财政上有利可图的情况下，才进行更详细的安全检查，并且只关注那些在前一年经历了高事故率的企业。表6-6为德国、日本、美国工伤保险费率机制比较。

表6-6　德国、日本、美国工伤保险费率机制比较

项目	德国	日本	美国
工伤保险缴费主体	企业	企业	企业
工伤保险统筹层次	全国	全国	州级
工伤保险提供机构	三大同业公会	劳动福祉事业机构	保险公司
行业风险划分	36类	10类	600多类
行业基本费率档次	700多类	55类	各州不同
行业浮动费率档次	34类	17类	各州不同
行业费率浮动最大幅度（%）	500	250	各州不同
行业费率调整时间	每3年	连续事业每3年	每12个月
目前平均费率（%）	1.3	4.59	1.34

资料来源：根据国际社会保障协会（International Social Security Association，ISSA）每年公开的工伤预防项目的调查报告进行总结。

第四节 典型国家工伤预防管制的管理体系

各国政府管制经验表明，政府机构的角色定位、自主程度及责任范围是构成工伤预防管制最重要的基本要素（Robson et al.，2007），政府管制的机构设置与工伤预防效果则具有直接因果关系。本书发现典型国家独特的工伤预防管制管理体系确保了其良好的工作生产环境，并有效促进了其经济发展。

一、“民主自治式”工伤预防管制的管理体系

德国主要通过行业协会的自我管理来完成工伤预防管制。工业行业协会、农业行业协会和公共服务业行业协会构成全德三大支柱行业协会，因其保持较大独立性而不同于政府机构。各行业协会设定本行业安全标准与工伤保险费缴纳基准，同时自行开展工伤预防项目、划分行业风险等级及制定工伤保险费率等级等，并拥有独立的工伤保险基金管理权限。目前德国共有102个同业协会，其中工业行业协会拥有35个同业公会，涉及建筑、交通、矿山、煤炭等行业，保障劳动者人数达工伤保险总人数的90%；基于地理划分标准，农业行业协会拥有22个同业公会，参保企业180万家；公共服务业行业协会拥有55个同业公会，覆盖范围包括公务员、各类学生、志愿者等[①]。图6-8为德国工伤预防管制管理体系。

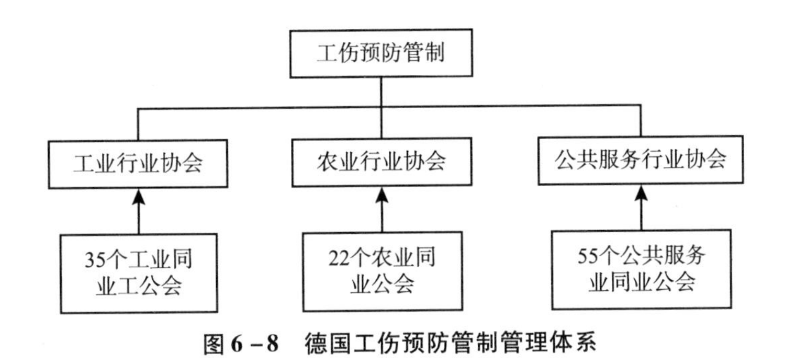

图6-8 德国工伤预防管制管理体系

① 郭策．德国工伤保险考察随想［J］．劳动安全与健康，1998（6）：42-44.

首先，行业协会高度重视工伤预防，通过职业事故登记和调查，及时调整工作生产过程中不安全因素，始终把劳动者的职业安全健康放在首位。其次，当发生事故时，救治及时且救助设施齐全，力求达到身体到心理层面的全方位康复。若康复后不能参加原有工作，行业协会将通过多种途径培训，帮助其尽快找到适合工作，将工伤事故后果控制到最低程度。再次，行业协会在职业事故的基础上，清晰划分工伤事故责任，受伤雇员可以获得相应伤害程度的事故赔偿和寻求新工作的工作补偿。最后，行业协会接受雇员对企业安全生产状况的建议和接受安全健康的投诉，有利于避免雇员与雇主矛盾冲突，提高工伤预防事故的效果。

值得注意的是，德国行业协会作为工伤预防管制管理的主体，可以更好地保护劳动者安全和降低企业的生产成本。首先，行业协会是企业的联合组织，将工伤事故的预防与救治的成本充分考虑在企业生产成本中，利用企业自我激励方式对熟悉的工作安全环境进行改善，因而企业可以追求更高的生产经济利润。其次，行业协会作为非营利组织，可以克服私人保险公司为追求利润可能出现伤害企业和劳动者的行为，同时，非政府组织行业协会也避免了国家机构滞后、拖沓的行政效率。最后，行业协会充分让雇员参与的设置，可以提高雇员在劳资关系中的地位，且作为参与工作的直接者可以更加精确反映工作中的危害。德国行业协会作为工伤预防管制管理的主体，对各项相对独立的工伤预防体制（事故后企业与劳工的法律纠纷、强制开展工伤预防项目、保险费率机制、劳动者参与）综合考虑，减少了在不同偏重下的工伤预防管理费用，提高了工伤预防管制的效率。

二、“偏重政府主导式”工伤预防管制的管理体系

日本在协同工伤预防管制法律体系下形成了以厚生劳动标准局为主导，同时以中央劳动灾害防止协会、劳动安全卫生综合研究所及文部科学省为协调的工伤预防管制管理体系。其中，厚生劳动标准局是统一管理全国安全事故和职业病预防的官方机构，为保障《劳动基准法》《劳动者灾害防止团体法》及《劳动安全卫生法》等顺利实施，其下设置安全卫生部、劳灾补偿部和产业安全与劳动卫生监督科。通过全国 47 个地级市劳动标准局和 348 个地方劳动标准局负责实施，涉及人员包括工业安全干事、工业卫生干事（各几百人）和劳动标准检查员（几千人），且通常受过大学教育，并接受过一年或一年以上的专门培训。安全卫生部主要负责制定企业的劳动标准、预防政策等；劳灾补偿部主要负责工伤预防

项目的开展（五年灾害防止计划）和工伤保险费率机制的制定；产业安全与劳动卫生监督科主要负责企业安全卫生的现场检查，对于违反规定的企业主进行行政或刑事处罚。图6－9为日本厚生劳动标准局的管理组织。

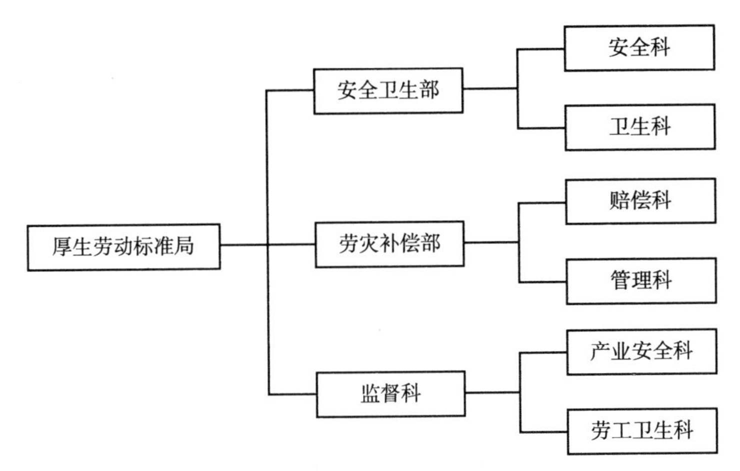

图6－9 日本厚生劳动标准局的管理组织

资料来源：厚生劳动省网站，http：//search. e－gov. go. jp/servlet/organization/。

中央劳动灾害防止协会是依据《劳动灾害防止团体法》而于1964年建立的非政府机构，通过促进各企业自主开展预防工伤事故从而达到降低职业伤害、提高企业生产率的目的。中央劳动灾害防止协会在全国先后建立北海道安全健康服务中心、东北安全健康服务中心、关东安全健康服务中心、中部安全健康服务中心、近畿安全健康服务中心、中部和四部安全健康服务中心、九州安全健康服务中心、京东安全健康教育中心、大阪安全健康教育中心、职业安全研究发展中心、大阪安全健康服务中心以及中央劳动灾害防止协会审计和认证中心12个服务中心体系，通过会长、监事、理事长的组织设置向政府部门提供安全生产信息、相关教育和职业培训活动、劳动灾害调查研究等。此外，劳动安全卫生综合研究所与文部科学省主要以安全生产研究、宣传活动、灾害调查、人才培养等展开预防工作①，组织内部责任分工明确，工伤预防研究执行效率高。

显然，日本以厚生劳动标准局管理为主导，同时以中央劳动灾害防止协会、劳动安全卫生综合研究所及文部科学省为协调的管理方式，将工伤预防项目开展（五年灾害防止计划）和制定工伤保险费率有机结合，放进统一的工伤预防框架，

① 日本中央劳动灾害防止协会官网，http：//www. anshin. ynu. ac. jp/index. html。

统一管理和严格执行，并依靠中央劳动灾害防止协会提高经办效率，同时通过劳动安全卫生综合研究所及文部科学省提高企业与职工工伤预防的意识，在减少企业生产成本与保障劳动者安全方面取得很好的政策效果。值得注意的是，日本极其重视工人工伤预防的权利，并通过 1972 年发布的《工业安全与健康法》向劳动者提供具体而有力的职业健康保障。在以企业工会为主导的日本劳资关系中，劳动者在行政事务和谈判方面都保持着相当大的自主权，积极参与中央劳动灾害防止协会、劳动安全卫生综合研究所及文部科学省的工伤预防中并发挥重要作用。

三、“完全政府主导式”工伤预防管制的管理体系

与德国、日本的工伤预防管制的管理体系相比，美国为了保证执法的强制性与统一性，针对具体行业领域中出现的安全问题建立针对性的政府管理部门。主要包括职业安全健康管理局（Occupational Safety and Health Administration，OSHA）、矿山安全卫生管理局（Mine Safety and Health Administration，MSHA）、职业安全健康审核委员会（Occupational Safety and Health Review Commission，OSHRC）、国家职业安全健康研究所（National Institute of Occupational Safety and Health，NIOSH）等。此外，还有交通运输安全委员会（NTSB）、美国化工事故防治中心（CEPPO）、薪酬和时间管理部（WHD）等。基于篇幅，本章只讨论影响范围大且成立时间悠久的职业安全健康管理局和国家职业安全健康研究所的管理体系。

1971 年，美国劳工部依据《职业安全与卫生法》设置职业安全健康管理局，主要建立和实施职业安全卫生标准、提供教育培训等服务，与其他联邦部门和地方政府建立合作关系，促进工作场所安全与卫生状况的持续提高，保障所有劳动者的安全健康。职业安全健康管理局根据具体工伤预防工作设置内部管理、建筑、合作项目、执法、评估分析、信息分析、科技医疗及标准指南 8 个司室。同时，为了处理突发的工伤事故，职业安全健康管理局依据地理区域设置 10 个区域管理机构，建立 200 多个办公室，覆盖 220 万雇员和 20 家大型建设工程。其中，矿山、邮政、空勤等特定企业的工作场所不在职业安全健康管理局的管理范围之内，但接受其他机构监管。图 6 - 10 为美国职业安全健康管理局主要管理组织结构。

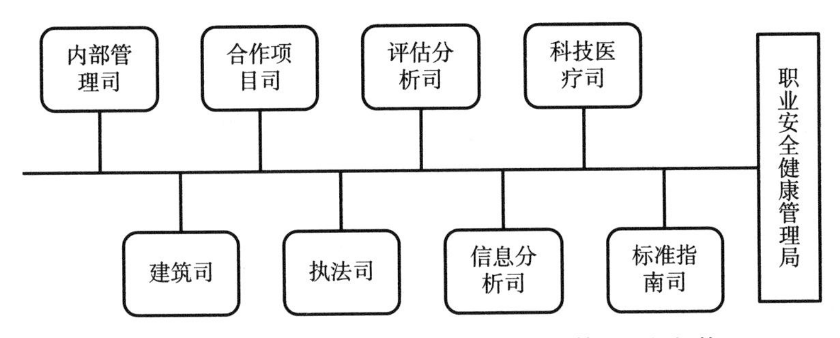

图6-10 美国职业安全健康管理局主要管理组织机构

资料来源：科技技术部专题研究组．国际安全生产发展报告［M］．北京：科学技术文献出版社，2006：28-30.

1970年，美国卫生及公共服务部门依据《职业安全与健康法》建立国家职业安全健康研究所。目前该机构分布在全美7大地区，涉及1400多名研究员并具有职业安全、职业健康、管理学、统计学等专业背景①。不同于职业安全健康管理局，国家职业安全健康研究所不具有制定相关法规和条例的权力，通过开展与工作相关的职业伤害调查研究，并向职业安全健康管理局和矿山安全卫生管理局反馈，以提高工作场所的安全和卫生状况。其中，设置健康实验科、教育及资讯科、应用研究技术部、呼吸健康部、安全研究部、监测危害评估和现场研究司、国家个人防护技术实验室、世贸中心卫生项目、西方国家部、匹兹堡矿业研究部与斯波坎矿业研究部等主要部门。

可见，美国进行工伤预防管制的管理是通过政府强制力保证实施，严格的执法监督加上明确的管理分工，使得工伤预防的安全效应得到极大提高。然而，企业在这种管制模式下一直处于被管制地位，且多部门的管理分工固然使得职业安全健康环境很快会得到改善，但是也压低了企业自主预防的激励动力。出于管制地位的不平等，尽管通过工伤保险费率机制改善了企业被动接受管制的方式，但仍然使得政府与企业的追求目标不一致，可能扭曲企业安全投资行为。根据美国劳动统计局与职业安全健康研究所2014年的数据显示，每年2100名检查员进行大约4万次安全视察，不可能覆盖美国约800万个工作场所。按照目前检查速度，需要超过100年的时间才能对美国的每一个工作场所进行一次检查（Genta，2015）。这意味着除非发生严重事故，否则一般企业接受检查的可能性很小或者报告中存在严重的违规行为，易发生企业道德风险。

① 美国国家职业安全健康研究所官网，https：//www. cdc. gov/maso/pdf/niosh. pdf。

第五节　典型国家工伤预防管制的监督体系

典型国家通过颁布法律法规，明确政府工伤预防管制的目标与内涵。再通过实施以工伤保险待遇补偿、工伤预防项目、工伤保险费率机制为主的激励手段，促使企业主动进行工伤预防。结合责任清晰且分工明确的管理机构设置，保障各项事务顺利实施。监督体系作为整个工伤预防管制最后一道程序，直接影响通过法律法规、激励手段与管理机构相配合的工伤预防管制效率。本章通过对美国、德国与日本的工伤预防管制监督体系的比较，发现三个国家均将绩效评估作为工伤预防管制的监督依据，把惩罚机制作为工伤预防管制的监督手段及引入制衡机制作为工伤预防管制的监督力量，以此形成典型国家工伤预防管制的监督体系。

一、绩效评估作为工伤预防管制的监督依据

政府进行工伤预防管制的绩效评估是确保管制政策有效性的重要指标，推动着工伤预防管制改革（Stout & Bell，1991；Smith，2001；Porru et al.，2017）。典型国家基于成本—收益分析进行工伤预防管制的绩效评估不仅体现在工伤预防项目和工伤保险费率机制的激励手段上，还体现在职业伤害的监测上，充分论证管制政策的有效性并及时作出调整。

（一）工伤预防项目的评估

美国通过开展职业安全标准、安全教育及提供安全健康信息服务等政府层面的预防项目和开展工作场所的相关器械设备的购置、改造及租赁等企业层面的工伤预防项目进行工伤预防，并设立职业安全健康管理局、矿山安全卫生管理局、职业安全健康审核委员会、国家职业安全健康研究所等划分细致且独立的管理机构。每年开展的多次安全检查，必须进行以会议、评估报告、学术期刊等形式的绩效评估。与美国类似，日本通过厚生劳动标准局管理、劳动安全卫生综合研究所、中央劳动灾害防止协会及文部科学省进行评估，还要对工作安全技术革新及工作方法开展讨论评估。而德国主要通过行业协会来与联邦及各州劳动保护局官方机构开展工作，并采取内部与外部双重评估的模式。

（二）工伤保险费率机制的评估

德国同业公会每年都会对协会内企业的工伤事故和安全生产展开调查，依据风险评估结果调整一次行业内企业经营风险等级，因而整体基本工伤保险费率等级也随之变动。由于工伤预防效果显著，平均保险缴费率从2009年的2.13%降为目前企业工资总额的1.3%，降低了企业生产成本。与德国不同，美国行业风险划分与变动是由国家保险理事会和部分州政府决定的，但其浮动费率的评估主要依靠保险公司。保险公司依据企业工伤事故与职业病的发生率、事故索赔率等制定相应的缴费等级，每年保险公司针对企业经营风险进行全面的监测，帮助企业发现其工作中的风险因素，降低风险亦降低缴纳工伤保险费率。区别于德国与美国的工伤保险费率机制评估，日本依据企业工伤保险基金的收入与工伤保险待遇支出的比例来调整企业工伤保险费率。日本这种方式将企业事前与事故的预防都考虑在工伤保险费率机制的评估中，最大化地激励了企业进行工伤预防工作。

（三）职业伤害的监测评估

德国“双重式”职业伤害监测，一方面依靠行业协会设立技术监督机构并安排监督检查人员对企业的经营生产风险进行评估；另一方面依靠企业和劳动者通过咨询公司和企业医生对劳动者所处的工作环境进行评估。而日本通过厚生劳动标准局进行的工伤预防政策效果和工伤预防项目的执行效率评估内容，还通过中央劳动灾害防止协会形成内部与外部的评估形式，再结合劳动安全卫生综合研究与文部科学省的跟踪调查及时发现工伤形势的转变，全方位动态地进行职业伤害的监测评估（“平行式”职业伤害监测）。美国通过将不同类型与不同行业的职业伤害划分给不同专业管理机构进行“自上而下”监测，且每个专业管理机构都有一套职业伤害的监测评估程序。

二、奖惩机制作为工伤预防管制的监督手段

奖惩机制在社会管制经济学研究中被认为是行之有效的政府管制手段（Viscusi，Harrington and Vernon，2005）。工伤保险涉及企业、劳动者与政府，企业基于利润动机，本能不愿投入相关预防成本，而劳动者基于安全保障需求，迫切希望改善职业生产环境。政府通过工伤预防管制中的奖惩机制迫使企业重视职业安全，当因减少工伤事故，保护劳动力资源而提升自身生产效益时，企业会转变

其被动工伤预防的动机（Braithwaite，2006）。

政府制定相应奖惩机制的法律法规，通过建立工伤预防管制的管理机构，对违反工作安全环境相关规定的企业，严格执行惩罚。美国对于违规者惩罚作了详细规定：若企业主违反职业安全健康相关规定，但没有造成死亡或严重工伤事故，最高罚款7000美元；若企业主明知工作场所中存在不安全因素而不及时整改，每次最高罚款达5000～7000美元；若导致一名劳动者死亡，则企业可能受到7000美元罚款且6个月监禁或罚款和监禁并重；若因同样安全问题造成工伤事故，企业主被罚7000美元；未及时整改的企业，每天可被罚款1000美元①。日本每年要对工作场所进行安全检查，若视察中发现企业违反规定，雇主须予以改正并在改正后通知劳工组织，并对情节严重的企业进行复检，确认其纠正措施；若屡次不整改者，将受到罚款、开除、吊销经办资格等惩罚。德国企业相较美国和日本，不仅会因行业协会展开安全健康检查的不良结果受到相应惩罚，且会因联邦及各州劳动保护局不定期、不定点、不设范围的检查而进行整改和受到处罚。

除此之外，政府工作安全环境的惩罚还体现在工伤保险费率上，德国、日本和美国都会根据工伤保险费率机制的评估，给予企业相应费率惩罚。根据冯英和康蕊（2009）对德国工伤保险费率机制的梳理，发现如果企业上一年度工伤保险费用支出增加20%（工伤预防费用、工伤保险待遇补偿费用、相关管理费用等），本年度内其工伤保险费用就要增加60%，即工伤保险费率增加60%②。不同行业费率等级，其工伤保险费率的惩罚程度不同。而日本对于连续性事业和有期事业企业的费率奖惩具有区别。例如，木材采伐事业企业的工伤保险基金收支率在30%～40%，三年后实行的保险费率下降25%。建设事业企业的工伤保险基金收支率在30%～40%，三年后实行的保险费率下降20%③。美国工伤保险费率的惩罚主要通过保险公司每年依据企业工伤事故、职业病及工伤赔付率的记录来调整经验费率系数，最终通过国家工伤保险理事会增加或降低企业缴纳的工伤保险费率。

三、制衡机制作为工伤预防管制的监督力量

政府通过工伤预防管制的绩效评估与奖惩机制提高了政府管制效率，以雇员

① 科技技术部专题研究组．国际安全生产发展报告［M］．北京：科学技术文献出版社，2006：34－35.

② 冯英，康蕊．外国的工伤保险［M］．北京：中国社会出版社，2009：30－35。

③ 日本厚生劳动者，http：//www.mhlw.go.jp/bunya/roudoukijiun/roudouhokenpoint/dl/rousaimerit.pdf。

参与的形式构成制衡机制是防止工伤预防管制机构的强制力被滥用，保证工伤预防管制机构实施各种管制行为的公正与公平。巴德（Bader，2007）指出21世纪工作场所的管制可以将传统型企业追求经济利益、劳动者追求工资福利待遇的劳资矛盾和政府追求社会安定、企业追求经济利益的政企矛盾统一到更大范围内的共同利益上来。显然，巴德理论与“波特假说”理论的内在激励动力具有一致性，雇员参与权与企业组织绩效的结合，可以加快实现工伤预防管制中政府、企业、劳动者“共赢”的局面。

美国“完全政府主导式”工伤预防管制的管理体系中，依然重点突出雇员参与的重要性。值得注意的是，职业安全与卫生管理通过设置雇员上诉机制①来进行工伤预防。美国《职业安全与卫生法》规定，如果任何劳动者认为自己陷入某种不安全的生产环境，或企业生产过程中某种安全标准不符合政府规定，都可向相关机构反馈。职业安全与卫生管理局随即组织监察人员针对雇员申述展开调查，一经查实，企业会受到相应行政处罚并在一定期限内整改。这种雇员上诉机制，可以根据雇员要求向相关企业保密其雇员个人信息。

日本“偏重政府主导式”工伤预防管制的管理体系中，同美国一样，雇员上诉机制十分重要。多伊（DOI，2005）发现，日本每年开展20万次安全检查中约10%是由工人投诉引发的。此外，雇员参与也体现在中央劳动灾害防止协会开展的相关活动中。例如，通过举办雇员技能培训、技术援助等提高雇员工伤预防能力。从1928年起，中央劳动灾害防止协会每年开展“全国安全周”活动，提升雇员安全意识。截至2017年，该活动已经举办90次，并且从未间断。

德国“民主自治式”工伤预防管制的管理体系中，以雇员参与形式而构成的制衡机制运行时间最久且相对完备。一方面，德国与美国、日本一样，联邦劳动保护部门和行业协会都设置了雇员上诉机制，帮助企业改进劳动保护缺陷，完善其劳动保护的预防体系。另一面，德国与美国、日本一样，高度重视雇员的安全教育，培训专业技能人才，同样定期开展安全宣传日或周活动。此外，德国强制安排企业医生关注雇员身体健康，注意听取雇员安全建议，并向政府机构提交相关报告。这种雇员参与的独特形式，提升了雇员在管制中的地位，极大调动了雇员参与的积极性。

---

① 事故后的工伤补偿待遇的处理机制也涉及雇员参与，因为各国都有相同的设置，这里就不重复讨论，主要讨论工伤事故前的雇员监督。

第六节　典型国家工伤预防管制改革的经验与借鉴

以劳动者与企业雇主充分参与的典型德国模式、工伤保险与安全生产为一体的典型日本模式与联合私营与公共保障系统预防的典型美国模式，都经历了数百年的发展，形成目前高效率的工伤预防管制法律、激励机制、管理机构与监督体系，并积累了能达到提高劳动者安全效应又促进企业经济发展“共赢”局面的大量实用性建议，为完善我国工伤预防管制改革提供了重要启示。

一、高度重视工伤预防管制

首先，德国、日本和美国政府将“三位一体”工伤保险制度中工伤预防管制放在战略第一位，通过每年开展全国性的安全活动提高全民预防意识。例如，美国国家安全委员会每年10月开展全美安全大会，中央劳动灾害防止协会每年开展“全国安全周”活动等。其次，注重教育培训，提升劳动者工伤预防技能。德国对于企业安全教育培训极为重视，新员工进厂就必须接受师傅的定向技术指导，且政府每年将其作为监察重点。此外，若受伤劳动者康复后不能参加原有工作，行业协会将通过多种途径培训提升其劳动技能。而日本通过中央劳动灾害防止协会定期开展相关安全教育和职业培训活动，特别是国立横滨大学成立的安心、安全科技教育中心，每年进行工伤预防教育，培养专项人才。再次，注重科学研究、引导企业安全投入。德国联邦劳动保护和专业性职业安全研究机构、日本劳动安全卫生综合研究所和美国国家职业安全健康研究所等科研机构对生产设备、生产流程、工作方式、原材料安全性等，进行与工作安全相关技术研究，并在政府资金支持下，改造企业生产经营安全环境。最后，注重劳动者参与，培养安全文化。将工作场所的职业伤害预防作为企业经营组成部分、将安全文化作为整体利益理念是企业在激烈竞争中保持优势的关键（傅博达，2005）。日本开展五年安全计划就是促进企业建立安全文化，同时，设定员工反馈机制，使得企业与职工更加重视职业安全，建立自我保护机制。

二、完善的工伤预防管制立法

重视工伤预防是高效率政府工伤预防管制的前提条件，而完善的工伤预防管制立法是高效率政府工伤预防管制的运行基础。德国、日本和美国工伤预防管制立法均呈现立法层次高、立法详细、可操作性强和动态及时调整的特点。德国在 1996 年重新修订的《劳动保护法》，日本在 1931 年后陆续颁布的《劳动基准法》《劳动者灾害防止团体法》及《劳动安全卫生法》和美国在 1970 年颁布的《职业安全与卫生法》，都是国家层面的法律，为政府执法力量提供依据，保障了工伤预防管制的强制力。此外，对于工作场所的通风、照明、机器设备及原材料的使用范围等都制定了详细立法规定，例如《铅中度预防》《特定化学物品等预防规制》《事务所卫生基准规制》《危险原料条例》《劳动场所条例》及《劳动安全卫生施行令》等。为了保障法律可操作性，各国配备了相应规章、条例及相关标准的行动指南。例如，美国政府安全监察员不定时对企业安全标准进行检查时，规定不能提前通知、进行时必须出示证件、检查后进行总结等。值得注意的是，各国工伤预防管制立法都是随着经济社会风险变化作出及时调整，完善其法律法规。例如，美国工伤预防管制开始立法时，只注重工伤事故的预防。20 世纪 60 ~ 70 年代，工人维护工作安全环境而广泛开展工人运动，引发政府对于职业病的关注，并在 1970 年，政府将职业病的预防纳入立法范围。此后，在工伤预防管制改革中也不断剔除一些不合理的标准及加入一些新风险规定。

三、科学的工伤预防管制激励机制

科学的工伤预防管制激励机制是高效率政府工伤预防管制的关键核心，是引发企业、政府、劳动者“共赢”局面的必要条件。本章通过对比德国、美国和日本的工伤预防管制激励机制设置过程，发现各国政府一开始都是采取外部直接干预的措施进行工伤预防，这种方式更加简单且易操作。例如，最先开始的工伤保险待遇机制就是预防受伤劳动者因工伤事故而陷入生活困境。因前期注重工伤事后预防使得政府、企业的成本负担重且劳动者身心痛苦，所以后期陆续开展了教育、培训等事前工伤预防项目。然而，政府发现单纯的外部直接干预的措施使得企业一直处于管制的被动地位，不利于管制效果。设置工伤保险费率机制，使得企业主动进行工伤预防，并同时注重雇员在预防管制中的参与作用。若工伤保险费率机制设置不合理，则易扭曲企业安全投资行为，引发企业道德风险。基于此考虑，德国采取行业协会形式进行企业自我管理，将企业生产成本与预防成本统一考虑，行业协会每年根据企业工伤事故和安全生产的调查结果，调整行业内企业经营风险等级，相应行业基础费率与浮动费率也会随之改变。美国和日本依然由政府主导工伤预防，并且通过相关监管机构的报告结果，及时调整工伤保险费率。为了完善工伤预防管制激励机制，职业伤害的动态监测系统成为工伤预防效率的保障。无论是德国“双重式”职业伤害监测系统、日本“平行式”职业伤害监测系统，还是美国“自上而下”职业伤害监测系统，都包括工伤预防项目与工伤保险费率机制的内容，注重政府、劳动从业者与企业在职业伤害监测系统的平衡分布。最后，奖惩机制的运用可加快政府达到工伤预防管制的目标。

四、全面的工伤预防管制绩效评估

工伤预防的绩效评估反映出工伤预防管制政策运行问题，帮助并提高政府工伤预防管制效率，缩短达到企业、政府、劳动者“共赢”局面的进程。起初，频发的工伤事故造成大量劳动者死亡，引发劳资矛盾和社会动荡。政府投入大量的人力物力进行安全生产预防，保障劳动者生命安全，极大提高了社会安全效应。然而，工伤预防管制政策制定者一般易忽略政策对经济效率的影响，为此早期工伤预防管制造成了巨大的国民经济负担。美国 1970 ~ 1998 年职业安全健康管制成本数据显示，政府行政成本增加 1 倍，特定产业成本翻近 5 倍，一般商业成本增加高达 11 倍之多（见表 6 – 7），微型经济企业承受了工伤预防管制成本的最高比重。为了推动管制改革，1981 年里根总统颁布了 12291 号行政法令，要求管制机构在制定相关工伤预防管制法规时，必须进行成本—收益分析。此后，德国在 1984 年、日本在 1987 年均在评估工伤预防社会安全效应的同时加入了经济分析，出台帮助企业减轻负担的立法，即在定量约束条件下更好配置工伤预防资源（Hahn，2000）。

表 6 – 7　　美国职业安全健康管制成本　　单位：百万美元

管制成本	1970 年	1980 年	1990 年	1998 年
政府行政成本	728	753	1002	1314
特定产业成本	91	279	320	484

续表

管制成本	1970 年	1980 年	1990 年	1998 年
一般商业成本	115	355	743	1364
总计	934	1387	2065	3162

资料来源：Weidenbaum M L. Business and Government in the Global Market Place [M]. Prentice Hall, 1995：34 -35.

目前，德国、美国、日本工伤预防管制的绩效评估是建立在成本—收益的基础上的，由于社会性收益不易衡量的特点，基本采取成本—效益的替代评估方法。为此，政府工伤预防管制的绩效评估不仅体现在相关法律法规制定，以及工伤预防项目、工伤保险费率机制与工伤保险待遇上，还进行了充分论证以期保证激励手段的有效性。

五、统一的工伤预防管制监管体制

统一的工伤预防监管体制是高效率政府工伤预防管制的保障，是达到企业、政府、劳动者“共赢”局面的坚实基础。首先，国家为了保障职工安全健康权益，颁布并完善工伤预防管制相关法律。政府依据国家法律的工伤预防要求建立安全健康监督法规，促使企业主动进行工伤预防。美国、日本与德国将安全健康监督、管理机构、相关配置人员、职责划分和行为规范都以法律形式进行了详细规定。例如，美国联邦政府为了保证执法的强制性与统一性，根据具体行业领域中出现的安全健康问题建立针对性的政府管理部门；日本则是通过厚生劳动标准局负责职工安全健康所有事务，包括制定法律、工伤保险、监察等。其次，政府通过非政府组织协作工伤预防监督。德国行业协会不属于政府机构，负责工伤预防和工伤赔付并监察协会内企业安全生产等。日本通过中央劳动灾害防止协会、劳动安全卫生综合研究所及文部科学省的协调管理工伤预防工作，在减少企业生产成本与保障劳动者安全上取得很好的政策效果。最后，美国、日本与德国的监察力量充足，调查结果在管理组织中可充分流通。根据 2014 年美国国家职业安全和健康管理局资料显示，全局总共负责联邦政府内 760 万企业工作场所的安全监察，涉及雇员 1 亿 900 万人[①]。依据安全监察人员的调查结果，国家职业安全和健康管理局调整行业基本风险等级和企业奖惩等。正是这种统一的工伤预防监

① 美国国家职业安全和健康管理局官网，https：//www. osha. gov/。

管体制，使得政府从被动进行事故后的工伤预防状态转向主动防治工伤事故与职业病的源头，组织角色定位清晰、自主程度高及执法体系严格，形成了政府工伤预防的长效管理机制。

第七节 本章小结

本章首先通过追踪工伤预防管制的发展脉络，发现高效率的工伤预防管制必须依赖于有能力、治理良好和现代化的工伤保险制度，在提供可持续、足够高和可负担得起的福利的同时，及时按照实际中工作风险变化进行动态调整，才能达到企业、政府、劳动者“共赢”局面的管制目标。在此过程中主要形成了以劳动者与企业雇主充分参与的典型德国模式，工伤保险与安全生产为一体的典型日本模式与联合私营与公共保障系统预防的典型美国模式。然后，对比分析了德国、日本与美国的工伤预防管制法律法规，并综合分析其工伤保险待遇机制、工伤预防项目及工伤保险费率机制相结合的工伤预防管制激励手段，以及工伤预防管制的管理体系和工伤预防管制的监督体系。研究发现：（1）工伤预防管制立法均呈现立法层次高、立法详细、可操作性强和动态及时调整的特点；（2）外部干预结合内部激励构成了科学的工伤预防管制激励机制；（3）工伤预防管制绩效评估建立在社会安全效应与经济分析之上，并对相关法律法规的制定、工伤预防项目、工伤保险费率机制与工伤保险待遇等都进行了全面评估；（4）政府组织机构设置的角色定位清晰、自主程度高及执法体系严格，构成了统一的工伤预防监管体制。

基于典型国家工伤预防管制模式的对比分析，得到如下的启示：（1）重视工伤预防是高效率政府工伤预防管制的前提条件，而完善的工伤预防管制立法是高效率政府工伤预防管制的运行基础；（2）科学的工伤预防管制激励机制是高效率政府工伤预防管制的关键核心，是引发企业、政府、劳动者“共赢”局面的必要条件；（3）工伤预防的绩效评估反映了工伤预防管制政策运行问题，帮助并提高政府工伤预防管制效率，缩短达到企业、政府、劳动者“共赢”局面的进程；（4）统一的工伤预防监管体制是高效率政府工伤预防管制的保障，是达到企业、政府、劳动者“共赢”局面的坚实基础。

第七章

中国工伤预防管制改革的路径优化

在全球经济一体化与非平衡发展背景下，一个国家的资源禀赋不再具有竞争优势，后天因素作用越发重要。基于劳动力人口下降与劳动力老龄化的国情，政府应考虑如何利用有限的预防资源通过市场运行机制与行政手段，驱动企业形成安全技术创新为主的发展模式，从而发挥高效率的工伤预防管制，实现良好社会安全环境的同时，促进企业经济发展。以“共赢”理念的中国工伤预防管制改革将加速推动经济新常态下增长速度放缓、产业结构调整和发展方式转变进入高质量发展阶段，最终提高国家在国际市场中的竞争力（见图 7－1）。

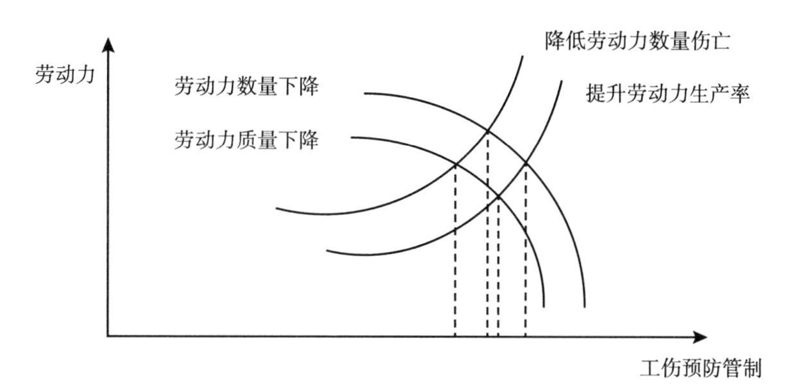

图 7－1　工伤预防管制扭转劳动力数量与质量降低趋势

现阶段中国工伤预防管制的模式选择或实施途径，已经达到“波特假说”理论所阐述“共赢”局面的适宜管制制度安排的条件，政府工伤预防管制具有实现“共赢”局面的可能性。那么如何通过工伤预防管制改革实现“共赢”的管制目标，其关键在于管制强度设定。因此，本书将前述分析中所有影响政府工伤预防管制强度的因素，归纳整合并构建一个三维立体概念框架。在此基础上，探寻触发适宜管制强度而实现“共赢”中国工伤预防管制的前置条件、基础设置、后置保障的优化路径，以此深化中国工伤预防管制改革。

第一节　中国工伤预防管制的三维立体概念框架

本章基于哈登（Haddon，1980）研究降低各种职业伤害的基本策略提出预防立体化的管理思维，结合影响工伤预防管制强度的时间、管理层次、事故因素三个方向维度，构建一个工伤预防管制的三维立体概念框架并指明工伤预防应同时具有自下而上和自上而下的管制方向（见图7－2）。将影响工伤预防三个方向九大因素整合在政府管制机制的设置之内综合考虑，不仅有利于“共赢”的中国工伤预防管制目标实现，且向世界展示了中国政府在发展经济与承担社会责任中的大国风采。

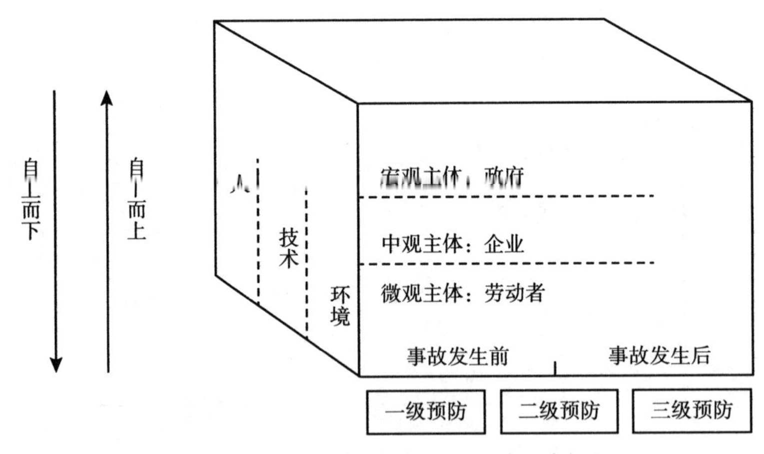

图7－2　工伤预防管制的三维立体概念框架

一、工伤预防管制具有时间维度

一般工伤都要经历工伤事故发生前、工伤事故发生时、工伤事故发生后三个时间阶段。据此，一方面，以古洛塔（Gullotta，1987）为代表的研究者将工伤预防也相应分为控制工伤源头、工伤中及时监护、工伤后救治康复。其中，工伤中及时监护和工伤后救治康复措施并没有明确且清晰的定义。另一方面，为了全面保障受伤劳动者安全需求，各国政府针对三个不同时间段的工伤而设计出工伤预防、工伤补偿和工伤康复“三位一体”的工伤保险制度。显然，若只重视事后工伤预防，就可能造成企业经济效率下降，易出现企业道德风险；若只重视事前工伤预防，劳动者安全权益就可能得不到充分保障，易使受伤劳动者陷入贫困。因此，工伤事故发生前后阶段都影响着工伤预防管制的强度，工伤预防管制应当具有时间维度。

本章将研究者界定的控制工伤源头和各国政府“三位一体”工伤保险制度中提及的工伤预防制度归为事前工伤预防管制，将工伤中及时监护、工伤后救治康复和工伤补偿、工伤康复制度归为事后工伤预防管制。同时，为了与研究者和各国政策研究中的时间阶段保持一致，本章将事前工伤预防管制和事故后工伤预防管制，又划分为一级预防管制、二级预防管制与三级预防管制。若政府开展将工伤事故前和工伤事故后相结合的统一工伤预防管制，那么不仅有利于全面保障劳动者的职业安全健康，且统筹考虑了企业事故前缴纳工伤保险费和事故后补偿给受伤劳动者的待遇，也将有利于企业总生产成本的控制。

二、工伤预防管制具有管理层次维度

加泰和杜利（Catalan & Dooley，1980）指出，工伤预防管制具有宏观和微观水平之分，在此基础之上，卡玛（Karmaus，1981）进一步将工伤预防管制细分为微观劳动者个人管理、中观企业管理及宏观社会管理。可见，差异性的工伤预防管制层次直接影响工伤预防管制强度。各国政府在制定工伤预防管制政策时，非常注意各管理层次的运用。首先，德国、日本与美国制定其工伤预防管制时，为了宏观把控工伤预防效果而制定全国性立法；其次，制定激励机制时，德国主要以非政府组织行业协会的作用为主而政府只负责监督，日本政府与社会团体几乎享有同等管制地位，美国虽然以政府主导，但保险公司在调整浮动费率上起关键作用；最后，在监管环节，德国、日本与美国都涉及劳动者参与的权利。显然，工伤预防管制应当具有管制层次维度。

工伤预防涉及经济、社会、科技等方面，需要大量人力、物力和财力，只有具有强制力的国家才能保障实施，因此政府应具有主导地位。企业是经济生产利益所得者和工伤产生的间接者，将工伤预防纳入其经营生产目标中，可以增加其市场竞争力。劳动者是工伤的承担者，注意劳动者的参与将有利于取得更好的预防效应。基于上述分析，本章将工伤预防管制划分为宏观管制主体（政府）、中观管制主体（企业）、微观管制主体（劳动者层面）三个水平。通过政府、企业和劳动者的共同努力，才能达到事半功倍的预防效果。

三、工伤预防管制具有事故因素维度

人、技术与环境被认为是产生工伤事故和职业病的主要因素（Catalan & Dooley，1980；Karmaus，1981）。其中，技术可以来自劳动者生产能力和企业安全技术，这里将劳动者生产能力归为人的因素，技术专指企业的安全技术。各国工伤预防管制中都有涉及事故因素的政策，预防人为因素所致的职业伤害通常采取教育培训方式。从前文分析可知，我国开展工伤预防项目主要通过教育宣传提高劳动者的安全意识和职业技能。而德国、日本与美国都高度重视安全教育，通过研究教育方式、建立定点教育专业机构及每年定期开展全国性安全教育活动等开展安全教育。各国为应对技术和环境导致的职业伤害，一般通过制定相关职业安全技术标准，强制经营企业必须达到标准化的安全技术。值得注意的是，掌握预防知识的劳动者，若采取不恰当的技术，也会导致职业安全健康环境的转变，但这并不是认为人、技术与环境三者之间存在优先顺序。例如，落后的煤矿生产设备就存在着巨大安全隐患，通过更替设备与技术，就可大大减少劳动者工伤事故的发生概率，提高生产安全环境。可见，人、技术与环境都影响着工伤预防管制强度，工伤预防管制具有事故因素维度。

人为事故因素影响技术发挥与工作环境的安全氛围；技术事故因素影响人力资源的供给与工作环境的安全程度；环境事故因素影响人力安全与技术革新。基于上述分析，政府制定工伤预防管制政策时应将人、技术、环境因素结合起来统筹分析，而不能单独或分列式进行，否则将会降低既定工伤预防效果。

四、工伤预防管制具有双重管制方向

目前中国工伤预防采取自上而下的管制方向，国家是劳动者职业安全健康的承担者，强制企业和劳动者履行其在法律约束范围内的义务，任何违反法律法规的行为都将受到相应管制惩罚。事实上，传统型政府采取完全管制的方式并无法取得最佳管制效率。早期美国工伤预防践行自上而下的监管模式，要求行业遵守政府制定的管制规制，却造成巨大经济负担。从典型国家政府管制发展轨迹可见，工伤预防管制需要多方共同努力，才能减少经济成本又保障工伤预防良好的安全效应。日本注重工会力量并形成了一个以三方机制为基础的平等主义价值观和各方之间相互信任的工伤预防管制体制。德国形成了政府机构为辅和行业协会主导的伙伴关系。行业根据公认的标准规范管理自身工伤风险，全局把控各项工伤预防事务，而政府监管机构只负责监督行业协会行为。

此外，安德森和门克尔（Andersson & Menckel，1995）通过构建工伤预防概念框架分析预防职业伤害时，就指出工伤预防具有专家—研究机构—个人、个人—政府、社会—社区—个人的管制方向。其中，专家—研究机构—个人的工伤预防方向是指专家通过权威机构向劳动者解释需要采取预防职业伤害的相应措施；个人—政府的工伤预防方向是指劳动者向政府传递工伤预防的需求；社会—社区—个人的工伤预防方向是指社会构建安全氛围通过社区形式保障受伤劳动者及时救治与工伤康复。无论是专家—研究机构—个人或个人—政府，还是社会—社区—个人的工伤预防流动方向，实质都是自下而上或是自上而下的预防模式。基于此分析，在制定法律法规和激励手段时，中国工伤预防管制应当具有政府—企业—劳动者的自上而下的管制方向。同时，在监督与评价效果上，兼具劳动者—企业—政府的自下而上的管制方向。

第二节 “共赢”中国工伤预防管制的前置条件

基于上述工伤预防管制的三维立体概念框架，本书提出政府首先要转变工伤预防管制理念，将企业成本削减竞争转变为创新驱动的竞争发展方式，以此激发企业进行全新的安全技术创新，最后结合劳动者充分参与，才具有实现“共赢”中国工伤预防管制的可能性。

一、政府转变工伤预防管制理念

全球化正以共享信息、技术、市场和金融资本的方式连接着各国经济，已经改变了传统经济发展格局。各国政府在国际市场上发展其经济主要形成了两种截然相反的竞争路径：企业开发出更多具有创新和先进的技术，内部化其生产成本的创新驱动竞争；通过增加规模经济、减少劳动力等方式削减传统成本的竞争（Kemp，1994，1995）。随着世界范围内对劳动保护需求的增加，越来越多的企业意识到采取创新技术，不仅可以改善安全生产环境，且帮助其增加市场竞争力（Mayer，1998）；而通过增加规模经济、减少劳动力等削减传统成本的企业因其易忽视劳动者的安全健康，引发工作危害，其在国际市场中的竞争力正逐渐削弱（Charles and Lehner，1998）。

面对国内经济发展缓慢，产业结构调整与企业支付乏力的现状，政府继2015年10月和2018年5月后，于2019年5月再次将能集中体现预防管制强度的企业工伤保险缴费率进行下调[①]。实际上，政府以传统的成本削减竞争方式开始放松严格的工伤预防管制。通过第四部分中国工伤保险预防管制改革的安全效应评估结果，本书发现当前政策费率设定为1%或0.75%时，地区平均工伤保险费率设定在［0.02%，0.15%］或［0.02%，0.11%］，均使得提高预期工伤保险待遇可以促进安全效应。实证结果显示，在工伤预防管制有效范围内，阶段性降低费率的政策可使保险费率最大程度降低为0.02%。进一步结合第五部分中国工伤保险预防管制改革的经济效应评估结果可知，企业因当前过高的工伤保险费率降低了其全要素生产率的增速。降低工伤保险费率意味着直接降低其生产成本，必然会促进企业经济发展。然而，通过对比80个主要国家和地区的费率设置，研究发现经济发展程度高的国家，其平均企业缴纳保险费率在1%～2%之间（见图7－3）。显然，一味降低费率削减成本的策略可能不仅无法全面保障劳动者的安全效应，且可能加剧企业间“搭便车”现象，达不到政策想要的结果。如何在阶段性降低费率的背景下，进行工伤预防管制的结构性改革，本书认为政府应该将成本削减竞争转变为创新驱动的竞争，虽然后者比前者实施起来更困难，且短期内见不到效果，但却是更加具有持续性发展的政策。

---

① 具体表现为2015年10月工伤保险费平均缴费率原则上要控制在职工工资总额的1.0%下调为0.75%。2018年5月，进一步根据基金累计结余的情况，再次下调20%或50%的工伤保险费率。

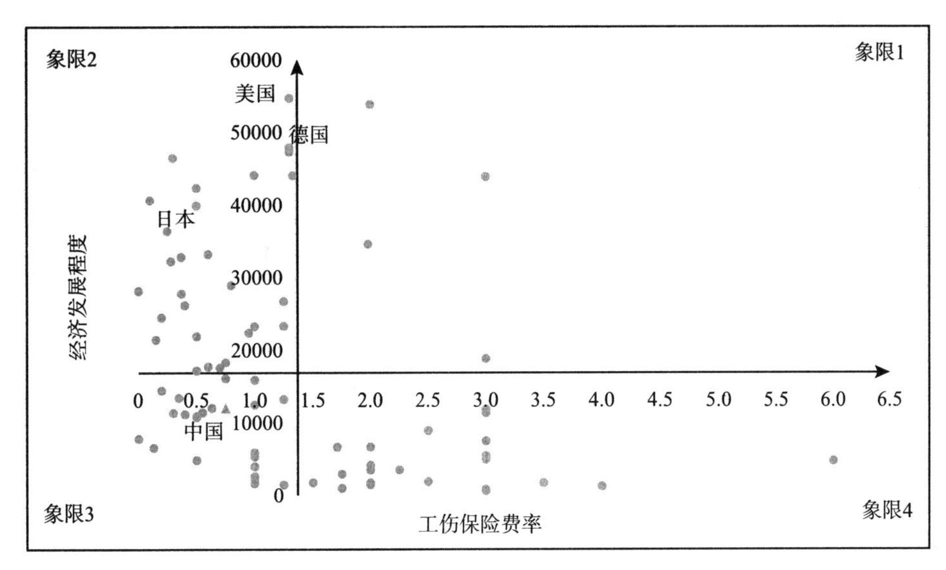

图7-3 80个主要国家和地区工伤保险费率与经济发展关系

注：选取全球开展工伤预防计划的166个国家和地区中经济发展水平较高的80个国家和地区，并以其人均GDP（美元）作为Y轴，平均企业缴纳保险费率（%）作为X轴，建立了四象限图。80个国家和地区工伤保险平均费率的均值约为1.37%，人均GDP均值为16814.17美元，两条均值线将XY轴分为四个象限，其中，位于第二象限的国家和地区最多，图中三角图形为中国。

资料来源：根据各个国家和地区的官方网站的数据整理而得。

产品产量到质量产品的转变意味着延长劳动者工作时间转变为提高劳动者生产率，必须依赖于有能力的企业领导与劳动者全程参与原材料、生产和销售等所有程序。政府创新态度需要作出重大改变，采用更具前瞻性的战略方法，才能实现这种持续转换。例如，给予企业使用安全技术的津贴，利用企业短期经济利益引导其进行更深层次的组织变化。因此，实现企业创新驱动发展不再仅仅是渐进式的进步，而需要更具系统、多维度和破坏性的重大技术、组织、制度和社会的变革。企业在向创新驱动发展的过程中，其能力可能是关键的限制因素，政府通过适当的工伤预防法律和政策干预，增强其向更具可持续性方向转变的可能性。

二、企业具有技术创新的意愿、机会与能力

参保企业具备技术创新的意愿、动机和能力时，政府才能激发企业采取创新驱动竞争的发展方式。技术创新意愿、机会与能力是相互影响的，且每个因素由更加基础的因素所决定（Ashford，2000）。

技术创新意愿是由企业对一般生产变化的态度、理解问题、可能选择和解决方案认知，以及评价备选方案能力所决定的。其中，通过行业协会、政府资助教育项目、企业间联系等方式可以改善对选择解决方案的认知；管理者的态度和组织结构内的安全文化往往决定了企业生产方式，可能会扼杀或鼓励企业安全技术创新；对理解问题和评价备选方案的能力取决于企业内部智力。在熊彼特提出的企业破坏主导技术创新的理论下，管理层承诺培育与传统价值网络相悖的新方法时，塑造了企业主的创新意愿。

技术创新机会包括供给和需求两方面因素。在供给方面，安全技术差距可能存在于目前某一特定企业使用的技术和现有可采用或适用的技术（分别称为扩散或增量创新）之间，也可能存在于待开发的技术中（重要的持续性创新）。当企业意识到节省成本的机会时，这些差距可以促使企业改变它们的安全技术。在需求方面，有三个因素可以推动企业进行安全技术变革，分别为节省成本或扩大销售的机会；公众追求更环保、更安全工业产品和服务的需求；劳动者需求和由劳资关系引起的压力。第一个因素可能来自客户价值网络的变化。然而，如果行业新进入者已经抓住机会开发出颠覆性的安全创新技术，那么上述需求因素对于行业中现有企业安全技术变革的刺激将不再起作用。

企业技术创新能力实际上可能是最重要的限制因素，可以增强理解问题、评估备选方案及增加外部交流等。首先，企业可以通过学习提高其能力，例如通过有意或无意地从供应商、行业协会、工会和其他企业交流中获得，或从现有书籍文献阅读中获得。其次，通过以正式和非正式形式对经营者、劳动者和管理人员进行安全教育和培训，并有意通过建立技术战略联盟（不一定局限于地理区域、国家或技术体制），都可以增强企业能力基础。因为与外界互动可能会刺激企业采取更加激进、破坏性的变革创新。最后，企业变革能力可能受到相关企业创新性（或缺乏创新性）的影响，这是由特定产品或生产线的成熟度和技术刚性所决定（Ashford，1985）的。事实上，一些企业安全技术创新可能更加容易。例如，污染严重的重工业是资源密集型产业，工伤事故与职业病最频繁，其安全技术创新非常困难，尤其是在核心工序方面。而同样是资源密集型产业的计算机行业也可能造成污染，威胁劳动者安全。显然，该行业通过技术创新更容易满足劳动者安全工作环境的需求。

三、工伤预防管制引发企业全新技术创新

新古典经济学家认为政府实施严格的工伤预防管制会增加生产成本，转移研

发资源，从而阻碍安全技术创新，降低企业竞争力（Jaffe et al.，1995）。事实上，在许多情况下，企业降低成本或提高产品质量是通过牺牲职业安全健康环境而取得的。对此，1991 年波特提出严格的工伤预防管制可以改变行业或企业产品和生产流程，从而使得政府获得企业经济和劳动者安全的双重效益。因为通常一个合理的管制标准是依据管制结果而不是管制方法制定的，鼓励企业更新其生产技术，就会引发创新和升级。企业通过开发新技术应对政府严格的工伤预防管制，可以使其具有“先行者”优势，能够让其产品/服务迅速占领市场份额。1971 年，波特在麻省理工学院进行的“美国化学生产中严格法规对促进基础产品和工艺创新的效果研究”，成为支持“波特假说”理论最早的实证来源（Ashford，1983）。该项早期研究成果表明，如果对工伤预防管制体制设置适当，使其对于企业具有经济激励作用，加之实施适宜的管制强度，就可以诱发企业先进的技术发展，从而显著地减少劳动者在工作环境中以及在消费品中对有毒化学物质的暴露。

企业技术创新不仅体现在对现有生产流程或产品等技术的改进上，也体现在现有技术完全被全新的生产流程或产品等技术所替代上。因此，依据企业安全技术变革的程度，“波特假说”理论被进一步分为“弱波特假说”理论和“强波特假说”理论（Van，2000）。“弱波特假说”理论认为通过工伤预防管制的妥善设计，可以诱发被管制企业进行创新，使得不安全因素被减少的同时，伴随着材料、水和能源等成本的节省，即创新抵消。实践中创新抵消经常发生，因为先进入的企业具有学习曲线优势。如果一个企业是第一个以明智方式遵循政府工伤预防管制的，那么市场上的追随者将会以一种成本更高的方式遵循管制。例如，率先遵循政府工伤预防管制的企业，若三年内工伤事故率降低，下一次费率制定时就享有费率折扣的优势。然而，这种理论忽略了其他生产者和供应者对于现有企业安全技术创新的重要影响。

创新抵消关注的是现有企业的成本，正如波特所观察到的那样，企业以渐进的（或持续的）产品和流程技术创新来应对政府工伤预防管制。虽然会实现劳动者职业安全健康的改善，但违规的产品和工艺只是渐进的改变，中短期内企业总是无法获得更大经济利润。然而，在管制诱导创新假说更强大的形式下，高强度的管制可以刺激全新产品和流程进入市场，从而取代现有主导技术。在这种情况下，除非现有公司有意愿和能力与新形式的生产技术竞争，否则它们也很可能被市场淘汰。“共赢”的中国工伤预防管制应该建立在“强波特假说”理论基础上，通过企业全新安全技术使得其一直保持竞争优势，才能彻底改善企业经济负担问题，才能真正扭转企业因支付职工工伤福利与改造安全健康环境而出现的道德风险。政府面临的设计挑战是如何通过工伤预防管制和市场激励相结合的方式，诱导现有企业以一种重要方式重塑自己，淘汰现有不良技术。图7-4为工伤预防管制强度与企业技术变革，显示了管制强弱度与企业技术变革之间的关系）。

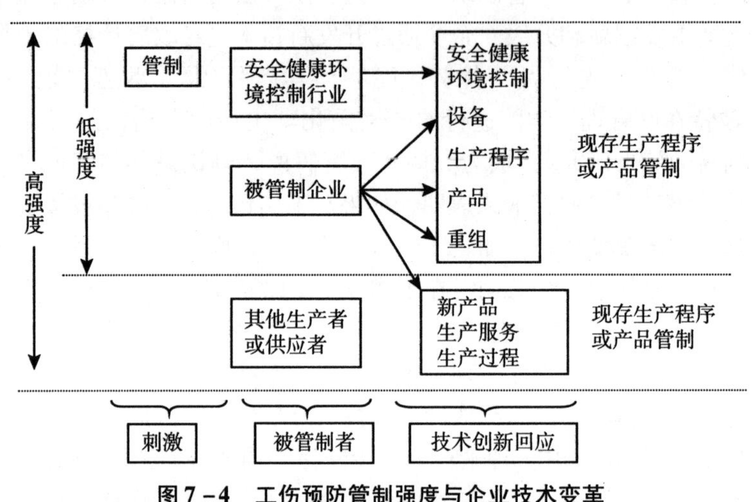

图7-4　工伤预防管制强度与企业技术变革

四、劳动者充分参与工伤预防管制

工会是劳动者利益代表，一方面通过与企业进行集体谈判，促使企业主以工人健康视角，将工作时间、工作方式、工作安全条件的工作安排与劳动者创造的经济效益结合起来；另一方面通过与政府进行集体谈判，促使政府将工作场所存在的传统物理、化学、生物危害和心理社会压力等特定条件与其监督管理、科学研究等结合起来。从典型国家发展经验可知，工会获得工伤预防管制的管理权更加有利于劳动者安全权益的保障。因此，政府实施工伤预防管制时，除了注重管制设置激发企业安全技术创新，与企业主互动外，还不能忽略劳动者参与。劳动者是经济生产主体，是职场安全直接承担者。政府通过劳动者有意参与，将结构性工作环境确定为职业安全健康干预的关键，以此提高其工作生活安全性。可见，基于劳动关系中政府、企业、劳动者三方主体的综合互动，工伤预防管制才具有实现“共赢”局面的可能性。

巴德（2007）进一步指出劳动者在工伤预防管制中拥有充分的参与权，才能推动实现政府、企业、劳动者“共赢”局面的管制目标。华纳（Warner，2011）

指出中国拥有世界上最大的工会组织。根据中国2003年至2016年全国工会组织中工会会员水平的数据显示，建立基层工会的企业中，参加工会的劳动者一直保持在92%以上。截至2016年底，全国已经有238万基层组织，参加工会组织成员达3亿人之多，工会专职人员也从2003年的47万人扩增至2016年的113万人（见表7-1）。然而，欧阳骏（2000）、程延园（2002）和班伯等（Bamberc et al.，2012）在研究中国内地劳动关系时指出，工会组织的壮大并没有给劳动者带来真正的权利，因为企业一旦注册成立，职工就会被强制性要求参加工会。其原因可能为：20世纪90年代在企业改制过程中，传统以职工代表大会为企业民主管理的组织基础被具有利益冲突的董事会、监理会等企业管理层所取代，使得企业管理权集中在少数人手中，劳动者逐渐失去话语权。

表7-1　　全国工会组织中工会会员水平

年份	基层工会（万人）	雇员（万人）	女雇员（万人）	工会密度（%）	工会专职人员（万人）
2003	91	13302	5079	92.77	47
2004	102	14437	5503	94.86	46
2005	117	15985	6016	94.02	48
2006	132	18144	6719	93.66	54
2007	151	20452	7495	94.51	60
2008	173	22488	8169	94.35	71
2009	185	24535	8653	92.25	75
2010	198	25345	9288	94.68	86
2011	232	27305	10211	94.80	100
2012	266	29372	11015	95.40	108
2013	277	29946	11228	96.13	116
2014	278	29931	11299	96.26	116
2015	281	30708	11589	96.22	111
2016	283	31429	11807	96.37	113

注：工会密度=参加工会雇员/雇员×100%。

资料来源：根据2004～2017年《中国统计年鉴》相关数据整理。

值得注意的是，现阶段工会组织没有真正代表劳动者权利，使得劳动者游离在劳动关系中三方协商机制之外，并呈现出四方主体结构的劳动关系，且短时间内无法转变（汪雁，2010）（见图7－5）。工伤预防管制缺乏民主化的参与，使得无论是预防管制的机制设计还是安全监督检查都将出现三方权利与义务不对等的情况，企业道德风险与政府被企业游说改变政策的概率将大大提高。因此，工伤预防管制进行改革时，协调并确保工会组织与劳动者安全健康权益相统一，才能真正提高职工安全权益。同时，通过工会提出改进工作场所存在的特定条件才能有助于企业安全技术创新。最终，政府才能实现其管制的高效率。

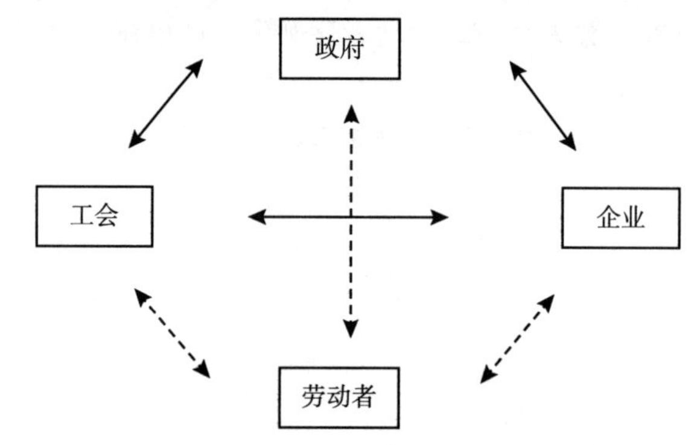

图7－5　中国四方主体结构的劳动关系

第三节　“共赢”中国工伤预防管制的基础设置

本书基于工伤预防管制的三维立体概念框架及“共赢”管制的实现前置条件，在借鉴德国、日本与美国工伤预防管制先进经验的基础上，通过完善工伤预防管制立法、组织机构、激励机制与监管手段来寻求“共赢”中国工伤预防管制的实现路径。

一、健全工伤预防管制立法

法律法规是国家强制力的体现，能够保障工伤预防管制政策的顺利实施。中国工伤预防管制改革的首要任务是完善工伤预防管制立法。

（一）统一立法设置

目前我国工伤预防管制主要包括安全生产监管、职业病防治和工伤保险制度三大块内容，其管制立法几乎在同一时间段。2001年全国人民代表大会常务委员会通过并颁布《中华人民共和国职业病防治法》，2002年国务院通过并颁布《中华人民共和国安全生产法》，2003年国务院通过并颁布《工伤保险条例》。显然，作为首先进行事后工伤预防管制的工伤保险制度，正式立法却是三块管制制度中最晚的。依据将事前工伤预防管制与事后工伤预防管制相结合的时间维度要求与典型国家预防经验，我国工伤预防管制应当依托于完善的工伤保险制度。因此，提高工伤保险制度中的工伤预防管制立法地位，并逐渐形成以工伤保险制度预防管制为主，安全生产监管、职业病防治工伤预防管制为辅的统一立法结构，才能同时保障劳动者的安全权益与企业的经济效益的管制目标。

（二）提高立法层次

《工伤保险条例》仅为行政法规，立法层次比较低。建立国家层面的工伤保险制度立法，将会引起工伤保险相关管理单位重视，促使其进一步研究和细化各项工伤保险条款，如《中华人民共和国安全生产法》和《中华人民共和国职业病防治法》。因此，提高工伤保险立法层次将有助于扩大劳动者覆盖范围，保障更多劳动者获取职业安全健康权利；调整工伤保险基金支出倾斜的方向，增加工伤预防费用支出比例，细化工伤保险费率粗糙的设计机制，激发企业进行工伤预防的内部动力；完善劳动者事故后获取工伤保险待遇和工伤康复的工伤认定与劳动能力鉴定的前置程序，保证劳动者在工伤事故后及时救治与康复并促使其尽快重返工作岗位。

（三）建立健全配套法规

通过实际调研，本书发现：一方面，现阶段工伤预防管制中对工伤预防费用管理办法与开展预防项目的规定都过于笼统，各试点地区依据其管辖区域情况自行实施。例如，成都市武侯区工伤预防试点的管理办法只是划分相关管理单位负责管理责任范围，具体怎么实施并未给出具体流程。另一方面，以《中华人民共和国安全生产法》和《中华人民共和国职业病防治法》为核心的工伤预防管制法规虽然已经建立了具体实施流程准则和标准，但由于既有实施标准在实践中可操作性不强，限制了工伤预防的发挥效果。工伤预防管制实施程序对于既定的管制目标十分关键，为了使得工伤预防管制中人员调配、管理权限等预防资源配置都有法可依，必须详细规定具体行动指南和执法程序。具体可包括：政府授权开展工伤预防项目的部门、确定各部门的衔接及配合；明确工伤预防费用的提取浮动比例及确定其费用的具体使用途径；各部门开展安全监督检查的工作流程、操作规范、应急预案等。

二、整合工伤预防管制组织结构

工伤预防管制主要涉及人力资源和社会保障部、卫生部职业病管理局和国家安全监管总局。管制组织结构分散、职能交叉、组织间互联性低等造成权责不清、信息流通不畅等，降低了政府工伤预防管制效率。建立独立性的工伤预防管制组织结构有助于明确管制权力、割断管制机构和企业间的利益关系，最终提高政府工伤预防管制水平。为了达到“共赢”的工伤预防管制目标，本书提出整合三大管理机构，横向形成由统一独立的组织统筹管理，人力资源和社会保障部、卫生部职业病管理局和国家安全监管总局协同管理的组织结构；纵向形成多层次政府工伤预防管制组织结构。

（一）横向工伤预防管制组织结构

因为激发企业进行安全技术创新的内部动力关键在于基于事前与事后管制结果，设置适宜的工伤保险费率机制（管制强度）。因此，首先应由国务院统一管理工伤预防，制定相关立法与工伤保险费率机制。国务院每一至三年根据人力资源和社会保障部、卫生部职业病管理局和国家安全监管总局对总风险的控制结果调整风险行业档次、基本费率档次与浮动费率档次。同时，对于全国各行业中实现零工伤的企业实施奖励机制。其次，人力资源和社会保障部、卫生部职业病管理局和国家安全监管总局是国务院下属的三个平行管理机构。人力资源和社会保障部主要负责全国参保企业工伤保险费用收缴、劳动者工伤保险待遇的发放和工伤康复，还有提取工伤预防费用支持卫生部职业病管理局和国家安全监管局开展事前工伤预防管制的经费。卫生部职业病管理局和国家安全监管总局按照行业划分，例如煤炭、建筑、制造业等，每个行业都设置负责职业病和工伤事故的检查、职业伤害的研究、专业工伤预防人才培训、帮助企业提升安全技术咨询的组织等（见图7－6）。

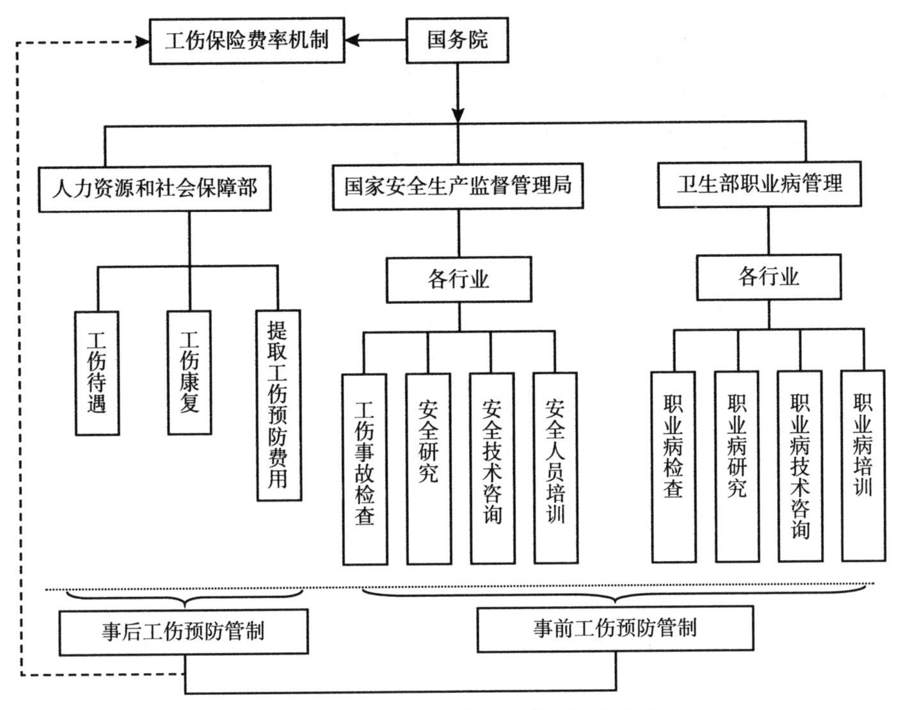

图7－6　重构中国工伤预防管制组织机构

（二）纵向工伤预防管制组织结构

通过实际调研，本书发现我国地区和行业间工伤预防工作差距大。一些行业为了减少预防投入，与地方官僚结成利益集团，或明或暗想方设法钻政策漏洞。为了打破地方保护主义，保障工伤预防管制政策的实施，纵向工伤预防管制组织结构采取国务院下设省级（自治区、直辖市）工伤预防管制机构，省级以下的管制部门由省级工伤预防管制机构垂直领导。省级工伤预防管制部门在人、财、物等管理方面接受同级政府领导。地级市（副省级）工伤预防管制部门与县级工伤预防办公室隶属于省级工伤预防管制部门的下属机构，接受省级工伤预防管制部门的垂直领导。

三、精确设置工伤预防管制激励机制

激励企业进行事前工伤预防可通过开展工伤预防项目与工伤保险费率机制，同时，促使企业调整生产资源配置进行事后工伤预防可通过工伤保险待遇机制。借鉴德国、日本和美国的经验，开展工伤预防项目不仅包括国家安全生产监督管理局与卫生部职业病管理局开展不定期的安全检查、教育宣传和技能培训，而且应该加大对于工伤事故与职业病研究和安全技术的研究，同时建立咨询机制帮助企业解决技术革新问题。工伤保险待遇机制应当清晰界定工伤认定范围，消除争议盲区。同时简化患职业病劳动者举证的环节，细化劳动能力鉴定等级等帮助受伤劳动者更加快速获取工伤保险待遇，最大程度降低事后工伤的影响。

其中，工伤保险费率机制涉及风险行业、基本费率与浮动费率。所以，应根据这三点建立激励机制。第一，从德国、日本、美国关于行业风险分类来看，应使得面临同等风险的企业在同一类风险等级上，且风险行业分类应逐步细化，才能更加体现企业间公平。我国工伤保险制度相比这三个国家的工伤保险制度起步晚，但新办法出台已经体现了我国向着更加细化、公平的费率理念迈进。特别是进入经济新常态，企业经营面临更加严峻的工伤风险，未来工伤保险行业风险细化与保费公平的需求更加迫切。第二，工伤风险是动态变化的，需要定期调整基本费率，因此，建立完整、缜密的工伤保险基本费率调整体系十分必要。同时，建议重视数据库的维护和数据更新。第三，我国浮动费率调整依据历史工伤事故数据的计算公式过于粗糙滞后，应提倡建立依据未来事故率而更加严密且科学的调整公式。

然而，上述三种激励机制在实际中都会存在不确定的工伤预防效果，工伤保险费率机制并未充分发挥经济杠杆的作用，工伤预防项目针对小企业才取得良好的预防效果和工伤保险待遇可能降低了企业的预防动机（Genta，2015）。因此，为了强化工伤保险费率与企业经验风险的联系，促使其形成内部动力，本书提出要合理发挥三种激励机制的配合作用，才能达到最佳的工伤预防管制效率。一方面，在工伤保险费率重新评审年度内，对未发生工伤事故且伤亡赔付率低的企业，社会保障部门可加大其浮动费率下调的力度；而对工伤事故频发且伤亡赔付率高的企业，社会保障部门可在上调其基本费率档次的基础上，再加大其浮动费率上调的力度，通过提高工伤保险费率的奖惩幅度，让企业更加直接感受到因安全生产所带来的经济成本的变化，驱动企业工伤预防的积极性。另一方面，将工伤保险费率机制与工伤补偿机制联系起来，若企业工伤率低，政府可以给予企业适当的税收减免，那么企业将会衡量工伤预防措施投资的最优回报率，会更好激励企业提高安全技术，创造出更安全的工作环境。

四、强化工伤预防管制监督体制

强化工伤预防管制监督体制可以有效预防政府在工伤预防管制中被企业“俘虏”现象，促使企业积极开展工伤预防工作，从而进一步加强劳动者的安全权益。

（一）增加企业司法诉讼机制

我国司法机构对于工伤预防管制的劳动者、参保企业、行政管理机构实施监督和控制，这是因为司法机构与其审判群体没有利益关系，其独立性与公正性可以有效监督各涉及群体。然而，目前“重补偿，轻预防”的管制现状，使得司法机构偏重于劳动者对于获取工伤保险待遇补偿的争议处理。司法机构基于生命至上原则，待遇争议处理机制上往往偏向劳动者。同时，企业在工伤预防管制活动中一直是被动接受行政管理机构制定的各项预防管制规制和标准。若企业质疑管制规制和标准不合理，就会发现没有通过司法机构进行行政诉讼的途径。为了更好激励企业创新安全技术进而强化事前工伤预防，司法机构应当针对企业质疑工伤预防管制的行政管理机构的管理建立司法审查机制。例如，若管制机构安全检查违反了管制原则或随意更改安全检查标准并伤害企业利益，那么企业有权申请司法审查并要求政府赔偿。为了推进企业司法审查机制，不仅要出台相应的法律加以规范，且要对工伤预防管制的行政管理机构建立的激励机制、管理权限与管理程序进行审查①。

（二）建立劳动者参与的有效途径

劳动者参与不仅可以帮助企业改善工作环境，增加企业安全文化氛围，同时也加强了政府工伤预防的监督。基于前文讨论，现阶段工会组织无法代表劳动者利益，使得劳动者游离在政府、企业、劳动者三方协调机制之外，为了使得劳动者充分参与工伤预防管制，本书提出在落实工会代表劳动者利益的基础上，探寻劳动者参与的有效途径。一方面，可以建立劳动者参与工伤预防管制体制改革途径。政府在制定相关政策标准时，劳动者可以作为旁听者参加，并对劳动者建议进行收集、讨论、公示及选择，共同商议管制法规细则。此外，政府可以通过建

---

① 余凌云．行政契约论［M］．北京：中国人民大学出版社，2006：24－34.

立劳动者意见调查和建立企业安全建议公开制度，定期根据劳动者的有效建议调整相关法规与条例。另一方面，拓宽劳动者参与渠道。信息化高速发展拓宽了劳动者参与安全健康工作环境建设的途径。每个劳动者都可以通过电话、微信等互联网社交软件发表工伤预防管制建议，不再仅限于小群体代表组织，将更深层次推动政府规制制定、安全健康检查与企业技术创新，达到政府预防管制的“共赢”目标。

第四节 “共赢”中国工伤预防管制的后置保障

除了注意“共赢”工伤预防管制的实现前置条件和完善工伤预防管制立法、组织机构、激励机制与监管手段的基础设置外，还需通过动态调整劳动者职业安全权益，平衡不同规模企业的内部激励动力，强化宏观、中观、微观管制主体责任及营造良好的工伤预防管制外部环境措施，才能保障工伤预防管制目标的实现。

一、动态调整劳动者职业安全权益

在我国经济快速发展与产业机构的调整过程中，涌现大量灵活就业人员，长期雇佣关系的就业合同开始转向不稳定的就业安排。因其流动性大与不稳定就业关系，基于企业固定雇员关系的工伤保险保障功能弱化。灵活就业的工人可能无法短时间内熟悉某一特定的危险场所以及不太习惯安全作业的做法和相关设备，加之雇主主观不重视，改善灵活就业者的职业安全健康环境的投资过少，模糊了雇主应负的工作责任，工伤事故发生后容易引起争议。此外，劳动力老龄化、女性就业量的增加、工作和非工作风险之间的模糊界限等已经造成劳动者各种不良身体健康后果和一些心理健康疾病的职业伤害风险，降低了职工安全权益，其中影响最大的是农民工安全保障①。根据王显政（2004）调查我国矿山企业职业安全现状发现，农民工占工伤事故死亡人数的90%，成为工伤事故与职业病的主要群体。因其工伤保险覆盖低与平等就业、职业培训、收益分配等权利缺失，其

① 根据2016年与2006年《中国劳动统计年鉴》计算，2005～2015年，全国就业雇员年龄在60岁以上占比从11%增加为31.6%；女性雇员参与率从27.7%增加至52.8%。

未来遭受工伤风险时更加容易陷入困境。

因此，必须完善工伤保险制度，才能动态保障劳动者职业安全权益，才有利于缓解职工日益增加的伤害保护的就业需求与企业现实中有限经济能力的矛盾。第一，不断扩大工伤保险参保率，将更多劳动者纳入工伤保险体系中，有利于通过补偿性收入保障，防止、减轻因工伤陷入贫穷、变得脆弱和遭受社会排斥的境况。第二，提高工伤保险基金的统筹水平，加强基金抗风险能力。只要工伤事故与职业病发生，在劳动者无法获得足够收入的情况下就都可能成为其财务不安全的潜在来源。风险控制能力的增强，可以充分保障工伤风险形势的多变。第三，实现动态调整劳动者职业安全权益，促进工作场所环境健康和维持适当安全水平，需要高水平的工伤待遇保障。例如，提高工伤保险待遇标准、增加补偿类别，简化工伤和劳动能力鉴定等。第四，实现动态调整劳动者职业安全权益不仅要整合社会保障计划各个部门之间的政策，而且也要对劳动市场、劳动检查和职业安全健康的相关政策进行整合。具体可包括：工伤保险部门受理工伤案件时可同时向安监与卫生部门通报，保障工伤保险待遇补偿、安全检查、职业康复协同进行；定期开展劳动市场的安全与职业健康检查，对存在职业安全隐患的劳动者建立工伤事故信息档案，及时监控其安全健康水平；定期归纳整理职工工伤医疗、康复的数据信息，对严重工伤劳动者可提高工伤补偿水平，重点监控与预防。

二、平衡不同规模企业的内部激励动力

在阶段性降低工伤保险费率的政策下，虽然高风险行业比低风险行业工伤事故率下降的程度大，但容易引发企业道德风险。政策导向使得工伤保险费率机制偏向风险共济，以低风险行业或企业补贴高风险行业或企业。阶段性降低工伤保险费率激发企业经济活性，提高企业生产率，给企业安全技术创新创造条件的政策出发点正确。然而，若无法改变目前工伤保险费率档次差距过低的现状，企业道德风险将会进一步加剧，最终高风险行业挤占地区经济资源，降低工伤预防管制效率。因此，在阶段性降低工伤保险费率政策下，再依据企业自身工作风险划分相应保险费率，才是促使企业革新安全技术并提高经济效应的有效激励动力。

2003 年《工伤保险条例》颁布至 2017 年，相关工伤数据已经积累 15 年，已具备建立企业层面的数据库条件。这要求社会保险经办部门建立更为完善的工伤事故信息库。在完善企业受伤劳动者获取工伤保险待遇与企业工伤事故和职业病发生状况统一的数据库基础上，做好企业保费的收缴、全面的伤亡事故、工伤

保险待遇的赔付支出等统计，在科学测算与分析后，定期依据企业规模拉开不同等级行业风险的基本费率差异，同时针对不同风险等级企业制定更加细致的浮动费率档次，消除不同风险类别补贴。然而，由于不同规模企业能力的差异性对于风险等级的激励响应不同，产生工伤保险费率与技术创新率不匹配的激励困境。小型企业往往为高风险等级企业，虽然安全技术创新效率高，但基于相对高成本的工伤保险费率，导致其主观参加工伤保险率低。而大型企业一般为低风险等级企业，虽然低工伤保险费率水平使得企业主观参加工伤保险率高，但其安全技术创新效率相对较低。例如，大型国企工伤风险低但企业安全技术创新效率低，小型私企工伤风险高但企业安全技术创新效率高。为了进一步激励企业内部动力，消除制定工伤保险费率可能产生的企业间激励困境，最终达到“基本费率低技术创新效率高”的理想状态，应将工伤预防基金向小型高风险企业倾斜，通过加大其安全卫生教育力度、免费提供技术指导等提高企业安全生产环境，从而降低基本费率；对于大型低风险企业，通过引入安全技术竞争模式，增加其工伤预防自主研发的投入，提高技术创新效率；对于大型高风险企业，通过将其列为安全检查与帮扶的重点对象，给予资金和技术的双重支持，达到在降低基本费率的同时增加其安全技术创新的目的。表 7 -2 为不同风险等级与企业规模的激励响应。

表 7 -2　不同风险等级与企业规模的激励响应

企业规模	低风险	…	高风险
大型企业	基本费率低，技术创新效率低	…	基本费率高，技术创新效率低
…	…	…	…
小型企业	基本费率低，技术创新效率高	…	基本费率高，技术创新效率高

注：…代表中间的风险等级与企业规模，上述结论是依据本书实证结果与信息经济学中囚徒困境理论而进行的合理推论。

三、强化宏观、中观、微观管制主体责任

工伤预防管制的政策从制定到具体实施过程中，涉及各级管理机构、企业、劳动者以及所有维持职工安全健康的正式和非正式组织的利益主体。为了提高工伤预防管制效率，达到既保障职工安全健康又增加企业经济效应的共赢目标，企业与劳动者应当充分参与管制，并以此形成自下而上和自上而下的工伤预防管制方向，其中，政府采用法律规范进行自上而下管制，企业与劳动者通过实际中行业标准和预防措施进行自下向上管制。通过利益相关者的参与，将工伤问题和解

决方案的基本衡量标准与实际中的工伤预防措施结合起来，使得配套法律标准可能比法律法规对劳动者安全保障与企业技术创新具有更大激励作用。在此过程中，政府工伤预防管制职能更像一个服务提供者，平衡国家与社会利益相关者的管制地位。国家承担劳动者职业安全健康的主导责任逐渐转变为发展和资助企业进行技术创新，促进社会进步和提高社会安全的功能。图 7 –7 为宏观、中观、微观共同参与工伤预防管制。

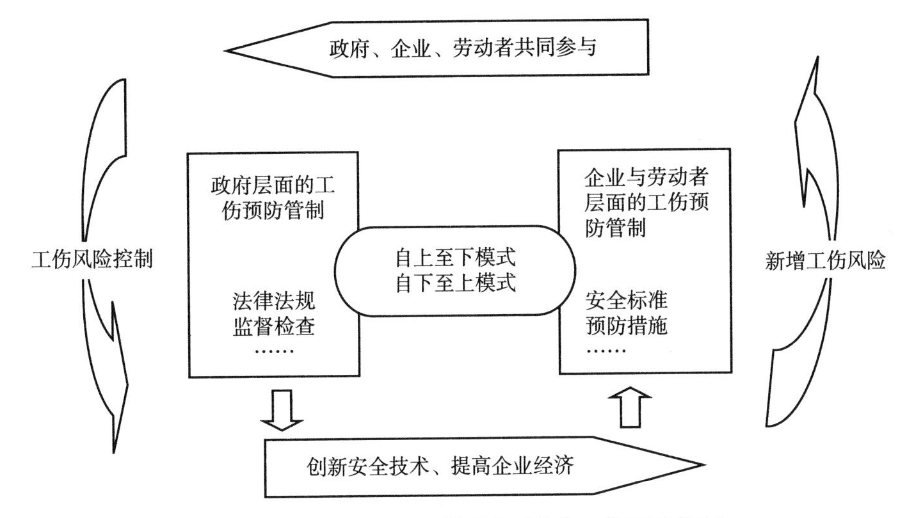

图 7 –7　宏观、中观、微观共同参与工伤预防管制

事实上，详细而规范的法律标准并不总会激励企业进行安全技术创新，时常会引起被管制企业抵制情绪，出现“逃避缴纳工伤保险费”和“不愿整改”的不信任问题。此外，法律标准如何被利益相关者解读、管制者能力和被管制者权利、利益相关者与利益集团关系、管制与立法文化等都会影响配套法律标准的激励效用。因此，设置激励法规条款则需要具有明确性、高度预测性和易解释性。保障配套法律标准适用性，要求明确双重管制方向中工伤预防管制者和被管制者的角色和任务，通过强化宏观、中观、微观管制主体责任，解决工伤预防管制信任问题。具体做法：设置工伤保险相关法律规范与实行细则，一方面，要求参保企业必须落实安全生产措施，并细化生产的每一环节。例如，企业制定安全生产设置规范、安全防护措施、安全自查办法；配备安全工程师、监督人员与企业医生；定期向工伤预防主管部门提交工伤事故报告；配合政府开展工伤预防宣传、培训及检查等。另一方面，要求劳动者必须具有从业资格；主动遵守企业工伤预防管理；监督企业工伤预防工作的开展等。政府通过工伤预防宣传、培训、评测向企业与劳动者定期发布安全信息，对于安全技术创新存在困难的企业提供工伤预防技术的支持；对于工伤事故控制良好的企业，可由相关医疗检查机构提供体检减免的支持。

四、营造良好的工伤预防管制外部环境

政府通过提高安全监督质量、保证劳动者有效监督和增加社会监督力量，来营造良好工伤预防管制外部环境，使得工伤预防管制一直处于要求严格和全面更新的调整系统中，保证管制法律法规、配套标准与工伤风险的同步演变，以此激发工伤预防管制持续的高效率，最终才能实现“共赢”的管制目标。

首先，我国无论政府监督力量还是监督人员素质，与典型国家政府监督质量都差距甚远。监管不分、权责分散、安全投入不足等因素，使得安全检查效果远未达到立法最低标准。为了提高政府监督质量，一方面，应通过教育培训提高监督人员素质，或提高成为监督人员的门槛条件；另一方面，加强监督检查队伍建设，并赋予监督人员较大权力，使其不受相关机构制约，才能达到严格的执法强度。其次，虽然《中华人民共和国劳动法》第八十八条、《中华人民共和国工会法》第二十二条、《中华人民共和国安全生产法》第七条和《中华人民共和国职业病防治法》都规定劳动者在工伤预防管制中有监督权利，但事实上，工会在实际中无法代表劳动者权益，使得劳动者职业安全监督早已失去效力。同时，获得工伤保险待遇机制设计也使得劳动者处于弱势地位，更无法提出有效预防建议。因此，应当提高劳动者在工伤预防管制中的地位，保证劳动者有效监督。最后，让新闻媒体、公共大众、各种社会组织加入工伤预防监督体系中，增加社会监督力量。政府通过社会举报或建议形式，强化政府监督力度，同时向社会普及预防安全健康的重要性，力求形成一种热爱生命、遵守法规、加强防范、确保安全的社会安全环境氛围。

第五节　本章小结

本章分析了工伤预防管制的时间、管理层次、事故因素三个方向维度，将影响工伤预防的三个方向九大因素整合在政府管制机制的设置之内综合考虑，才能

有利于“共赢”中国工伤预防管制目标实现，因此，构建了一个三维立体概念框架并指明工伤预防应该结合自下而上和自上而下的管制方向。在此框架下，本书发现：（1）政府转变工伤预防管制理念，企业有技术创新的意愿、机会与能力，工伤预防管制引发企业全新安全技术创新与劳动者充分参与是实现“共赢”中国工伤预防管制目标的前置条件；（2）健全工伤预防管制立法、整合组织机构、精确设置工伤预防激励机制与强化工伤预防管制监督体制是实现“共赢”中国工伤预防管制目标的基础设置；（3）通过动态调整劳动者职业安全权益，平衡不同规模企业的内部激励动力，强化宏观、中观、微观管制主体责任及营造良好的工伤预防管制外部环境是实现“共赢”中国工伤预防管制目标的后置措施。

基于上述分析，本书得到以下启示：工伤预防管制是一项极其复杂的管制项目，涉及众多利益相关者且影响管制效果因素众多。制定工伤保险费率政策存在企业间激励困境，若激励机制无法精确设置，将直接导致劳动安全保障不完全和企业经济负担加重的双重负向局面。尽管现阶段我国工伤预防管制只能通过渐进式与安全目标管理式向前推进管制改革，无法立即实现既充分保障劳动者的安全效应同时又提高企业的经济效应。但可预见的是，伴随着社会阵痛的过程，政府利用工伤预防管制的政策制定，为企业创造充足利益的动力机制，完成向技术创新型发展模式的转变，未来必将达成“共赢”的管制目标。

第八章

结论与展望

第一节 研究结论

本书基于社会性管制理论，首先通过系统梳理相关文献与实地调查，提出工伤预防管制可以达到社会安全效益与经济效益的“共赢”双层目标理念。其次，在风险工资理论、贝克尔理论、“波特假说”理论发展基础上，从安全效益与经济效益两个方面剖析中国工伤预防管制改革未能达到“共赢”的作用机理。再次，通过综合性评估中国现阶段管制制度运行效率来佐证政府管制的乏力原因。最后，在借鉴国外经验的基础上构建一个三维立体概念框架来推进中国工伤预防管制改革。在此研究过程中，得出以下有价值的结论。

一、安全效应分析方面

从宏观视角出发，手动搜集 2006 ~ 2016 年省级行业及地区面板数据，通过构建综合工伤保险费率指标，使用门槛模型评估了工伤保险待遇对于降低工伤事故率而取得的安全效应，进一步建立 FGLS 模型，从企业和劳动者行为所引发的道德风险探究安全效应低的内在作用机理。

第一，中国工伤保险管制呈现“重补偿，轻预防”的现状，使得实践中事前工伤事故率等于工伤事后事故率的条件几乎不存，企业事故成本增加依然远超过劳工承受事故成本。提高工伤保险待遇使得工伤率的变动关系主要位于“U”形左侧。即工伤保险待遇激励企业主动做好工伤预防，且提高工伤保险待遇降低了工伤率，促进安全效应。然而，随着政府管制程度的加深，高福利的工伤待遇对于预防事故的安全效应逐渐下降，当地区平均保险费率超过0.15%时，工伤保险待遇失去预防事故的激励作用。

第二，不完善的工伤保险费率机制会扭曲企业工伤预防的最佳投资行为，不同地区企业浮动费率变化不大，低费率主要降低了高风险与低风险等级企业的基本费率差额。每个基本费率等级上的高风险行业都会实行更低水平的工伤保险费率，而风险行业与浮动费率档次少的现状。政府实行低费率的工伤预防管制，使得费率机制偏向于风险共济，结果导致相同工伤保险待遇的提升，低费率企业的雇佣成本更大，增大了低费率等级企业控制工伤率的激励动力。

第三，因为目前风险行业基本费率的最大差距只有1.7%，行业与行业之间的“风险互济”过大；企业间风险“搭便车”的现象严重；企业控制生产直接和间接成本等，使得当前工伤保险费率机制下，工伤保险待遇的提高易引发企业道德风险。企业道德风险降低了工伤保险待遇对预防事故的安全效率，企业事前名义道德风险不仅无法消除企业事后真实道德风险，反而加剧了企业道德风险程度，造成实际工伤率上升。浮动费率设置不合理时，企业道德风险会同时存在于工伤事故发生前后。

第四，通过对比0.75%、0.9%、1%管制强度下工伤保险待遇的安全效应，证实政府阶段性下调工伤保险费率是有效的激励手段，若将工伤保险待遇的预防事故的激励作用考虑在政策调整范围内，那么仍然有进一步下调空间，最低可降至0.02%。实际工伤保险待遇的提高对于降低工伤率的实证结果出现了“U”形的变动关系。然而，通过证实分析，得出实际工伤保险待遇与工伤率的“U”形右侧的变动关系不成立。依据理论分析，目前中国工伤预防呈现“重补偿，轻预防”的现状，造成偏重于关注劳动者受伤后的效用，而忽略企业安全生产状况和安全管理投入的改善，结果导致企业和劳动者最低总规避事故成本增加，工伤保险待遇与工伤事故率的变动关系位于“U”形左侧。此外，预期工伤保险待遇的提高对于降低工伤率的激励作用远超过实际待遇的安全效应，且下降程度超过1个百分点，其安全效应系数的差异也进一步说明了企业道德风险的存在。

二、经济效应分析方面

从微观视角出发，采用2007～2014年工业行业上市公司的企业层面数据并且使用2011年中国《工伤保险条例》的修订作为一次自然实验，在一个标准β条件收敛的框架下去检验工伤预防管制对于工业企业全要素生产率的增长率影响。

第一，严格的工伤预防管制主要是对工伤风险高的企业行为产生约束，对工伤风险高与工伤风险低的企业全要素生产率的增长率影响具有明显差异。政府实施严格的工伤预防管制后，可能是以降低企业全要素生产率的增速换取劳动者安全健康环境的改善。工伤保险费率从0.9%调到1%，相当于工伤管制程度变紧，实证结果显示企业的全要素生产率的年均增速也因此下降0.7%。

第二，如果管制对生产率具有滞后效应，那么严格的管制往往引发企业技术创新，从而创造收益会平衡管制成本，增加企业生产效率，间接地提升企业市场竞争力。显然，管制滞后效应的存在对于企业可持续发展具有重要影响。然而，现阶段中国工伤预防管制只影响当期企业全要素生产率的增长，但不支持管制影响滞后一期企业全要素生产率的增长。工伤保险管制成本挤占企业资源，给企业造成的负担可能是直接的。

第三，通过对比不同管制强度下工伤预防管制的经济效应，推测政府实行工伤保险费率的下调政策必然会减少企业生产成本，促进企业全要素生产率的增加。然而，严格的工伤预防管制强度使得当前中国企业生产率增速下降并不是因为实施了过高的管制费率，而是政策实行并未形成预期生产效率的滞后效应。显然，表面上企业经济增速下行的趋势是因费率过高而造成的，实则是因为企业无法形成相应的技术创新。

第四，一般国有企业相对于私企与外企是大型企业，基础设施完备，其职工具有相对良好的工作环境，工伤事故发生频率低。基于追求经济利润最大的经营理念，中小企业改善职业安全健康成本过高，导致其经济效益过低，因此一般难以重视工作安全环境的改善。为了节省用工成本，非正式雇佣人员占很大比例，如合同工、兼职人员，因缺乏劳动合同的保护，职业伤害和职业压力更大。理论上，严格的工伤预防管制应该对于工伤风险高的私企与外企生产率影响最大。但当前工伤预防管制强度下，国有企业全要素生产率的增长率相较私企与外企全要素生产率的增长率下降最为显著。国有企业的创新效率在三种企业体制中最低，是其经济负担大的主要原因。

三、整体社会效应分析方面

第一，中国工伤预防管制在理论上具有可实现性。由于不完全信息使得市场缺陷，劳动者依靠市场机制无法达到最佳保障和安全。为了纠正市场失灵，保护受伤劳工安全权益，政府通过工伤预防管制强制要求企业承担所有责任，保障企业与劳工之间安全工作信息对称，以此实现社会福利最大化。然而，政府实施的不适宜的管制强度使得企业对工伤预防管制措施不满，会引致市场失灵与政府失灵叠错，加重企业经济负担。为了消除政府与企业目标的异质性，未来政府应通过调整工伤预防管制力度，激发企业形成安全激励机制，通过自身技术提升达到“共赢”的局面。

第二，当前不合理的工伤预防管制强度是造成劳动安全保障不完全，企业经济负担重的主要原因。政府实行阶段性降低工伤保险费率的管制策略，在浮动费率制定不科学的现状下，会使得费率机制偏向于风险共济，扭曲企业工伤预防的最佳投资行为。相同工伤保险待遇的提升，低费率企业的雇佣成本更大。工伤保险待遇的提升增大了低费率等级企业控制工伤率的激励动力。但是，其本身全要素生产率又因政府政策的实行而降低，且又无法通过进行安全技术创新降低企业缴纳工伤保险费与补偿受伤工人待遇构成的企业工伤保险成本，易引发企业道德风险。

第三，现阶段中国工伤预防管制偏向于社会安全效益。伴随着社会经济体制的转变及市场化经济的深化而推进改革，政府通过以工伤保险费率、开展工伤预防项目、工伤补偿待遇为主进行事后与事前预防管制。然而，“重补偿，轻预防”的工伤保险基金支出结构加剧了企业抵触预防管制的意愿；不合理的工伤预防激励机制设置，降低了企业工伤预防的激励动力；事前工伤预防与事后工伤预防管制脱离不利于激发企业安全技术创新，现有的工伤预防管制体制使得事故频发的企业扭曲了其安全投资行为，造成目前偏向于社会安全效益而忽略了企业自身经济发展需求的管制现状。

四、改革政策分析方面

中国建立的工伤预防管制制度是基于先进国家的发展经验，其管制基本架构选择正确，无法达到“共赢”的中国工伤预防管制目标是因为不合理的工伤预防管制强度限制了企业安全技术创新。为了达到“共赢”工伤预防管制目标，本书在借鉴典型国家经验的基础上，力求系统地将广泛且复杂的工伤预防管制强度的影响因素，整合在政府管制机制的设置之内综合考虑。通过构建三维立体概念框架，并对预防管制实现的前提条件、基础设置、后置措施进行了路径优化，得出以下建议：

第一，为了实现保障劳动者安全健康的同时发展国民经济，首先，政府应将削减成本竞争转变为创新驱动竞争方式的工伤预防管制理念。其次，企业技术创新的意愿、机会与能力是其转向创新驱动发展模式的限制性因素，政府应通过适当的工伤预防的法律和政策干预缩短企业过渡进程。再次，以创新驱动发展模式的管制理念设计，可以诱导现有企业以一种重要方式重塑自己，通过企业全新安全技术使得其一直保持优势竞争，才能真正扭转企业因支付职工工伤福利与安全健康环境改造而出现的道德风险。最后，政府在运用管制手段时要注意使各参与方在有效边界内，劳动者应当充分参与工伤预防管制。

第二，影响工伤预防管制强度最重要的是政府组织安排，不恰当的设置会降低工伤预防管制效率。首先，通过统一立法设置、提高立法层次、建立健全配套法规完善工伤预防管制立法，进而保障工伤预防管制政策的国家强制力。其次，建立独立性的工伤预防管制组织结构有助于明确管制权力、割断管制机构和企业间的利益关系。通过整合三大管理机构，横向形成由统一独立的组织统筹管理，人力资源和社会保障部、卫生部职业病管理局和国家安全监管总局协同管理的组织结构；纵向形成多层次政府工伤预防管制组织结构。再次，本书提出要精确设置工伤预防管制激励机制，合理配合运用三种机制，才能激发企业最大的安全动机。将违反工伤预防的安全检查罚款依据企业规模而设定，同时将罚款与工伤保险费率机制结合起来，让不同规模企业真实感受到它们安全投资与工伤保险费率的直接关系，让模糊的保费设置清晰化，增大企业安全投资的动机。最后，增加企业司法诉讼机制和建立劳动者参与的有效途径来强化工伤预防管制监督体制，有效预防工伤预防管制中政府被企业“俘虏”，同时促使企业积极开展工伤预防工作，进一步保障劳动者安全。

第三，管制后置措施是实现“共赢”工伤预防管制目标的保障。首先，为了动态调整劳动者职业安全权益，保障其未来遭受工伤风险时不陷入贫困境况，应通过不断扩大工伤保险参保率、提高工伤保险基金统筹水平、提高工伤保险待遇标准、增加补偿类别，简化工伤和劳动能力鉴定等完善工伤保险制度。其次，消除制定工伤保险费率可能产生的企业间激励困境，达到降低保险费率的同时，激发企业高技术创新率，在拉开不同等级风险企业保险费率差异的基础上，平衡不同规模企业的内部激励动力。将工伤预防基金向小型且高风险企业倾斜，加大其安全卫生教育力度、向其免费提供工伤预防技术指导等；对大型且低风险企业，加大工伤预防科研的投入，并引入技术竞争模式；对大型且高风险企业，通过将其列为安全检查与帮扶的重点对象，给予财力、技术的双重支持。再次，配套法律标准适用性，是强化宏观、中观、微观管制主体责任，保障自上而下和自下而上的工伤预防管制方向的纽带。最后，政府通过提高监督质量，可以保证劳动者的有效监督和增加社会监督力量，营造良好工伤预防管制外部环境，保证工伤预防管制法律法规、管制标准与工伤风险的发展和演变同步，激发工伤预防管制持续的高效率。

第二节　研究展望

本书以管制效率视角为切入点，探讨当前中国工伤预防管制改革是否达到保障劳动者安全的同时又提高企业经济绩效的共赢局面。虽然国内工伤预防管制改革的相关研究众多，但是大多停留在政策分析层面。单独研究工伤预防社会安全效应或经济效应的文章本来就很少，将两者联合起来进行探讨管制改革的研究更为稀少。同时，由于影响工伤预防管制效率的因素复杂，加之企业层面工伤数据不可得与笔者研究能力的限制，本书难以全面把握工伤预防管制涉及的全部内容。未来在研究管制效率推动工伤预防管制改革时，可以从以下几个方面展开：

第一，本书从社会安全与经济的两个方面进行工伤预防管制的综合评估，但并未将影响社会安全与经济的所有因素以衡量指标化的形式统一放在一个实证模型中，进行工伤预防管制社会净效应评估。由于目前企业层面的工伤数据限制，本书研究留有遗憾。未来随着工伤保险数据库的丰满，通过整体管制效率评估，以达到及时、精确调整工伤预防管制政策，对实现管制共赢局面具有深刻意义。

第二，本书通过建立工伤保险待遇补偿与工伤预防的实证模型评估社会安全效应。虽然将工伤保险待遇的高低影响企业与劳动者预防动机的边际大小进行了实证量化，但在理论机制分析中只推导了工伤保险待遇补偿对整体工伤预防动机的影响。由于经济学与数理知识的限制，并没有对工伤保险补偿待遇对企业与劳动者的各自预防动机进行严密数理推导。严密逻辑推导是设计科学工伤预防管制激励机制的前提，因此，待遇对各利益主体的预防动机需深入研究。

第三，本书通过评估当前工伤保险管制政策对于企业层面全要要素生产率增速的影响，来评价管制的经济效应。尽管本书讨论了管制政策对于企业整体经济的影响，却没有对其造成企业经济负担的程度进行研究。企业面对不同行业的差异性工伤保险基本费率，其安全投资行为因不同成本水平，采取的经营生产策略必然不同，影响着其安全技术的创新。未来细化政策的经济负担程度，对推动企业安全技术的创新具有重要意义。

第四，工伤预防管制的最终受益者为劳动者，而管制成本最终承担者是被管制产业产品的消费者。企业可以通过安全技术的创新将外部成本内部化，导致经营成本的短期上升或长期下降，最终可能通过提高产品价格和产品质量的方式转嫁给消费者。因此，将工伤预防管制政策与消费者效用联系起来研究管制效率是个非常具有前瞻意义的视角，也是本书下一步继续研究的核心。

附录

全世界166个国家和地区的工伤预防管制模式

不同洲际		管制类型	工伤资金来源			覆盖率
			劳工	雇佣者	财政资金	
非洲	阿尔及利亚	公共基金	无	平均工资总额的1.25%	无	53.80%
	安哥拉	雇主责任	无	全部成本	无	—
	贝宁	公共基金、雇主责任	无	平均工资总额的2.5%	无	5.20%
	博茨瓦纳	雇主责任	无	全部成本	无	43.10%
	布基纳法索	公共基金、雇主责任	无	平均工资总额的3.5%	无	5.50%
	布隆迪	公共基金	无	平均工资总额的3%	无	4.90%
	喀麦隆	公共基金	无	平均工资总额的1.75%	无	12.40%
	佛得角	公共基金	无	平均工资总额的2%	无	56.60%
	中非共和国	公共基金	无	平均工资总额的3%	无	13.90%
	乍得	公共基金	无	平均工资总额的4%	项目津贴	4.70%
	刚果	公共基金	无	平均工资总额的2.25%	无	14.20%
	科特迪瓦	公共基金	无	平均工资总额的2%	无	14.70%
	吉布提	公共基金	无	1.2%现金及5%医疗收益	五	—
	埃及	公共基金	无	平均工资总额的3%	无	51.10%
	赤道几内亚	公共基金	无	总收入的21.5%	至少25%的社保津贴	14.50%
	埃塞俄比亚	公共基金、雇主责任	无	全部成本	无	17.40%
	加蓬	公共基金	无	平均工资总额的3%	无	45.00%
	冈比亚	雇主责任	无	平均工资总额的1%	无	23.40%
	加纳	雇主责任	无	全部成本	无	16.60%
	几内亚	公共基金	无	平均工资总额的4%	无	14.50%

续表

不同洲际		管制类型	工伤资金来源			覆盖率
			劳工	雇佣者	财政资金	
非洲	肯尼亚	雇主责任	无	全部成本	无	9.30%
	莱索托	公共基金	无	工资总额的1.75%	无	—
	利比里亚	公共基金	无	工资总额的1.75%	无	80.50%
	利比亚	公共基金	无	平均工资总额的4%		
	马达加斯加岛	公共基金	无	平均工资总额的1.25%	无	9.30%
	马拉维	雇主责任	无	全部成本	无	6.90%
	马里	公共基金	无	平均工资总额的1.5%	无	9.10%
	毛里塔尼亚	公共基金	无	平均工资总额的5.5%	无	8.60%
	毛里求斯	公共基金	无	平均工资总额的6%~10.5%	无	68.20%
	摩洛哥	雇主责任	无	全部成本	无	39.00%
	纳米比亚	公共基金	无	全部成本	无	47.10%
	尼日尔	公共基金	无	平均工资总额的1.75%	无	90.90%
	尼日利亚	公共基金	无	平均工资总额的1%	无	32.80%
	卢旺达	公共基金	无	平均工资总额的2%	无	4.50%
	圣多美与普林希比共和国	公共基金	无	平均工资总额的8%	按需提供津贴	28.90%
	塞内加尔	公共基金	无	平均工资总额的1%	无	27.30%
	塞舌尔	公共基金	无	无	全部成本按照收入指数浮动	69.10%
	塞拉利昂	雇主责任	无	全部成本	年度贡献	6.10%
	南非	雇主责任	无	全部成本	无	[illegible]
	苏丹	公共基金	无	平均工资总额的2%	无	62.10%
	斯威士兰	雇主责任	无	全部成本	无	62.60%
	坦桑尼亚	公共基金	无	平均工资总额的1%	无	8.80%
	多哥	公共基金	无	平均工资总额的2%	无	84.20%
	突尼斯	公共基金	无	平均工资总额的0.4%	无	42.00%
	乌干达	雇主责任	无	全部成本	无	16.00%
	赞比亚	雇主责任	无	全部成本	无	11.90%
	津巴布韦	雇主责任	无	全部成本	无	25.40%

续表

不同洲际		管制类型	工伤资金来源			覆盖率
			劳工	雇佣者	财政资金	
亚洲	亚美尼亚	公共基金	无	无	按需提供津贴	59.30%
	阿塞拜疆	雇主责任	无	全部成本	丧葬补助金的全部费用	39.70%
	巴林	公共基金	无	平均工资总额的3%	无	84.60%
	孟加拉国	雇主责任	无	全部成本	无	12.50%
	文莱达鲁萨兰国	雇主责任	无	直接向员工提供福利	无	88.00%
	中国	公共基金、雇主责任	无	平均工资总额的0.75%	按需提供津贴	24.20%
	乔治亚州	雇主责任	无	全部成本	无	23.30%
	中国香港	雇主责任	无	全部成本	无	85.60%
	印度	公共基金	无	平均工资总额的3%	工伤医疗成本的12%	7.90%
	印度尼西亚	公共基金	无	全部成本	无	28.70%
	伊朗	公共基金	无	平均工资总额的14%	商业转移收入的9.5%	38.70%
	以色列	公共基金	无	平均工资总额的0.37%	提供45.1%的保护项目补贴	74.10%
	日本	公共基金	无	平均工资的0.25%	按需提供津贴	85.00%
	约旦	公共基金	无	平均工资总额的3%	任何赤字	44.60%
	哈萨克斯坦	雇主责任	无	全部保费费用（平均工资总额的0.04%～9.9%）	永久性残疾和幸存者福利费用	56.10%
	韩国	公共基金	无	平均工资总额的0.6%	无	85.20%
	科威特	雇主责任	无	全部成本	无	95.10%
	吉尔吉斯斯坦	公共基金	无	平均工资总额的2%	全部成本	44.00%
	老挝	公共基金	无	平均工资总额的0.5%	每月可保收入的0.5%	6.70%
	黎巴嫩	雇主责任	无	全部成本	无	47.80%

续表

不同洲际		管制类型	工伤资金来源			覆盖率
			劳工	雇佣者	财政资金	
亚洲	马来西亚	公共基金	无	平均工资总额的1.25%	无	36.20%
	缅甸	公共基金	无	平均工资总额的1.25%	无	-
	尼泊尔	雇主责任	无	全部成本	无	3.80%
	阿曼	公共基金	无	平均工资总额的1%	无	40.30%
	巴基斯坦	公共基金、雇主责任	无	平均工资总额的6%	无	28.60%
	菲律宾	公共基金	无	平均工资总额的0.13%	任何通胀	45.80%
	沙特阿拉伯	公共基金	无	平均工资总额的2%	实际通胀	77.40%
	新加坡	雇主责任	无	全部成本	无	72.60%
	斯里兰卡	雇主责任	无	平均工资总额的3.75%	全部医疗成本	42.30%
	叙利亚共和国	公共基金	无	平均工资总额的3%	无	47.80%
	泰国	雇主责任	无	平均工资总额的0.2%	无	26.20%
	土库曼斯坦	公共基金	无	平均工资总额的3.5%	按需提供津贴	52.60%
	乌兹别克斯坦	公共基金	无	平均工资总额的25%（小微企业15%）	现金福利补贴；整体医疗成本	44.10%
	越南	公共基金、雇主责任	无	平均工资总额的1%	无	30.40%
	也门	公共类基金	无	平均工资总额的1%	无	37.70%
欧洲	阿尔巴尼亚	公共基金	无	平均工资总额的0.3%	无	34.70%
	奥地利	公共基金	无	平均工资总额的1.3%	无	77.40%
	白罗斯	公共基金	无	平均工资总额的0.6%	无	70.90%
	比利时	公共基金	无	平均工资总额的1.33%	无	63.10%
	保加利亚	公共基金	无	平均工资总额的0.7%	无	66.20%
	克罗地亚	公共基金（临时伤残津贴）	无	平均工资总额的0.5%（临时伤残津贴）	无	68.20%

续表

不同洲际		管制类型	工伤资金来源			覆盖率
			劳工	雇佣者	财政资金	
欧洲	捷克共和国	公共基金、雇主责任	无	平均工资总额的0.28%	任何通胀	66.20%
	塞浦路斯	公共基金	无	平均工资总额的7.8%	平均工资总额的4.6%	68.20%
	丹麦	公共基金、雇主责任	无	全部成本	无	88.00%
	爱沙尼亚	公共基金	无	平均工资总额的0%	任何通胀	76.80%
	芬兰	雇主责任、强制私人保险	无	平均工资总额的0.1%	无	66.50%
	法国	公共基金	无	全部成本	无	74.10%
	德国	公共基金	无	平均工资总额的1.3%	农业意外保险补贴、特定群体补贴（学生、日间护理机构的儿童及指定志愿活动）	63.00%
	希腊	公共基金	无	平均工资总额的1.25%	固定年度补贴	46.90%
	匈牙利	公共基金	无	平均工资总额的27%	任何通胀	78.30%
	冰岛	公共基金、社会救助	无	平均工资总额的7.35%	部分财政通过一般税收	95.10%
	爱尔兰	公共基金	无	平均工资总额的9%	任何通胀	71.80%
	意大利	公共基金	无	平均工资总额的0.5%	无	72.20%
	拉脱维亚	公共基金	无	平均工资总额的3.59%	国家保障医疗服务的成本	69.20%
	列支敦士登	公共基金	无	根据评估风险	无	-
	立陶宛	公共基金	无	平均工资总额的0.37%	无	64.70%
	卢森堡	公共基金	无	平均工资总额的1%	管理费用的50%	77.10%
	马耳他	公共基金	无	平均工资总额的10%	总额的50%	73.50%
	摩尔多瓦	公共基金	无	行业工资总额的22%～23%	无	60.20%

续表

不同洲际		管制类型	工伤资金来源			覆盖率
			劳工	雇佣者	财政资金	
欧洲	荷兰	公共基金	无	全球保护项目	全球保护项目	97.60%
	挪威	公共基金、雇主责任	无	全部保费	任何通胀	89.60%
	波兰	公共基金	无	平均工资总额的0.37%	促进良好公共卫生实践的专门程序的成本	100.00%
	葡萄牙	公共基金、雇主责任	无	全部成本	无	77.30%
	罗马尼亚	公共基金	无	平均工资总额的0.4%	津贴	63.10%
	俄罗斯联邦	公共基金	无	平均工资总额的0.2%	无	74.40%
	圣马力诺	公共基金	无	平均工资总额的5.4%	农业工人，总供款的5%；补偿高达25%任何赤字	96.90%
	塞尔维亚	公共基金	无	平均工资总额的0.4%	老年、残疾和幸存者	66.20%
	斯洛伐克	无	无	平均工资总额的0.8%	任何赤字	66.40%
	斯洛文尼亚	公共基金	无	平均工资总额的0.35%	永久性伤残补助金缴款率下降所造成的任何赤字	80.20%
	西班牙	公共基金	无	平均工资总额的1.98%	无	
	瑞典	公共基金	无	平均工资总额的0.3%	无	84.80%
	瑞士	雇主责任	无	全部成本	无	66.70%
	土耳其	公共基金	无	平均工资总额的7.5%	学徒和技工学校学生的成本	68.40%
	乌克兰	公共基金	无	工资的22%	全部疾病成本	64.10%
	英国	公共基金、社会救助	无	平均工资总额的13.8%	经济状况调查津贴的全部费用；支付财政拨款以弥补任何赤字	68.00%

续表

不同洲际		管制类型	工伤资金来源			覆盖率
			劳工	雇佣者	财政资金	
拉丁美洲和加勒比地区	阿根廷	雇主责任	无	全部成本	无	44.90%
	巴哈马群岛	公共基金	无	平均工资总额的5.9%	无	82.60%
	巴巴多斯	公共基金	无	平均工资总额的0.75%	无	65.60%
	伯利兹	公共基金	无	按8等级风险工资变动	无	80.60%
	百慕大	雇主责任	无	全部成本	无	32.20%
	玻利维亚	公共基金	无	平均工资总额的1.71%	无	16.00%
	巴西	公共基金	无	平均工资总额的2%	无	56.50%
	英属维尔京群岛	公共基金	无	平均工资总额的0.5%	无	98.40%
	智利	公共基金	无	平均工资总额的0.95%	无	76.00%
	哥伦比亚	公共基金	无	平均工资总额的0.348%	无	44.50%
	哥斯达黎加	雇主责任	无	全部成本	无	60.10%
	古巴	公共基金	无	公共部门工资总额的12.5%；私营机构工资的14.5%	任何通胀	94.40%
	多米尼克	雇主责任	无	平均工资总额的0.5%	无	60.80%
	多米尼加共和国	公共基金	无	平均工资总额的1.2%	无	-
	厄瓜多尔	公共基金	无	平均工资总额的0.55%	40%的工伤抚恤金	49.00%
	萨尔瓦多	公共基金	无	平均工资总额的7.5%	年固定津贴	26.80%
	格林纳达	公共基金	无	平均工资总额的1%	无	60.70%
	危地马拉	公共基金	无	平均工资总额的3%	平均工资总额的1.5%	65.60%
	圭亚那	公共基金	无	平均工资总额的8.4%	任何通胀	56.60%
	海地	公共基金	无	平均工资总额的3%	无	15.70%
	洪都拉斯	雇主责任	无	全部成本	无	16.30%
	牙买加	公共基金	无	平均工资总额的2.5%	无	52.00%
	墨西哥	公共基金	无	平均工资总额的0.5%	无	49.30%
	尼加拉瓜	公共基金	无	平均工资总额的3%	无	44.90%
	巴拿马	雇主责任	无	全部成本	无	59.60%

续表

不同洲际		管制类型	工伤资金来源			覆盖率
			劳工	雇佣者	财政资金	
拉丁美洲和加勒比地区	巴拉圭	公共基金	无	平均工资总额的14%	总收入的1.5%	32.10%
	秘鲁	公共基金	无	平均工资总额的0.63%	无	39.50%
	圣基茨和尼维斯	公共基金	无	平均工资总额的1%	无	80.60%
	圣卢西亚岛	公共基金	无	平均工资总额的5%	无	49.50%
	圣文森特和格林纳丁斯	公共基金	无	平均工资总额的0.5%	无	59.40%
	特立尼达和多巴哥	公共基金	无	平均工资总额的8%	无	65.50%
	乌拉圭	公共基金	无	全部成本	无	54.60%
	委内瑞拉	公共基金	无	平均工资总额的0.75%	无	57.90%
北美	加拿大	公共基金	无	全部成本	无	69.10%
	美国	雇主责任	无	平均工资总额的1.34%	无	84.80%
大洋洲	澳大利亚	雇主责任	无	全部成本	无	72.00%
	斐济	雇主责任	无	全部成本	无	40.10%
	基里巴斯	雇主责任	无	全部成本	无	32.80%
	新西兰	普遍的；雇主责任	无	每年设置变动率	无	100.00%
	帕劳群岛	雇主责任	无	全部成本	无	-
	巴布亚新几内亚	雇主责任	无	全部成本	无	6.40%
	萨摩亚	雇主责任	无	平均工资总额的1%	无	53.50%
	所罗门群岛	雇主责任	无	全部成本	无	14.50%

资料来源：根据以下文献披露的数据整理而成：Social Security Administration. Social Security Programs Throughout the World：Europe，2016［M］. SSA Publication No. 13－11801，2016（9）：120－124；Social Security Administration. Social Security Programs Throughout the World：Asia and the Pacific，2014［M］. SSA Publication No. 13－11802，2014（3）：117－120；Social Security Administration. Social Security Programs Throughout the World：The Americas，2015［M］. SSA Publication No. 13－11802，2016（3）：216－218. 其中，企业缴纳工保险费率超过10%的国家是将医疗、养老与失业险对于劳动者保护的部分也算入其中。

参考文献

［1］艾克扎维尔．普列多［M］．蒋将元，译．北京：法律出版社，2005：100－102.

［2］镡志伟．基本竞争型神经网络在工伤保险差别费率确定中的应用［J］．中国安全生产科学技术，2014（S1）：164－169.

［3］陈和芳．工伤双重赔偿中的价值失衡——对一件真实的交通事故工伤案例的分析［J］．经济师，2011（12）：60－62.

［4］陈强．高级计量经济学及 Stata 应用（第二版）［M］．北京：高等教育出版社，2014：507－508.

［5］陈任仁，黄赛兰，王黎．500 例工伤分析［J］．中华创伤杂志，1993（6）：355.

［6］陈胜，刘铁民．对工伤保险和工伤预防相结合的探讨［J］．劳动保护，2003（6）：20－22.

［7］陈泰才．工伤预防的创新发展［J］．劳动保护，2012（6）：53－55.

［8］陈泰才．工伤预防费要用对地方［J］．中国社会保障，2011（12）：34－35.

［9］陈卓懿，喻天慧．对工伤保险在工伤预防中作用的研究［J］．湖南安全与防灾，2007（3）：46－47.

［10］迟宏波，董建蒙．相互作用的工伤保险与安全生产［J］．现代职业安全，2004（12）：69－71.

［11］崔颖．现行工伤保险制度在工伤预防领域作用研究［D］．北京：首都经济贸易大学，2011.

［12］戴琳．浅论如何做好企业工伤预防管理工作［J］．中国外资，2013（23）：206－208.

［13］段淼，吴宗之．工伤保险中行业风险分类指标研究［J］．中国安全科学学报，2007（8）：65－69.

[14] 冯英，康蕊．外国的工伤保险 [M]．北京：中国社会出版社，2009：30－35.

[15] 傅博达．创建柔性企业——如何保持竞争优势 [M]．北京：人民邮电出版社，2005：250－255.

[16] 葛蔓．德国工伤保险制度的特点及成功之处 [J]．中国劳动，1998（3）：32－35.

[17] 葛蔓．工伤保险改革与实践 [M]．北京：中国人事出版社，2000：357.

[18] 管滑伟．工伤保险赔偿与民事损害赔偿竞合的处理 [J]．唯实，2014（3）：64－66.

[19] 郭策．德国工伤保险考察随想（续）[J]．劳动安全与健康，1998（8）：42－43.

[20] 郭金．胜利油田工伤保险费率浮动的可行性研究 [J]．经营管理者，2010（6）：205.

[21] 郭庆旺，贾俊雪．中国全要素生产率的估算：1979—2004 [J]．经济研究，2005（6）：51－60.

[22] 杭琰．建立工伤保险预防基金制度的探讨 [J]．中国劳动，2012（4）：22－24.

[23] 郝峰．关于促进我区煤炭行业工伤保险事业可持续健康发展的思考 [J]．内蒙古煤炭经济，2014（11）：46－47.

[24] 何励钦，周劲松．浮动费率在企业工伤保险中的应用研究 [J]．安全与环境学报，2013（1）：192－195.

[25] 宏观．德国的工伤保险与劳动保护 [J]．劳动保护，1996（8）：45－46.

[26] 侯琴，邓燕．各国工伤保险事故预防机制的特点 [J]．现代职业安全，2008（5）：52－53.

[27] 胡务，汤梅梅，刘震．工伤保险管制与企业生产率增长 [J]．保险研究，2017（7）：101－114.

[28] 黄晓利．工伤保险和工伤事故预防 [J]．劳动保障世界，2008（8）：50－51.

[29] 季朝慧．工伤事故：凸显安全生产问题——对 10 家工伤事故多发企业的调查分析 [J]．宁波经济（财经视点），2006（8）：41－42.

[30] 贾果平．论建立和完善预防优先的工伤保险制度的重要性 [J]．科技情报开发与经济，2010（15）：134－135.

［31］简泽．从国家垄断到竞争：中国工业的生产率增长与转轨特征［J］．中国工业经济，2011（11）：79－89．

［32］简泽，段永瑞．企业异质性、竞争与全要素生产率的收敛［J］．管理世界，2012（8）：15－29．

［33］金阳．企业应建立内部工伤保险机制［J］．水利电力劳动保护，2000（3）：30－31．

［34］科学技术部专题研究组．国际安全生产发展报告［M］．北京：科学技术文献出版社，2006：27－29．

［35］李飞．对工伤保险与事故预防相结合的思考［J］．黑龙江史志，2012（15）：94－95．

［36］李京文，乔根森，郑友敬，等．生产率与中美日经济增长研究［M］．北京：中国社会科学出版社，1993．

［37］李晶．强化工伤保险的工伤预防功能研究［D］．保定：河北大学，2014．

［38］李满奎．新西兰工伤保险制度及对我国的启示［J］．财经科学，2012（7）：42－49．

［39］李庆友，范雪云，刘旭萍，等．煤矿井下工伤缺勤因素分析［J］．职业卫生与病伤，1994（3）：134－136．

［40］李全伦．工伤保险费率机制设计的探析［J］．中国安全生产科学技术，2005（2）：12－15．

［41］李榕．煤矿工伤保险费率机制初探［J］．煤炭经济研究，2009（5）：26－27．

［42］李晓斌．国有企业工伤保险管理的问题探讨［J］．现代经济信息，2012（21）：27．

［43］李英芝．工伤保险浮动费率的定量方法研究［D］．北京：中国地质大学，2008．

［44］李征．浅谈工伤保险与工伤预防相结合［J］．中国社会保险，1998（3）：23－24．

［45］梁开武，李英德，宋扬，等．风险评价工伤保险事故预防机制的探讨［J］．煤矿安全，2007（10）：78－80．

［46］廖哲安，符传东，孙同祥，等．工伤预防参与式培训效果及其评价分析［J］．职业与健康，2013（18）：2257－2260．

［47］林静．预防优先 监控危害 保障健康——记广州市工伤预防工作［J］．

劳动保护，2011（7）：15－17.

［48］刘传富，万永明．煤矿采掘工人井下伤亡的动态分析［J］．中国公共卫生，1993（9）：426.

［49］刘德浩．工伤保险的预防功能及其实现［J］．人力资源管理，2011（6）：257－258.

［50］刘海波．如何发挥工伤保险在安全生产管理中的作用［J］．内蒙古煤炭经济，2007（1）：103－104.

［51］刘俊．加拿大工伤保险制度［J］．中国劳动，2007（10）：26－28.

［52］刘梅．全方位普及工伤保险知识［J］．劳动保护，2013（8）：26.

［53］卢劲松．农民工工伤保险与权益维护［J］．重庆社会科学，2008（12）：117－119.

［54］吕超．对煤矿工伤职工权益保障的思考［J］．东方企业文化，2012（19）：92.

［55］栾居沪．工伤保险理论［M］．济南：山东大学出版社，2011：1－9.

［56］罗洪涛．关于工伤保险费率浮动管理的调研报告［J］．经营管理者，2013（25）：168.

［57］罗中意，邱世芳．海南：工伤预防探索在路上［J］．中国社会保障，2015（3）：43.

［58］马美莲．浅谈加强施工企业工伤管理［J］．内蒙古科技与经济，2012（10）：39－40.

［59］莫治军．关于完善工伤费率机制的思考［J］．铁道运营技术，2013（1）：35－36.

［60］宁高平．基于行政管理的工伤预防机制研究［J］．经营管理者，2015（18）：130.

［61］宁社宣．费率浮动三方共赢——探索科学合理的费率浮动机制［J］．中国人力资源社会保障，2016（2）：30－32.

［62］潘锦成，谢晋明．福建省工伤保险改革与实践［J］．劳动保护，2000（4）：24－26.

［63］潘锦成，张华．搞好工伤预防促进安全生产［J］．中国劳动科学，1997（6）：29－30.

［64］钱雪松，康瑾，唐英伦，等．产业政策、资本配置效率与企业全要素生产率——基于中国2009年十大产业振兴规划自然实验的经验研究［J］．中国工业经济，2018（8）：42－59.

[65] 乔庆梅. 从个性到共性：基于对工伤保险的国际比较 [J]. 社会保障研究（北京），2007（2）：202－210.

[66] 乔庆梅. 德国工伤保险的成功经验 [J]. 中国医疗保险，2015（1）：68－71.

[67] 乔庆梅. 完善工伤保险费率机制的思考 [J]. 中国医疗保险，2012（4）：60－62.

[68] 秦雪莉. 工伤保险应与工伤预防相结合 [J]. 职业，2008（19）：51.

[69] 任宪华. 社会法视角下工伤认定申请时限及制度完善 [J]. 中国劳动，2018（7）：64－71.

[70] 芮立新. 论工伤保险与侵权赔偿的关系 [D]. 北京：对外经济贸易大学，2003.

[71] 施建泳. 浅议如何深化工伤保险基金管理改革 [J]. 中国乡镇企业会计，2011（10）：105－106.

[72] 施震凯，邵军，浦正宁. 交通基础设施改善与生产率增长：来自铁路大提速的证据 [J]. 世界经济，2018，41（6）：127－151.

[73] 石孝军. 日本工伤保险的经验与启示 [J]. 中国劳动保障，2006（6）：61－62.

[74] 史国富. 我国工伤保险制度存在的问题与对策分析 [D]. 天津：天津财经大学，2007.

[75] 史佳. 工伤预防费激励中小企业职业伤害预防的机制研究 [D]. 上海：华东师范大学，2015.

[76] 宋艳姣. 我国工伤补偿金对企业工伤事故的影响 [J]. 中国物价，2013（12）：77－79.

[77] 孙家雄. 澳门的职安健政策及工伤预防措施——“海峡西岸经济区安全发展”论坛主题演讲 [J]. 安全与健康，2006（13）：16－17.

[78] 孙树菡. 工伤保险 [M]. 北京：中国人民大学出版社，2000：98－109.

[79] 孙树菡. 共同构建工伤预防的防御体系 [J]. 中国社会保障，2010（1）：12－13.

[80] 孙树菡，余飞跃. 民主管理与公权保障——德国工伤预防的两大基石 [J]. 德国研究，2009（2）：39－44.

[81] 孙树菡，余飞跃. 中国工伤保险预防职能的衍生 [J]. 北京劳动保障职业学院学报，2007（2）：3－6.

[82] 孙向东. 当前工伤预防工作存在的问题及对策 [J]. 人力资源管理, 2016 (6): 125.

[83] 孙星星. 工伤保险赔偿与人身损害赔偿竞合问题研究 [D]. 大同: 山西大学, 2011.

[84] 谭浩娟. 工伤保险三大功能中预防地位的演进 [J]. 当代经理人, 2005 (4): 153 - 155.

[85] 陶恺, 胡炳志. 论我国工伤预防制度体系的建构策略 [J]. 江汉论坛, 2016 (6): 139 - 144.

[86] 陶一凡. 企业预防职工虚假工伤应对策略 [J]. 中国人力资源开发, 2016 (18): 77 - 81.

[87] 汪雁. 当前我国劳动关系和工会工作的新变化新特点 [J]. 劳动关系与工会运动研究与动态, 2010 (5): 36 - 39.

[88] 汪泽英. 调整工伤保险费率意义深远 [J]. 人才资源开发, 2015 (19): 41 - 42.

[89] 王飞, 杨雪梅. 完善煤矿行业工伤保险的思考——以山西省晋中市为例 [J]. 中国集体经济, 2012 (4): 118 - 119.

[90] 王积业. 技术进步的评价理论与实践 [M]. 北京: 科学技术文献出版社, 1986.

[91] 王琴, 周俐利, 田江洪. 浅析工伤过度医疗的成因及防控 [J]. 劳动保障世界 (理论版), 2013 (7): 32.

[92] 王树华, 申国胜, 李翠兰, 等. 5155 例煤矿井下工人受伤情况的分析 [J]. 职业医学, 1990 (1): 58 - 59.

[93] 王文. 工伤保险实行差别费率和费率浮动的设想 [J]. 中国劳动, 2003 (2): 15 - 16.

[94] 王显政. 工伤保险与事故预防研究及实践 [M]. 北京: 中国劳动社会保障出版社, 2004.

[95] 王小鲁, 樊纲. 中国经济增长的可持续性 [M]. 北京: 经济科学出版社, 2000.

[96] 乌日图. 我国工伤保险与工伤预防的改革与实践 [J]. 劳动保护, 2000 (4): 10.

[97] 巫智宁. 浅谈当前企业工伤保险存在的问题及对策 [J]. 福建建材, 2013 (5): 96 - 103.

[98] 吴镝. 中美工伤保险制度比较 [D]. 上海: 华东政法大学, 2012.

[99] 伍年华. 第三人侵权造成工伤事故赔偿研究 [J]. 广东广播电视大学学报, 2011 (5): 60-64.

[100] 夏波光. 工伤预防"问计"欧盟 [J]. 中国社会保障, 2010 (1): 14-16.

[101] 向春华. 工伤预防的趋势、协力与规范——访海南省社保局局长邓光华 [J]. 中国社会保障, 2011 (2): 13-14.

[102] 徐波, 王新民, 张秋实. 工伤保险与工伤预防 [J]. 中国社会保障, 2002 (10): 66.

[103] 徐庆森. 建立工伤预防优先的工伤保险制度 [J]. 今日科苑, 2008 (20): 191.

[104] 徐晓明. 安全生产与经济发展之探讨 [J]. 湖南安全与防灾, 2008 (7): 47-48.

[105] 许琼妍, 张怡, 刘超. 广州市工伤职工权益保护调查报告 [J]. 南方论刊, 2007 (5): 72-73.

[106] 薛欣涛. 江苏常州地区工伤保险制度问题研究 [J]. 市场论坛, 2011 (11): 51-53.

[107] 杨波. 工伤保险与工伤预防相结合初探 [J]. 当代经理人, 2006 (13): 137-138.

[108] 杨雯晖. 论劳动者工伤保险骗保行为的产生与防范——基于信息不对称理论 [J]. 知识经济, 2016 (5): 46-48.

[109] 杨西伟. 加大工伤预防促进经济社会发展 [J]. 人才资源开发, 2013 (11): 35-36.

[110] 姚根莲. 建立工伤预防—工伤康复机制的探讨 [J]. 科技信息, 2013 (11): 464-487.

[111] 叶娟. 浅谈企业工伤保险 [J]. 现代营销 (学苑版), 2011 (10): 98-100.

[112] 易纲, 樊纲, 李岩. 关于中国经济增长与全要素生产率的理论思考 [J]. 经济研究, 2003 (8): 13-20.

[113] 殷俊, 黄蓉. 工伤保险 [M]. 北京: 人民出版社, 2016: 8-9.

[114] 尤庆伟, 宋秀丽. 洛阳某轴承制造企业 1985 年~2004 年工伤事故调查分析 [J]. 河南预防医学杂志, 2006 (5): 284-285.

[115] 于俊龙, 李雪萍, 程凯, 等. 普及残疾预防知识对南京市农民工残疾发生率的影响 [J]. 中国康复, 2011 (5): 371-372.

[116] 余飞跃. 工伤保险预防制度研究 [M]. 北京：光明日报出版社，2011：59－68.

[117] 余飞跃. 行为导向的工伤保险预防费激励手段实证研究——以广州市制造业合资中小企业为对象 [J]. 学习与探索，2011 (5)：59－61.

[118] 余凌云. 行政契约论 [M]. 北京：中国人民大学出版社，2006：24－34.

[119] 余美美. 企业社会责任视角下的工伤保险制度研究 [D]. 南昌：南昌大学，2015.

[120] 约翰. 巴德. 人性化的雇佣关系——效率、公平与发言权之间的平衡 [M]. 北京：北京大学出版社，2007：257－259.

[121] 曾梦岚，廖桂容. 台湾渔民工伤保险制度的主要做法及对大陆的启示 [J]. 发展研究，2014 (8)：89－91.

[122] 张军. 工伤预防管理体系研究 [J]. 中国社会保障，2011 (2)：15－16.

[123] 张军，施少华，陈诗一. 中国的工业改革与效率变化——方法、数据、文献和现有的结果 [J]. 经济学季刊，2003 (10)：1－38.

[124] 张明丽，李方. 我国转型期工伤保险制度的改革与探索研究——以广东省、上海市、黑龙江省为例 [J]. 特区经济，2011 (8)：115－117.

[125] 张同顺，李新，郭斌. 某煤矿354例工伤的调查分析 [J]. 工业卫生与职业病，2008 (4)：231－232.

[126] 张协奎，刘伟，黎雄辉. 东盟国家的工伤保险制度 [J]. 广西大学学报（哲学社会科学版)，2015 (5)：71－79.

[127] 张英华. 浅析如何切实维护铁路企业工伤职工权益 [J]. 劳动保障世界，2015 (S1)：25－26.

[128] 张盈盈，葛晓萍. 日本工伤保险制度概述 [J]. 劳动保障世界，2011 (9).

[129] 张盈盈，罗筱媛. 日本工伤保险制度概述 [J]. 劳动保障世界（理论版)，2011 (9)：47－49.

[130] 赵曙明等编. 国际与比较雇佣关系——全球化与变革 [M]. 北京：北京大学出版社（第五版)，2012：350－345.

[131] 赵小兰. 使安全成为“第一优先权”[J]. 劳动保护，2009 (2)：10－12.

[132] 赵永生. 工伤预防的新形势与机制创新难点及思路 [J]. 中国医疗保险，2013 (7)：59－65.

［133］赵永生．国际视野下我国工伤预防机制创新研究［M］．北京：中国言实出版社，2014：80－92.

［134］赵永生，郝玉玲．日本工伤预防的发展与现状（下）［J］．中国医疗保险，2012（8）：57－60.

［135］钟巍．我国工伤预防管理的问题及对策研究［D］．长沙：湖南大学，2008.

［136］周华中．从工伤保险制度目的看其惠及的人群［J］．现代职业安全，2006（1）：94－96.

［137］周慧玲，马科科．参与式方法在工伤预防知识培训上的实践［J］．安全，2013（11）：46－49.

［138］周慧文．德国工伤保险事故预防机制评价［J］．中国安全科学学报，2005（5）.

［139］周永波．德国的工伤预防借鉴［J］．劳动保护，2014（12）：80－81.

［140］周永波．德国工伤保险的成功之道［J］．中国人力资源社会保障，2015（1）：42－43.

［141］朱国宝．工伤预防的作用与实施途径［J］．中国社会保障，2004（6）：16－17.

［142］朱丽敏．工伤保险制度的可持续发展：从“控制成本”到“以人为本”［J］．云南社会科学，2010（4）：70－75.

［143］朱明利．我国农民工工伤预防机制研究［D］．昆明：云南大学，2013.

［144］邹艳晖．工伤保险：矿工生命健康权的基本保障［J］．延边大学学报（社会科学版），2009（4）：138－1.

［145］Abbring，J. H.，Chiappori，P. A. & Zavadil，T. Better Safe Than Sorry? Ex－Ante and Ex－Post Moral Hazard in Dynamic Insurance Data，Tinbergen Institute Discussion Paper No. 08－075/3［D］. Discussion Paper No. 2007：08－77.

［146］Ahonen，G. Työterveyshuollon Talousvaikutukset Yrityksissä［J］. Työterveyshoitaja，1995，20：12－13.（The Economic Impact of Occupational Health Services in Firms）

［147］Aiuppa，T. & Trieschmann，J. Moral Hazard in the French Workers' Compensation System［J］. Journal of Risk and Insurance，1998：125－133.

［148］Akers，R. L. & Sellers，C. S. Criminological Theories［M］. New York：Oxford University Press，2009.

[149] Aldana, S. G. Financial Impact of Health Promotion Programs: A Comprehensive Review of the Literature [J]. American Journal of Health Promotion, 2001, 15 (5): 296 -320.

[150] Aldana, S. & Quinlan, M. Promoting Occupational Health and Safety Management Systems: A Path to Success - Maybe [J]. Journal of Occupational Health and Safety, 1999, 15 (6): 535.

[151] Ali, H., Azimah Chew Abdullah N. & Subramaniam, C. Management Practice in Safety Culture and Its Influence on Workplace Injury: An Industrial Study in Malaysia [J]. Disaster Prevention and Management: An International Journal, 2009, 18 (5): 470 -477.

[152] Alterman, T., Luckhaupt, S. E., Dahlhamer, J. M., et al. Prevalence Rates of Work Organization Characteristics among Workers in the US: Data from the 2010 National Health Interview Survey [J]. American Journal of Industrial Medicine, 2013, 56 (6): 647 -659.

[153] Ambec, S., Barla, P. Can Environmental Regulations Be Good for Business? An Assessment of the Porter Hypothesis [J]. Energy Studies Review, 2006, 14 (2): 42.

[154] Ambec, S., Cohen, M. A., Elgie, S., et al. The Porter Hypothesis at 20: Can Environmental Regulation Enhance Innovation and Competitiveness? [J]. Resources for The Future Discussion Paper, 2011: 1 -11.

[155] Ambec, S., Cohen, M. A., Elgie, S., et al. The Porter Hypothesis at 20: Can Environmental Regulation Enhance Innovation and Competitiveness? [J]. Review of Environmental Economics and Policy, 2013, 7 (1): 2 -22.

[156] Andersson, R. & Menckel, E. On the Prevention of Accidents and Injuries: A Comparative Analysis of Conceptual Frameworks [J]. Accident Analysis & Prevention, 1995, 27 (6): 757 -768.

[157] Andrew, H., David, B. & Mark, A., Safety Regulation: The Lessons of Workplace Safety Rule Management for Managing the Regulatory Burden [J]. Safety Science, 2015, 71 (1): 112 -122.

[158] Anselin, L. Spatial Econometrics: Methods and Models [M]. Springer Science & Business Media, 2013.

[159] Arellano, M. & Bond, S. Some Tests of Specification for Panel Data: Monte Carlo Evidence and an Application to Employment Equations [J]. The Review of

Economic Studies, 1991, 58 (2): 277 -297.

[160] Ashford, N. A. An Innovation - Based Strategy for a Sustainable Environment [M]. Heidelberg: Innovation Oriented Environmental Regulation. Physica, 2000: 67 -107.

[161] Ashford, N. A., Ayers, C. & Stone, R. F. Using Regulation to Change the Market for Innovation [J]. Harv. Envtl. L. Rev., 1985, 9: 419.

[162] Ashford, N. A. Crisis in the Workplace: Occupational Disease and Injury: A Report to the Ford Foundation [M]. Mit Press, 1976.

[163] Ashford, N. A. & Hall, R. P. The Importance of Regulation - Induced Innovation for Sustainable Development [J]. Sustainability, 2011, 3 (1): 270 -292.

[164] Ashford, N. A. & Heaton, G. R. Regulation and Technological Innovation in the Chemical Industry [J]. Law and Contemporary Problems, 1983, 46 (3): 109 -157.

[165] Ashford, N. A. The Importance of Taking Technological Innovation into Account in Estimating the Costs and Benefits of Worker Health and Safety Regulation [J]. Costs and Benefits of Occupational Safety and Health, 1997 (5): 28 -30.

[166] Ashford, N. A. Understanding Technological Responses of Industrial Firms to Environmental Problems: Implications for Government Policy [M]. Island Press, Washington, 1993: 277 -307.

[167] Azaroff, L. S., Levenstein, C. & Wegman, D. H. Occupational Injury and Illness Surveillance: Conceptual Filters Explain under Reporting [J]. American Journal of Public Health, 2002, 92 (9): 1421 -1429.

[168] Babetskii, I., Boone, L. & Maurel, M. Exchange Rate Regimes and Shocks Asymmetry: the Case of the Accession Countries [J]. Journal of Comparative Economics, 2004, 32 (2): 212 -229.

[169] Baily, M. N., Hulten, C., Campbell, D., et al. Productivity Dynamics in Manufacturing Plants [J]. Brooking Papers on Economic Activity. Microeconomics, 1992: 187 -267.

[170] Banks, G. Institutions to Promote Pro - Productivity Policies: Logic and Lessons [J]. OECD Publishing, 2015: 234 -345.

[171] Barney, J. B., Edwards, F. L. & Ringleb, A. H. Organizational Responses to Legal Liability: Employee Exposure to Hazardous Materials, Vertical Integration, and Small Firm Production [J]. Academy of Management Journal, 1992, 35

(2): 328 - 349.

[172] Barrett, R., Mayson, S. & Bahn, S. Small Firms and Health and Safety Harmonisation: Potential Regulatory Effects of a Dominant Narrative [J]. Journal of Industrial Relations, 2014, 56 (1): 62 - 80.

[173] Bartelsman, E. J. & Doms, M. Understanding Productivity: Lessons from Longitudinal Microdata [J]. Journal of Economic Literature, 2000, 38 (3): 569 - 594.

[174] Baumol, W. J. Productivity Growth, Convergence, and Welfare: What the Long - Run Data Show [J]. The American Economic Review, 1986: 1072 - 1085.

[175] Becker, G. S. Crime and Punishment: An Economic Approach [J]. The Journal of Political Economy, 1968, 76: 169 - 217.

[176] Benavides, F. G., García, A. M., Lopez - Ruiz, M., et al. Effectiveness of Occupational Injury Prevention Policies in Spain [J]. Public Health Reports, 2009, 124: 180 - 187.

[177] Benhabib, J. & Mark, S. M. The Role of Human Capital in Economic Development: Evidence from Aggregate Cross - Country Data [J]. Journal of Monetary Economics, 1994, 34 (2): 143 - 173.

[178] Bernstein, M. H. Regulating Business by Independent Commission [M]. Princeton University Press, 2015.

[179] Beus, J. M., Payne, S. C., Bergman, M. E., et al. Safety Climate and Injuries: An Examination of Theoretical and Empirical Relationships [J]. Journal of Applied Psychology, 2010, 95 (4): 713.

[180] Biddle, E. A. Is the Societal Burden of Fatal Occupational Injury Different among NORA Industry Sectors? [J]. Journal of Safety Esearch, 2013, 44: 7 - 16.

[181] Biddle, J. & Roberts, K. Claiming Behavior in Workers' Compensation [J]. Journal of Risk and Insurance, 2003, 70 (4): 759 - 780.

[182] Bluff, L. Systematic Management of Occupational Health and Safety [J]. 2003: 77 - 89.

[183] Blum, F. & Burton, J, F. Workers' Compensation Benefits: Frequencies and Amounts in 2002 [J]. Workers' Compensation Policy Review, 2006, 6 (5): 3 - 27.

[184] Boden, L. I. & Galizzi, M. Blinded by Moral Hazard [J]. Rutgers UL

Rev. , 2016, 69: 1213.

[185] Boden, L. I. & Ruser, J. W. Workers' Compensation "Reforms", Choice of Medical Care Provider, and Reported Workplace Injuries [J]. Review of Economics and Statistics, 2003, 85 (4): 923 -929.

[186] Bolduc, D. , Fortin, B. , Labrecque. , et al. Workers' Compensation, Moral Hazard and the Composition of Workplace Injuries [J]. Journal of Human Resources, 2002: 623 -652.

[187] Bonauto, D. , Silverstein, B. , Adams, D. , et al. Prioritizing Industries for Occupational Injury and Illness Prevention and Research, Washington State Workers' Compensation Claims, 1999 -2003 [J]. Journal of Occupational and Environmental Medicine, 2006, 48 (8): 840 -851.

[188] Braithwaite, J. Responsive Regulation and Developing Economies [J]. World Development, 2006, 34 (5): 884 -898.

[189] Breslin, F. C. , Polzer, J. , MacEachen, E. , et al. Workplace Injury or "Part of the Job"?: Towards A Gendered Understanding of Injuries and Complaints among Young Workers [J]. Social Science & Medicine, 2007, 64 (4): 782 -79.

[190] Brody, B. , Letourneau, Y. & Poirier, A. An Indirect Cost Theory of Work Accident Prevention [J]. Journal of Occupational Accidents, 1990, 13 (4): 255 -270.

[191] Bronchetti, E. T. & McInerney, M. Revisiting Incentive Effects in Workers' Compensation: Do Higher Benefits Really Induce More Claims? [J]. ILR Review, 2012, 65 (2): 286 -315.

[192] Brown, J. N. Structural Estimation in Implicit Markets. The Measurement of Labor Cost [M]. University of Chicago Press, 1983: 123 -152.

[193] Bruce, C. J. & Atkins, F. J. Efficiency Effects of Premium -Setting Regimes under Workers' Compensation: Canada and the United States [J]. Journal of Labor Economics, 1993 , 11: 38 -69.

[194] Burton, J. & Chelius, J. Workplace Safety and Health Regulations: Rationale and Results [J]. Government Regulation of the Employment Relationship, 1997: 253 -293.

[195] Butler, R. J. Economic Determinants of Workers' Compensation Trends [J]. Journal of Risk and Insurance, 1994: 383 -401.

[196] Butler, R. J. Lost Injury Days: Moral Hazard Differences between Tort and

Workers' Compensation [J]. Journal of Risk and Insurance, 1996: 405 - 433.

[197] Butler, R. J. & Worrall, J. D. Claims Reporting and Risk Bearing Moral Hazard in Workers' Compensation [J]. Journal of Risk and Insurance, 1991: 191 - 204.

[198] Callinicos, A. The Revolutionary Ideas of Karl Marx [M]. Haymarket Books, 2012.

[199] Card, D. & McCall, B. P. When to Start a Fight and When to Fight Back: Liability Disputes in the Workers' Compensation System [J]. Journal of Labor Economics, 2009, 27 (2): 149 - 178.

[200] Catalano, R. & Dooley, D. Economic Change in Primary Prevention [J]. Prevention in Mental Health: Research, Policy and Practice, 1980: 21 - 40.

[201] Chang, D. H. Workers' Compensation for Occupational Disease: Prorating Liability Versus Last Employer Liability [J]. Journal of Risk and Insurance, 1993: 647 - 657.

[202] Charles, T. & Lehner, F. Competitiveness and Employment: A Strategic Dilemma for Economic Policy [J]. Competition & Change, 1998, 3 (1 - 2): 207 - 236.

[203] Chelius, J. R. & Kavanaugh, K. Workers' Compensation and the Level of Occupational Injuries [J]. Journal of Risk and Insurance, 1988: 315 - 323.

[204] Chelius, J. R. The Control of Industrial Accidents: Economic Theory and Empirical Evidence [J]. Law and Contemporary Problems, 1974, 38 (4): 700 - 729.

[205] Chelius, J. R. The Influence of Workers' Compensation on Safety Incentives [J]. Industrial & Labor Relations Review, 1982, 35 (2): 235 - 242.

[206] Chi, C. F., Chang, T. C. & Ting, H. I. Accident Patterns and Prevention Measures for Fatal Occupational Falls in the Construction Industry [J]. Applied Ergonomics, 2005, 36 (4): 391 - 400.

[207] Christainsen, G. B. & Haveman, R. H. Public Regulations and the Slowdown in Productivity Growth [J]. The American Economic Review, 1981, 71 (2): 320 - 325.

[208] Clarke, R, V. & Derek, B. C. The Rational Choice Perspective [J]. Environmental Criminology and Crime Analysis. Willan, 2013: 43 - 69.

[209] Clemes, S. A., Haslam, C. O. & Haslam, R. A. What Constitutes Effec-

tive Manual Handling Training? A Systematic Review [J]. Occupational Medicine, 2010, 60 (2): 101 - 107.

[210] Coffee, J. C. The Regulation of Entrepreneurial Litigation: Balancing Fairness and Efficiency in the Large Class Action [J]. The University of Chicago Law Review, 1987, 54 (3): 877 - 937.

[211] Collins, J. W., Wolf, L., Bell, J., et al. An Evaluation of a "Best Practices" Musculoskeletal Injury Prevention Program in Nursing Homes [J]. Injury Prevention, 2004, 10 (4): 206 - 211.

[212] Concha - Barrientos, M., Nelson, D. I., Fingerhut, M., et al. The Global Burden Due to Occupational Injury [J]. American Journal of Industrial Medicine, 2005, 48 (6): 470 - 481.

[213] Conrad, K. Cost Prices and Partially Fixed Factor Proportions in Energy Substitution [J]. European Economic Review, 1983, 21 (3): 299 - 312.

[214] Corso, P., Finkelstein, E., Miller, T., et al. Incidence and Lifetime Costs of Injuries in the United States [J]. Injury Prevention, 2006, 12 (4): 212 - 218.

[215] Cowan, A. M. & Joutz, F. L. An Unobserved Component Model of Asset Pricing Across Financial Markets [J]. International Review of Financial Analysis, 2006, 15 (1): 86 - 107.

[216] Crain, N. V. & Crain, W. M. The Impact of Regulatory Costs on Small Firms Report to Small Business Administration [J]. Office of Advocacy, 2010 (9): 2 - 65.

[217] Cucchiella, F., D' Adamo, I. & Gastaldi, M. Sustainable Management of Waste to Energy Facilities [J]. Renewable and Sustainable Energy Reviews, 2014, 33: 719 - 728.

[218] Danzon. & Patricia. Compensation for Occupational Disease: Evaluating Options [J]. Journal of Risk and Insurance, 1987, 54: 263 - 282.

[219] Datta, G. N., Poulsen, A. & Villeval, M. C. Male and Female Competitive Behavior Experimental Evidence [J]. 2005.

[220] Dawson, J. W. Regulation and the Macroeconomy [J]. Kyklos, 2007, 60 (1): 15 - 36.

[221] De, H. W. & Vos, J. A. Crying Shame: The Over - Rationalized Conception of Man in the Rational Choice Perspective [J]. Theoretical Criminology, 2003,

7: 29 -54.

[222] DeJoy, D. M. Behavior Change Versus Culture Change: Divergent Approaches to Managing Workplace Safety [J]. Safety Science, 2005, 43 (2): 105 - 129.

[223] Desrochers, P. & Haight, C. E. Squandered Profit Opportunities? Some Historical Perspective on Industrial Waste and the Porter Hypothesis [J]. Resources, Conservation and Recycling, 2014, 92: 179 -189.

[224] Dickens, W. T. Differences Between Risk Premiums in Union and Nonunion Wages and the Case for Occupational Safety Regulation [J]. The American Economic Review, 1984, 74 (2): 320 -323.

[225] Dillingham, A. E. The Effort of Labor Force Age Distribution on Worker's Compensation Costs [J]. Journal of Risk and Insurance, 1983: 235 -248.

[226] Dionne, G. & St - Michel, P. Workers' Compensation and Moral Hazard [J]. The Review of Economics and Statistics, 1991: 236 -244.

[227] DOI, Y. An Epidemiologic Review on Occupational Sleep Research among Japanese Workers [J]. Industrial Health, 2005, 43 (1): 3 -10.

[228] Dorsey, S. & Walzer, N. Workers' Compensation, Job Hazards, and Wages [J]. Industrial & Labor Relations Review, 1983, 36 (4): 642 -654.

[229] Dougherty, S., Robles, V. C. F. & Krishna, K. Employment Protection Legislation and Plant - Level Productivity in India [R]. National Bureau of Economic Research, 2011 (12).

[230] Dufour, C., Lanoie, P., Patry, M., et al. Regulation and Productivity in the Quebec Manufacturing Sector [M]. CIRANO, 1995.

[231] Dwyer, T. A New Concept of the Production of Industrial Accidents. A Sociological Approach. New Zealand [J]. Journal of Industrial Relations, 1983, 8: 147 -160.

[232] Earl, S. Pollack., Deborah., et al. National Research Council (US). Panel on Occupational Safety, et al. Counting Injuries and Illnesses in the Workplace: Proposals for a Better System [J]. National Academies, 1987: 198 -232.

[233] Ellen, M. E., Lippel, K., Ron, S., et al. Workers' Compensation Experience - Rating Rules and the Danger to Workers' Safety in the Temporary Work Agency Sector [J]. Policy and Practice in Health and Safety, 2012, 10 (1): 77 - 95.

[234] Excellence, A. Investing in People, Knowledge and Opportunity [J]. Canada's Innovation Strategy, 2001 (1).

[235] Fajardo, G. D. & Buenviaje, M. G. Compliance of A Local Manpower Agency to Occupational Health, Safety and Labor Standards as Input to Sustained Business Partner Relations [J]. Asia Pacific Journal of Academic Research in Business Administration, 2016, 2 (1).

[236] Feng, Y. Effect of Safety Investments on Safety Performance of Building Projects [J]. Safety Science, 2013, 59: 28 -45.

[237] Fernάndez - Muñiz, B., Montes - Peón, J. M. & Vάzquez - Ordάs, C. J. Relation between Occupational Safety Management and Firm Performance [J]. Safety Science, 2009, 47 (7): 980 -991.

[238] Fishback, P. V. Liability Rules and Accident Prevention in the Workplace: Empirical Evidence from the Early Twentieth Century [J]. The Journal of Legal Studies, 1987, 16 (2): 305 -328.

[239] Forouzanfar, M. H., Afshin, A., Alexander, L. T., et al. Global, Regional, and National Comparative Risk Assessment of 79 Behavioural, Environmental and Occupational, and Metabolic Risks or Clusters of Risks, 1990 -2015: A Systematic Analysis for the Global Burden of Disease Study 2015 [J]. The Lancet, 2016, 388 (10053): 1659 -1724.

[240] Forouzanfar, M. H., Alexander, L., Anderson, H. R., et al. Global, Regional, and National Comparative Risk Assessment of 79 Behavioral, Environmental and Occupational, and Metabolic Risks or Clusters of Risks in 188 Countries, 1990 - 2013, A Systematic Analysis for the Global Burden of Disease Study 2013 [J]. The Lancet, 2015, 386: 2287 -2323.

[241] Foster, L., Haltiwanger, J. & Syverson, C. Reallocation, Firm Turnover, and Efficiency: Selection on Productivity or Profitability? [J]. American Economic Review, 2008, 98 (1): 394 -425.

[242] Franche, R. L., Baril, R., Shaw, W., et al. Workplace - Based Return - to - Work Interventions: Optimizing the Role of Stakeholders in Implementation and Research [J]. Journal of Occupational Rehabilitation, 2005, 15 (4): 525 - 542.

[243] Francisco, M. & Juan, S. Regulation, Innovation and Productivity [J]. Instituto Empresa Business School, 2010: 2 -54.

[244] Gambardellae, et al. Inventors and Invention Processes in Europe: Results from the Pat Val – EU Survey [J]. Research Policy, 2007, 36 (8): 1107 – 1127.

[245] Garon, S. M. The Imperial Bureaucracy and Labor Policy in Postwar Japan [J]. The Journal of Asian Studies, 1984, 43 (3): 441 – 457.

[246] Gielen, A. C. E., Sleet, D. A. & DiClemente, R. J. Injury and Violence Prevention: Behavioral Science Theories, Methods, and Applications [J]. Jossey – Bass, 2006: 11 – 34.

[247] Gielen, A. C. & Sleet, D. Application of Behavior – Change Theories and Methods to Injury Prevention [J]. Epidemiologic Reviews, 2003, 25 (1): 65 – 76.

[248] Gillen, M., Baltz, D., Gassel. M., et al. Perceived Safety Climate, Job Demands, and Coworker Support among Union and Nonunion Injured Construction Workers [J]. Journal of Safety Research, 2002, 33 (1): 33 – 5.

[249] Giuri, P., Mariani, M., Brusoni, S., et al. Inventors and Invention Processes in Europe: Results from the PatVal – EU Survey [J]. Research Policy, 2007, 36 (8): 1107 – 1127.

[250] Goffee, R. & Scase, R. Corporate Realities (Routledge Revivals): The Dynamics of Large and Small Organisations [M]. Routledge, 2015: 27 – 187.

[251] Gore, F. M., Bloem, P. J. N., Patton, G. C., et al. Global Burden of Disease in Young People Aged 10 – 24 Years: A Systematic Analysis [J]. The Lancet, 2011, 377: 2093 – 2102.

[252] Gray, W. B. & Mendeloff, J. M. The Declining Effects of OSHA Inspections on Manufacturing Injuries, 1979 – 1998 [J]. ILR Review, 2005, 58 (4): 571 – 587.

[253] Guastello, S. J. Do We Really Know How Well Our Occupational Accident Prevention Programs Work? [J]. Safety Science, 1993, 16 (3): 445 – 463.

[254] Gullotta, T. P. Prevention's Technology [J]. Journal of Primary Prevention, 1987, 8 (1 – 2): 4 – 24.

[255] Guo, W. J., Tsang, A., Li, T. & Lee, S. Psychiatric Epidemiological Surveys in China 1960 – 2010: How Real is the Increase of Mental Disorders? [J]. Current Opinion in Psychiatry, 2011, 24: 324 – 330.

[256] Guo, X. & Burton, J. F. Workers' Compensation: Recent Developments in Moral Hazard and Benefit Payments [J]. ILR Review, 2010, 63 (2): 340 – 355.

[257] Guyton, G. P. A. Brief History of Workers' Compensation [J]. The Lowa

Orthopaedic Journal, 1999, 19: 106.

[258] Guzman, J., Yassi, A., Baril, R., et al. Decreasing Occupational Injury and Disability: the Convergence of Systems Theory, Knowledge Transfer and Action Research [J]. Work, 2008, 30 (3): 229-239.

[259] Haddon, W. The Basic Strategies for Reducing Damage from Hazards of All Kinds [J]. Hazard Prevention, 1980, 16 (1): 8-12.

[260] Hahn, R. W. Reviving Regulatory Reform: A Global Perspective [M]. American Enterprise Institute, 2000.

[261] Hale, A., Borys, D. & Adams, M. Safety Regulation: the Lessons of Workplace Safety Rule Management for Managing the Regulatory Burden [J]. Safety Science, 2015, 71: 112-122.

[262] Hamilton, J. W., Bellahsene, B. E., Reichelderfer, M., et al. Human Electrogastrograms [J]. Digestive Diseases and Sciences, 1986, 31 (1): 33-39.

[263] Harrington, S. E. & Danzon, P. M. Rate Regulation, Safety Incentives, and Loss Growth in Workers' Compensation Insurance [J]. The Journal of Business, 2000, 73 (4): 569-595.

[264] Hasle, P. & Limborg, H. J. A Review of the Literature on Preventive Occupational Health and Safety Activities in Small Enterprises [J]. Industrial Health, 2006, 44 (1): 6-12.

[265] Hayashi, K., Mizunuma, H., Fujita, T., et al. Design of the Japan Nurses' Health Study: A Prospective Occupational Cohort Study of Women's Health in Japan [J]. Industrial Health, 2007, 45 (5): 679-686.

[266] Heckman, J. J. Causal Parameters and Policy Analysis in Economics: A Twentieth Century Retrospective [J]. The Quarterly Journal of Economics, 2000, 115 (1): 45-97.

[267] Hicks, J. R. Marginal Productivity and the Principle of Wariation [J]. Economica, 1932, (35): 79-88.

[268] Higgins, D. N., Casini, V. J., Bost, P., et al. The Fatality Assessment and Control Evaluation Program's Role in the Prevention of Occupational Fatalities [J]. Injury Prevention, 2001, 7 (1): 27-33.

[269] Howard, C. Workers' Compensation, Federalism, and The Heavy Hand of History [J]. Studies in American Political Development, 2002, 16 (1): 28-47.

[270] Hsiao, H. & Simeonov, P. Preventing Falls from Roofs: A Critical Re-

view [J]. Ergonomics, 2001, 44 (5): 537 - 561.

[271] Hsieh, C. T. & Klenow, P. J. Misallocation and Manufacturing TFP in China and India [J]. The Quarterly Journal of Economics, 2009, 124 (4): 1403 - 1448.

[272] Hyatt, D. E. Work Disincentives of Workers' Compensation Permanent Partial Disability Benefits: Evidence for Canada [J]. Canadian Journal of Economics, 1996: 289 - 308.

[273] Jaffe, A., Peterson, S., Portney, P., & Stavins, R. Environmental Regulation and the Competitiveness of U. S. Manufacturing: What Does the Evidence Tell Us? [J]. Journal of Economic Literature, 1995, 33 (3): 132 - 163.

[274] Jefferson, G. H., Huamao, B., Xiaojing, G., et al. R&D Performance in Chinese Industry [J]. Economics of Innovation and New Technology, 2006, 15 (4 - 5): 345 - 366.

[275] Johnston, J. J., Cattledge, G. T. & Collins, J. W. The Efficacy of Training for Occupational Injury Control [J]. Occupational Medicine (Philadelphia, Pa.), 1993, 9 (2): 147 - 158.

[276] John, W. D. & John J. S. Federal Regulation and Aggregate Economic Growth [J]. Economic Growth, 2013, 18 (2): 137 - 177.

[277] Kahn, A. E., Kahn, A. J. & Khan, A. E. The Economics of Regulation: Principles and Institutions [M]. Mit Press, 1988.

[278] Kaplan, R. S. & Norton, D. P. Using the Balanced Scorecard as a Strategic Management System [J], 1996: 135 - 156.

[279] Kaplan, R. S. & Norton, D. P. Using the Balanced Scorecard as a Strategic Management System [J]. Harvard Business Review, 2007, 85 (7 - 8): 150.

[280] Karanfil, F. & Ozkaya, A. Estimation of Real GDP and Unrecorded Economy in Turkey Based on Environmental Data [J]. Energy Policy, 2007, 35 (10): 4902 - 4908.

[281] Karmaus, W. Präventive Strategien und Gesundheitsverhalten [J]. Prävention, Argument Sonderband AS, 1981, 64: 7 - 26.

[282] Katz, L. F. & Krueger, A. B. The Rise and Nature of Alternative Work Arrangements in the United States, 1995 - 2015 [R]. National Bureau of Economic Research, 2016.

[283] Kemp, R. P. M. Environmental Policy and Technical Change: A Compari-

son of the Technological Impact of Policy Instruments [M]. Maastricht University, 1995.

[284] Kemp, R. Technology and the Transition to Environmental Sustainability: the Problem of Technological Regime Shifts [J]. Futures, 1994, 26 (10): 1023 - 1046.

[285] Kip, W. & Zeckhauser, R. J. Optimal Standards With Incomplete Enforcement [J]. Public Policy, 1979, 27 (4).

[286] Kirsh, B., Slack, T. & King, C. A. The Nature and Impact of Stigma Towards Injured Workers [J]. Journal of Occupational Rehabilitation, 2012, 22 (2): 143 - 154.

[287] Kisner, S. M. & Fosbroke, D. E. Injury Hazards in the Construction Industry [J]. Journal of Occupational and Environmental Medicine, 1994, 36 (2): 137 - 143.

[288] Kjellstrom, T., Gabrysch, S., Lemke, B., et al. The Hothaps Program for Assessing Climate Change Impacts on Occupational Health and Productivity: An Invitation to Carry Out Field Studies [J]. Global Health Action, 2009, 2 (1): 20 - 82.

[289] Lamontagne, A. D., Keegel, T., Louie, A. M., et al. A Systematic Review of the Job - Stress Intervention Evaluation Literature, 1990 - 2005 [J]. International Journal of Occupational and Environmental Health, 2007, 13 (3): 268 - 280.

[290] Langevoort, D. C. Theories, Assumptions, and Securities Regulation: Market Efficiency Revisited [J]. University of Pennsylvania Law Review, 1992, 140 (3): 851.

[291] Lanoie, P. Occupational Safety and Health: A Problem of Double or Single Moral Hazard [J]. Journal of Risk and Insurance, 1991: 80 - 100.

[292] Lanoie, P., Patry, M. & Lajeunesse, R. Environmental Regulation and Productivity: Testing the Porter Hypothesis [J]. Journal of Productivity Analysis, 2008, 30 (2): 121 - 128.

[293] Le, B., Alessandra, L., Laura, M., Lionel, Nestac., Önder Nomalerj, Neus Palomerasi, Pari Patelc, Marzia Romanellik, Bart Verspagenj: Inventors and Invention Processes in Europe: Results from the PatVal - EU Survey [J]. Research Policy, 2007, 36 (8): 1107 - 1127.

[294] Legendre, P. Spatial Autocorrelation: Trouble or New Paradigm? [J]. Ecology, 1993, 74 (6): 1659 - 1673.

[295] Lehtola, M. M., Vander - Molen, H. F., Lappalainen, J., et al. The Effectiveness of Interventions for Preventing Injuries in the Construction Industry: A Systematic Review [J]. American Journal of Preventive Medicine, 2008, 35 (1): 77 - 85.

[296] Leiter, M. P., Zanaletti, W. & Argentero, P. Occupational Risk Perception, Safety Training, and Injury Prevention: Testing a Model in the Italian Printing Industry [J]. Journal of Occupational Health Psychology, 2009, 14 (1): 1.

[297] Lengagne, P. Experience Rating and Work - Related Health and Safety [J]. Journal of Labor Research, 2016, 37 (1): 69 - 97.

[298] Lenné, M. G., Salmon, P. M., Liu, C. C., et al. A Systems Approach to Accident Causation in Mining: An Application of the Hfacs Method [J]. Accident Analysis & Prevention, 2012, 48: 111 - 117.

[299] Leonard, B. Health Care Costs Increase Interest in Wellness Programs [J]. HR Magazine, 2001, 46 (9): 35 - 64.

[300] Lin, J. Y., Cai, F. & Li, Z. Competition, Policy Burdens, and State - Owned Enterprise Reform [J]. The American Economic Review, 1998, 88 (2): 422 - 427.

[301] Lin, P., Liu, Z & Zhang, Y. Do Chinese Domestic Firms Benefit from FDI Inflow? Evidence of Horizontal and Vertical Spillovers [J]. China Economic Review, 2009, 20 (4): 677 - 691.

[302] Lippel, K. Workers Describe the Effect of the Workers' Compensation Process on Their Health: A Quebec Study [J]. International Journal of Law and Psychiatry, 2007, 30 (4): 427 - 443.

[303] Lord & Young. Common Sense, Common Safety: Report To Rrime Minister [J]. Her Majesty's Stationery Office London, 2010.

[304] Lowe, G. S. Healthy Workplaces and Productivity: A Discussion Paper [M]. Minister of Public Works and Government Services Canada, 2003.

[305] Lucas, Jr. R. E. On the Mechanics of Economic Development [J]. Journal of Monetary Economics, 1988, 22 (1): 3 - 42.

[306] Luenberger, D. G. & Ye, Y. Linear and Nonlinear Programming [M]. MA: Addison - Wesley, 1984.

[307] Macdonald, W., Driscoll, T., Stuckey, R., et al. Occupational Health and Safety in Australia [J]. Industrial Health, 2012, 50 (3): 172-179.

[308] Mankiw, N. G., Romer, D. & Weil, D. N. A. Contribution to the Empirics of Economic Growth [J]. The Quarterly Journal of Economics, 1992, 107 (2): 407-437.

[309] Marras, W. S., Cutlip, R. G., Burt, S. E., et al. National Occupational Research Agenda (NORA) Future Directions in Occupational Musculoskeletal Disorder Health Research [J]. Applied Ergonomics, 2009, 40 (1): 15-22.

[310] Mayer, R. N. Trading Up: Consumer and Environmental Regulation in a Global Economy [J]. 1998: 176-179.

[311] Mercy, J. A., Rosenberg, M. L., Powell, K. E., et al. Public Health Policy for Preventing Violence [D]. Health Affairs, 1993, 12 (4): 7-29.

[312] Michael, J. H., Evans, D. D., Jansen, K. J., et al. Management Commitment to Safety as Organizational Support: Relationships with Non-Safety Outcomes in Wood Manufacturing Employees [J]. Journal of Safety Research, 2005, 36 (2): 171-179.

[313] Mitnick, B. M. The Political Economy of Regulation: Creating, Designing, and Removing Regulatory Forms [M]. New York: Columbia University Press, 1980.

[314] Moore, M. J. & Viscusi, W. K. Promoting Safety Through Workers' Compensation: The Efficacy and Net Wage Costs of Injury Insurance [J]. The RAND Journal of Economics, 1989: 499-515.

[315] Morrison, J. C. Medical Cost Containment for Workers' Compensation [J]. Journal of Risk and Insurance, 1990: 646-653.

[316] Moser, P. & Voena, A. Compulsory Licensing: Evidence from the Trading with the Enemy Act [J]. The American Economic Review, 2012, 102 (1): 396-427.

[317] Murphy, L. R. & Sorenson, S. Employee Behaviors before and after Stress Management [J]. Journal of Organizational Behavior, 1988, 9 (2): 173-182.

[318] Murray, C. J. L., Abraham, J., Ali, M. K., et al. The State of US Health, 1990-2010: Burden of Diseases, Injuries, and Risk Factors [J]. Jama, 2013, 310 (6): 591-606.

[319] Nichols, T. The Sociology of Industrial Injury [M]. Mansell, 1997.

[320] Niu, S. Ergonomics and Occupational Safety and Health: An ILO Perspective [J]. Applied Ergonomics, 2010, 41 (6): 744 - 753.

[321] Ohta, M. A Note on the Duality Between Production and Cost Functions: Rate of Returns to Scale and Rate of Technical Progress [J]. The Economic Studies Quarterly, 1974, 25 (3): 63 - 65.

[322] Oi, W. Y. On the Economics of Industrial Safety [J]. Law and Contemporary Problems, 1974, 38 (4): 669 - 699.

[323] O'Toole, M. The Relationship Between Employees' Perceptions of Safety and Organizational Culture [J]. Journal of Safety Research, 2002, 33 (2): 231 - 243.

[324] Palmer, K., Oates, W. E. & Portney, P. R. Tightening Environmental Standards: The Benefit - Cost or the No - Cost Paradigm? [J]. The Journal of Economic Perspectives, 1995, 9 (4): 119 - 132.

[325] Peltzman, S. Toward a More General Theory of Regulation [J]. Journal of Law and Economics, 1976, 19 (2): 211 - 240.

[326] Perez, C. Structural Change and Assimilation of New Technologies in the Economic and Social Systems [J]. Futures, 1983, 15 (5): 357 - 375.

[327] Polanyi, M. F., Frank, J. W., Shannon, H. S., et al. Promoting the Determinants of Good Health in the Workplace. in Settings for Health Promotion: Linking Theory and Practice [J]. Thousand Oaks, CA: Sage, 2000: 138 - 160.

[328] Porru, S., Calza, S. & Arici, C. Prevention of Occupational Injuries: Evidence for Effective Good Practices in Foundries [J]. Journal of Safety Research, 2017, 60: 53 - 69.

[329] Porter & Michael, E. America's Green Strategy [J]. Scientific American, 1991, 168.

[330] Powell, D. R. Characteristics of Successful Wellness Programs [J]. Employee Benefits Journal, 1999, 24 (3): 15 - 21.

[331] Powrie, F. & Maloy, K. J. Regulating the Regulators [J]. Science, 2003, 299 (5609): 1030 - 1031.

[332] Pransky, G. S., Loisel, P. & Anema, J. R. Work Disability Prevention Research: Current and Future Prospects [J]. Journal of Occupational Rehabilitation, 2011, 21 (3): 287.

[333] Pratt & John, W. Risk Aversion in the Small and in the Large [J]. Econ-

ometrica, 1964, 33: 122 - 136.

[334] Pronk, N. P. Reducing Occupational Sitting Time and Improving Worker Health: the Take - a - Stand Project, 2011 [J]. Preventing Chronic Dsease, 2012, 9.

[335] Pulkkinen, O. & Metzler, R. Distance Matters: The Impact of Gene Proximity in Bacterial Gene Regulation [J]. Physical Review Letters, 2013, 110 (19): 198.

[336] Punnett, L. & Wegman, D. H. Work - Related Musculoskeletal Disorders: the Epidemiologic Evidence and the Debate [J]. Journal of Electromyography and Kinesiology, 2004, 14 (1): 13 - 23.

[337] Qian, Y. & Xu, C. Innovation and Bureaucracy under Soft and Hard Budget Constraints [J]. The Review of Economic Studies, 1998, 65 (1): 151 - 164.

[338] Quinlan, M. & Mayhew, C. Evidence Versus Ideology: Lifting the Blindfold on OHS in Precarious Employment [J]. School of Industrial Relations and Organizational Behavior, 2001: 200 - 234.

[339] Quinlan, M. Promoting Occupational Health and Safety Management Systems: A Path to Success - Maybe [J]. Journal of Occupational Health and Safety, 1999, 15 (6): 535.

[340] Rajan, Raghuran, Zingales. & Luigi. Financial Dependence and Growth [J]. The American Economic Review, 1998, 88 (3): 559 - 586.

[341] Rea, S. A. Workmen's Compensation and Occupational Safety under Imperfect Information [J]. The American Economic Review, 1981, 71 (1): 80 - 93.

[342] Reed, W. R. & Dahlquist, J. Do Women Prefer Women's Work? [J]. Applied Economics, 1994, 26 (12): 1133 - 1144.

[343] Rinehart, J., Rinehart, J. W., Huxley, C. V., et al. Just Another Car Factory?: Lean Production and Its Discontents [M]. Cornell University Press, 1997.

[344] Robinson, J. C. The Impact of Environmental and Occupational Health Regulation on Productivity Growth in US Manufacturing [J]. Yale J. on Reg., 1995, 12: 387.

[345] Robson, L. S., Clarke, J. A., Cullen, K., et al. The Effectiveness of Occupational Health and Safety Management System Interventions: A Systematic Review [J]. Safety Science, 2007, 45 (3): 329 - 353.

[346] Robson, L. S., Stephenson, C. M., Schultz, P. A., et al. A Systemat-

ic Review of the Effectiveness of Occupational Health and Safety Training [J]. Scandinavian Journal of Work, Environment & Health, 2012: 193 - 208.

[347] Royalty, L. H., Iversen, M. D., Larson, M. G., et al. A Controlled Trial of an Educational Program to Prevent Low Back Injuries [J]. New England Journal of Medicine, 1997, 337 (5): 322 - 328.

[348] Ruser, J. Does Workers' Compensation Encourage Hard to Diagnose Injuries? [J]. Journal of Risk and Insurance, 1998: 101 - 124.

[349] Ruser, J. W. Workers' Compensation and Occupational Injuries and Illnesses [J]. Journal of Labor Economics, 1991, 9 (4): 325 - 350.

[350] Ruser, J. W. Workers' Compensation and the Distribution of Occupational Injuries [J]. Journal of Human Resources, 1993: 593 - 617.

[351] Ruser, J. W. Workers' Compensation Insurance, Experience - Rating, and Occupational Injuries [J]. The RAND Journal of Economics, 1985: 487 - 503.

[352] Sascha & Mergner. Application of State Space Models in Finance [M]. Erschienen Im Universitatsverlag Gottingen, 2009: 17 - 25.

[353] Seedat, M., Van, N, A., Jewkes, R., et al. Violence and Injuries in South Africa: Prioritising an Agenda for Prevention [J]. The Lancet, 2009, 374: 1011 - 1022.

[354] See Jaffe, A., Peterson, S., Portney, P., & Stavins, R., Environmental Regulation and the Competitiveness of U. S. Manufacturing: What Does the Evidence Tell Us? [J]. Journal of Economic Literature, 1995, 3 (3): 132 - 163.

[355] Shannon, H. S., Robson, L. S. & Guastello, S. J. Methodological Criteria for Evaluating Occupational Safety Intervention Research [J]. Safety Science, 1999, 31 (2): 161 - 179.

[356] Shapiro, S. A. & Rabinowitz, R. Voluntary Regulatory Compliance in Theory and Practice: the Case of OSHA [J]. Admin. L. Rev., 2000, 52: 97.

[357] Shavell, S. On Liability and Insurance [J]. The Bell Journal of Economics, 1982: 120 - 132.

[358] Shiravani, A. A. & Iranban, S. J. Investigating Relationship between Comprehensive Safety Management System and Productivity In-dices: A Case Study on South Zagros Oil and Gas Production Company, Parisian Operational Region [J]. International Journal of Basic Sciences & Applied Research, 2014, 3.

[359] Shleifer, A. State Versus Private Ownership [R]. National Bureau of Eco-

nomic Research, 1998, 12 (8): 133 - 150.

[360] Silverstein, M. Focusing on High Hazard Workplaces. from Protection to Promotion [J]. Occupational Health and Safety in Small - Scale Enterprises, 1998, 25: 40 - 49.

[361] Silverstein, M. Meeting the Challenges of an Aging Workforce [J]. American Journal of Industrial Medicine, 2008, 51 (4): 269 - 280.

[362] Simon, H. A. Administrative Behaviour: A Study of the Decision Making Processes in Administrative Organisation [M]. Macmillan Company, 1948.

[363] Smith, D. R., Muto, T., Sairenchi, T., et al. Hospital Safety Cimate, Psychosocial Risk Factors and Needlestick Injuries in Japan [J]. Industrial Health, 2010, 48 (1): 85 - 95.

[364] Smith, G. S. Public Health Approaches to Occupational Injury Prevention: Do They Work? [J]. Injury Prevention, 2001, 7 (1): 3 - 10.

[365] Smith, G. S., Wellman, H. M., Sorock, G. S., et al. Injuries at Work in the US Adult Population: Contributions to the Total Injury Burden [J]. American Journal of Public Health, 2005, 95 (7): 1213 - 1219.

[366] Snook, S. H., Campanelli, R. A. & Hart, J. A Study of Three Preventive Approaches to Low Back Injury [J]. Journal of Occupational and Environmental Medicine, 1978, 20 (7): 478 - 481.

[367] Social Security Administration. Social Security Programs Throughout the World: Asia and the Pacific, 2014 [J]. SSA Publication No. 13 - 11802, 2014 (3): 117 - 120.

[368] Social Security Administration. Social Security Programs Throughout the World: Europe, 2016 [J]. SSA Publication No. 13 - 11801, 2016 (9): 120 - 124.

[369] Social Security Administration. Social Security Programs Throughout the World: The Americas, 2015 [J]. SSA Publication No. 13 - 11802, 2016 (3): 216 - 218.

[370] Solow, R. M. Technical Change and the Aggregate Production Function [J]. The Review of Economics and Statistics, 1957, 39 (3): 312 - 320.

[371] Stigler, G. J. The Theory of Economic Regulation [J]. The Bell Journal of Economics and Management Science, 1971, 2 (1): 3 - 21.

[372] Stout, N. & Bell, C. Effectiveness of Source Documents for Identifying Fatal Occupational Injuries: A Synthesis of Studies [J]. American Journal of Public

Health, 1991, 81 (6): 725 – 728.

[373] Sullivan, M. J. L. & Stanish, W. D. Psychologically Based Occupational Rehabilitation: the Pain – Disability Prevention Program [J]. The Clinical Journal of Pain, 2003, 19 (2): 97 – 104.

[374] Syverson, C. Market Structure and Productivity: A Concrete Example [J]. Journal of Political Economy, 2004, 112 (6): 1181 – 1222.

[375] Syverson, C. What Determines Productivity? [J]. Journal of Economic Literature, 2011, 49 (2): 326 – 65.

[376] Tanaka, S. Environmental Regulations on Air Pollution in China and Their Impact on Infant Mortality [J]. Journal of Health Economics, 2015, 42: 90 – 103.

[377] Thaler, R. & Rosen, S. The Value of Saving a Life: Evidence from the Labor Market. Household Production and Consumption [J]. NBER, 1976: 265 – 302.

[378] Thiele, S. U., Hasson, H. & Tafvelin, S. Leadership Training as an Occupational Health Intervention: Improved Safety and Sustained Productivity [J]. Safety Science, 2016, 81: 35 – 45.

[379] Thomason, T. Permanent Partial Disability in Workers' Compensation: Probability and Costs [J]. Journal of Risk and Insurance, 1993: 570 – 590.

[380] Thomason, T. & Pozzebon, S. Determinants of Firm Workplace Health and Safety and Claims Management Practices [J]. ILR Review, 2002, 55 (2): 286 – 307.

[381] Tompa, E., Scott – Marshall, H., Dolinschi, R., et al. Precarious Employment Experiences and Their Health Consequences: Towards a Theoretical Framework [J]. Work, 2007, 28 (3): 209 – 224.

[382] Trifiletti, L. B., Gielen, A. C., Sleet, D. A., et al. Behavioral and Social Sciences Theories and Models: Are They Used in Unintentional Injury Prevention Research? [J]. Health Education Research, 2005, 20 (3): 298 – 307.

[383] Urton, J. & Chelius, J. Workplace Safety and Health Regulations: Rationale and Results [J]. Government Regulation of the Employment Relationship, 1997: 253 – 293.

[384] Van, D. P. I. On the Role of Outsiders in Technical Development [J]. Technology Analysis & Strategic Management, 2000, 12 (3): 383 – 397.

[385] Verbeek, J., Husman, K., Van – Dijk, F., et al. Building an Evidence Base for Occupational Health Interventions [J]. Scandinavian Journal of Work,

Environment & Health, 2004: 164 – 168.

[386] Viscusi, W. K, Harrington, J. E. & Vernon, J. M. Economics of Regulation and Antitrust [M]. MIT Press, 2005.

[387] Viscusi, W. K. Regulating the Regulators [J]. The University of Chicago Law Review, 1996: 1423 – 1461.

[388] Viscusi, W. K. The Impact of Occupational Safety and Health Regulation [J]. The Bell Journal of Economics, 1979: 117 – 140.

[389] Waehrer, G. M., Dong, X. S., Miller, T., et al. Costs of Occupational Injuries in Construction in the United States [J]. Accident Analysis & Prevention, 2007, 39 (6): 1258 – 1266.

[390] Waehrer, G. M. & Miller, T. R. Restricted Work, Workers' Compensation, and Days Away from Work [J]. Journal of Human Resources, 2003, 38 (4): 964 – 991.

[391] Wassell, J. T. Workplace Violence Intervention Effectiveness: A Systematic Literature Review [J]. Safety Science, 2009, 47 (8): 1049 – 1055.

[392] Weddle, M. G. Reporting Occupational Injuries: the First Step [J]. Journal of Safety Research, 1997, 27 (4): 217 – 223.

[393] Weidenbaum, M. L. Business and Government in the Global Market Place [M]. Prentice Hall, 1995: 34 – 35.

[394] Weil, D. The Fissured Workplace [M]. Harvard University Press, 2014.

[395] Winter, R. A. Optimal Insurance under Moral Hazard, in: G. Dionne, ed [M]. Handbook of Insurance (Boston: Kluwer), 2000: 155 – 183.

[396] Wolak, F. A. An Econometric Analysis of the Asymmetric Information, Regulator – Utility Interaction [J]. Economics Statistics, 1994: 13 – 69.

[397] Worrall, J. D. & Appel, D. The Wage Replacement Rate and Benefit Utilization in Workers' Compensation Insurance [J]. Journal of Risk and Insurance, 1982: 361 – 371.

[398] Yu, I. T. S., Yu, W., Li, Z., et al. Effectiveness of Participatory Training in Preventing Accidental Occupational Injuries: A Randomized – Controlled Trial in China [J]. Scandinavian Journal of Work, Environment & Health, 2017, 43 (3).

[399] Zheng, J., Liu, X. & Bigsten, A. Ownership Structure and Determinants of Technical Efficiency: An Application of Data Envelopment Analysis to Chinese

Enterprises [J]. Journal of Comparative Economics, 1998, 26 (3): 465 –484.

[400] Zhu, Y., Warner, M. & Zhao, W. Economic Reform, Ownership Change and Human Resource Management in Formerly State-owned Enterprises in the People's Republic of China: A Case – Study Approach [J]. Human Systems Management, 2011, 30 (1 –2): 11 –22.

[401] Özlale, Ü. & Metin – Özcan, K. An Alternative Method to Measure the Likelihood of A Financial Crisis in an Emerging Market [J]. Physica A: Statistical Mechanics and Its Applications, 2007, 381: 329 –337.

[402] Zohar, D. & Luria, G. Climate as A Social – Cognitive Construction of Supervisory Safety Practices: Scripts as Proxy of Behavior Patterns [J]. Journal of Applied Psychology, 2004, 89 (2): 322.

[403] Zohar, D. Thirty Years of Safety Climate Research: Reflections and Future Directions [J]. Accident Analysis & Prevention, 2010, 42 (5): 1517 –1522.